插图珍藏本

外国现代建筑
二十讲

吴焕加 著

生活·讀書·新知 三联书店

图书在版编目（CIP）数据

外国现代建筑二十讲／吴焕加著．—2版．—北京：生活·读书·
新知三联书店，2016.7
（插图珍藏本）
ISBN 978－7－108－05656－6

Ⅰ．①外…　Ⅱ.①吴…　Ⅲ.①建筑史－国外－现代　Ⅳ.① TU-091.15

中国版本图书馆 CIP 数据核字（2016）第 048973 号

策划编辑　杜　非
责任编辑　刘蓉林
装帧设计　罗　洪
封扉设计　薛　宇
责任印制　宋　家
出版发行　生活·讀書·新知 三联书店
　　　　　（北京市东城区美术馆东街22号 100010）
网　　址　www.sdxjpc.com
经　　销　新华书店
印　　刷　北京隆昌伟业印刷有限公司
版　　次　2007 年 1 月北京第 1 版
　　　　　2016 年 7 月北京第 2 版
　　　　　2016 年 7 月北京第 2 次印刷
开　　本　635 毫米 × 965 毫米　1/16　印张 28.25
字　　数　230 千字　图 400 幅
印　　数　15,001－21,000 册
定　　价　66.00 元
（印装查询：01064002715；邮购查询：01084010542）

外国
现代建筑二十讲
目　录

序　　　　　　　　　　　　　　　　　　　　　　　　　I

第一讲　　世界建筑史的新篇章　　　　　　　　　　　I

第二讲　　伦敦水晶宫——现代建筑的报春花　　　　16

第三讲　　巴黎铁塔——结构科学之光　　　　　　　32

第四讲　　摩天楼　　　　　　　　　　　　　　　　49

第五讲　　继承与创新　　　　　　　　　　　　　　67

第六讲　　探索者　　　　　　　　　　　　　　　　87

第七讲　　包豪斯——现代设计的摇篮　　　　　　　117

第八讲　　柯布与密斯　　　　　　　　　　　　　　135

第九讲　　赖特与流水别墅　　　　　　　　　　　　160

第十讲　　时代大潮　　　　　　　　　　　　　　　188

第十一讲　联合国大厦及其他　　　　　　　　　　　213

第十二讲　现代建筑与地域性　　　　　　　　　　　238

第十三讲　混沌之维——朗香教堂　　　　　　　　　257

第十四讲　纽约世界贸易中心与雅马萨奇　　　　　　283

第十五讲　华裔建筑大师贝聿铭　　　　　　　　　　305

第十六讲　巴黎蓬皮杜中心与高技派　　　　　　　　329

第十七讲　表演艺术的殿堂　　　　　　　　　　　　347

第十八讲　后现代建筑　　　　　　　　　　　　　　364

第十九讲　恣肆无忌：解构与狂放　　　　　　　　　395

第二十讲　缤纷世界，缤纷建筑　　　　　　　　　　425

序

　　我在建筑学堂教书，起先教城市规划。1960年左右，被调到建筑历史教研组，讲起外国现代建筑史了。讲外国现代建筑史甩不开西方建筑，因为那是世界现代建筑的主轴。当时中国与西方几乎处于隔绝状态。讲这门课首先是缺少资料信息，幸而系图书室有一点解放前的西方出版物，只能从中淘取资料。其次是如何看待西方建筑的问题。在突出政治，大反帝（帝国主义）、修（修正主义）、反（反革命）时期，这个问题要紧极了。为了讲课有"正确"的立场、观点，我尽力学马、恩、列、斯、毛。我虽是年轻教师，可在旧社会的学校里浸泡了二十年，脑袋已沾染不少西方自由主义思想，要把课讲得"正确"很不容易，常常不是左就是右。1961年，我写了篇"西方'现代派'建筑理论剖析"，《人民日报》发表了，观点当然左得可以。然而在一次讲课时，我又情不自禁地称赞美国的一个驻外使馆的建筑。其时美国和那个驻在国都反华。政治运动来了，我的看法就受到批判，有人说那座建筑如同漂亮的女间谍，而且是双料间谍，愈漂亮愈危险。你宣扬它是敌我不分，立场到哪里去了？！

　　那时候，西方建筑我知道得不多，学生知道得更少，他们只有听我的。这样磕磕绊绊地教了多年书。直到改革开放初期，在五十岁上才有机会到国外，第一次亲眼见到在书上见过面，又在课堂上说了许多遍的著名外国建筑。我不认为教员仅能讲自己亲眼见过的建筑，但是，讲外国建筑的教员还是应该到外国跑一跑，多少看一点，对自己对学生都有好处。

建筑史这门课说好讲也好讲，说难也挺难。我吃这碗饭数十年，至今许多问题还答不上来，要学的东西真多。王蒙说他的身份是学生，我的身份也永远是学生，年纪大了也还得学。

建筑史没有标准的、固定的讲法和写法，很活。对某个建筑、某个建筑师和某种思潮的评价见仁见智，或深或浅，因人而异，因时而异。每种观点、每种著作都只有相对的价值，没有绝对的真理性。马克思恩格斯写道：在现代社会中，"一切固定的古老的关系以及与之相适应的素被遵从的观念和见解都被消除了，一切新形成的关系等不到固定下来就陈旧了，一切固定的东西都烟消云散了"。（《共产党宣言》）这本《外国现代建筑二十讲》介绍的是现当代的西方建筑，这些东西变动太快，离我们又太近，难以准确把握。书中内容的选取、作品的评价和对种种思潮的看法，都出自我此时此刻的一孔之见。英国科学哲学家波普尔提出证伪论，他认为证伪，即不断排除错误，才能逐步逼近真理，推动科学发展。我这本书有很高的"可检验度"和"可证伪度"，欢迎读者提出异见和批评。家有敝帚，并不享之千金。

下面就外国近现代建筑与中国建筑的关系说一点看法。

19世纪后半叶和20世纪是西方建筑史的一个新阶段。这一时期的西方建筑对世界其他地区的建筑有广泛而重要的影响。对我们中国怎样呢？

过去一百年，中国出现了先前没有的建筑类型，建筑业的方方面面都有了变化。建筑业的经营方式、建筑施工组织、建筑规范和设计程序、材料和设备、建筑教育等等，都与历朝历代大不一样。这些转变由点到面，由少到多逐渐铺开，形成中国建筑业历史性的转型与转轨。

因而在今天的中国，所到之处几乎都会看到两类房屋，一类是老房子，一类是新房子。尽管新房屋与传统房屋都是中国人使用的，两者之间有一定的联系，但差别实在明显而全面，在城市更是如此。

老房子有悠久的历史传统，新房子是在外来影响下转型与转轨的产品，历史很短，不过百年光景。可新房子却越来越多，老房子日渐减少。这现象并非现在才有。梁思成先生写道："至清末，……旧建筑之势力日弱。"清末如此，现在愈演愈烈。新老建筑并存而且此消彼长的局面不可避免，中国城市的面貌因此已经改变，建设社会主义新农村的任务铺开后，广大乡村的建筑也会发生变化。

历史上中国向别国输出建筑，为什么在近现代要移植外国建筑呢？

外国建筑登陆中国正是西方列强入侵，企图将中国变成它们的殖民地的时期。中国人把那个时期出现在中国的洋建筑视为西方侵略行径的组成部分是有理由的。不过，我们也要看到深层的原因：中国自己的建筑体系没有在近代自主提升，即使没有武力入侵，外国的近现代建筑或迟或早都会以这样那样的方式传入中国。世界上许多国家近现代的建筑进程表明了这一点。

外国建筑在近代进入中国与我国建筑历史的特殊性有关。对此林徽因先生有扼要而精辟的说明，她在《清式营造则例》"绪论"中写道：

> 中国建筑为东方独立系统，数千年来，继承演变，流布极广大的区域。虽然在思想及生活上，中国曾多次受外来异族的影响，发生多少变异，而中国建筑直至成熟繁衍的后代，竟仍然保存着它固有的结构方法及布置规模，始终没有失掉它的原始面目，形成一个极特殊、极长寿、极体面的建筑系统。

以北京皇家建筑为代表的中国传统建筑采用木构体系。在没有结构科学的时代，匠师们把中国式木结构的潜能发挥到极致。在物质功用方面满足当时的需要，同时又创造出与当时的文化融为一体，成为完美表达中国审美意识的世界顶级建筑艺术品。极特殊、极长寿、极体面的中国传统建筑值得我们骄傲和自豪，但传统建筑体系"直至成熟繁衍的后代，竟仍然保存着它固有的结构方法及布置规模，始终没有失掉它的原始面目"也有其负面效果。在漫长的历史时期中，我们的建筑有小的变化，没有大的更新。一本中国古代建筑史教材就把从远古到清朝的建筑史全部包括在内。这种情况使得传统建筑体系在近现代不敷应用了。

近代中国社会出现"三千年未有之变局"。在社会生产和生活出现新事物的地方，立即就产生新的建筑需求：铁路要有火车站；打电报要有电报局；办工业要造工厂；组建新式军队，要有兵工厂和陆、海军部；城市要建造议会、写字楼、学校、医院、百货公司、电影院、体育场……传统的木结构体系无法满足多层、大跨度、防火、耐震等要求。

新功能要求新建筑，新建筑要有新材料、新结构、新技术、新设计。

中国自己没有发生产业革命。进入20世纪，当需要建造新型建筑物时，时不我待，不可能再自行从头研发新材料、新技术，最自然也最快捷的做法是走拿来主义路线，借用西方的新的建筑手段和方法。

中国最早的新建筑是外国人造的。但中国人学得很快。中国工人最先掌握了新的施工技术。接着中国人自己生产出许多新型建筑材料。20世纪初，一批青年学子到外国学习建筑设计和建筑工程技术，他们于20世纪20年代陆续回国，中国有了最早的现代意义的建筑师和建筑工程师。这些年轻人马上与在华的外国建筑人员分庭抗礼，打破外国人垄断建筑设计市场的局面。1928年，上海有近五十家外国人主持的建筑设计机构，中国人的只有几家。8年后的1936年，外国机构减为39家，中国人主持的机构增为12家。留美回国的吕彦直在1925年中外建筑师参加的南京中山陵设计竞赛中夺魁，他去世时只有35岁。上海早先的高层建筑全出自外国建筑师之手。1936年在上海外滩建成的17层的中国银行大楼，是中国建筑师陆谦受主持设计的。

战争和多年的封锁，中断了我们与世界先进建筑的正常联系。不过20世纪西方建筑界兴起的各种建筑潮流，如现代主义思潮、包豪斯设计理念、新型住宅设计、柯布和密斯的建筑艺术风格等等，对中国建筑师的工作都产生了影响。

改革开放以后，中外交流频繁，局面改观，中国现代建筑步入前所未有的蓬勃发展的新时期。

许多房屋不是单纯的物质用器，它们还负载着精神功能和文化意义。建筑学不是纯粹的科学技术，它包含着人文内容和艺术创造的成分。中国现代建筑先天带有国际性，而缺乏中国文化的根基，需要使之适合中国的国情与民情，努力把中国的文化精神灌注其中，使之本土化。这是一项长期的创造性的任务。建筑物的类型极多，情况各式各样，本土化的程度不必一样，可区别对待，但本土化是大的方向。

外国建筑曾是我们学步的榜样，现在是我们的参照系和参考对象。中国建筑的现代化、国际性与本土化问题，离不开对外国近现代及当代建筑的了解。我们还要吸收世界上有益的先进的东西。然而，经过百年来的努力和积累，我们已经有条件、有能力把重心转向自主创新这一面，创造有中国特色的现代建筑是我国建筑界的目标，这个目标定会实现。具有中国特色的现代建筑不久就会在世界建筑园地中崭露头角，这样的时刻正一天天临近。

我很希望三联书店再推出一本《中国现代建筑二十讲》，以形成一套关于中外古今建筑的完整书系。

2006 年 3 月蓝旗营叟吴焕加于海淀蓝旗营

第一讲 | 世界建筑史的新篇章

　　我们今天建造和使用的房屋，与我们传统的老建筑差别是很大的。高层住宅楼与老民房及四合院的差异不用说了，各式各样的商业建筑物与中国传统的商肆店铺也大相径庭，天安门城楼和整个故宫，与它们前面的人民大会堂及历史博物馆等都明显不同，今天的政府建筑与旧日的衙门不可同日而语……中国城市的面貌也因此发生了巨大的变化。

　　这种情形是中国独有的吗？不是的，在发达的西方城市中，新老建筑物的反差不如今天中国城市那样强烈，因为那边经历过较长的渐变过程。即便如此，稍加留意，也可看出西方城市20世纪建造的房屋与先前的建筑也有很大差别。希腊神庙、罗马斗兽场、哥特式教堂、国王的宫殿、领主的城堡、贵族的府邸已是陈迹，代之而兴的是数十层的高楼大厦，超过百层的摩天楼，大跨度的体育馆，结构复杂的航站楼，全玻璃的公司大楼，造型奇特的歌剧院……打开任何一本关于现代建筑的书籍，翻看任何一种建筑杂志，都可看到各色各样与历史上的建筑大不一样、大异其趣的建筑作品。

　　建筑领域的这些变化萌生于19世纪的西欧与北美，成熟和凸显于20世纪，接着渐次播散到世界各个地区。这是世界建筑历史上的一个新的发展阶段，一个新的历史时期，在这个历史时期中，出现了许多新的建筑理念、建筑模式、建筑样态和建筑风尚，合起来形成一个新

北京新住宅楼

的建筑体系。人们一般把这个历史时段的这一特定的建筑体系名之为
"现代建筑"（modern architecture）。

近代建筑革命

建筑不是孤立的自在之物，除了自然条件外，它与所处的社会紧
密关联。由于自然条件的变化相对缓慢，所以在一定时段内建筑的变
化，主要原因在于社会时代的改变，因而我们要重视建筑的社会性与
时代性。

现代建筑发轫于19世纪的西欧和北美。因为在全球范围内，首先
是西欧，接着是北美，那里的生产力和生产关系最先发生了重大变化，
率先进入社会发展的新时期。西欧和北美在19世纪发生的变化主要有
以下几方面：

第一，资产阶级革命成功。英国较早，法国、德国、美国等西方
国家也相继在19世纪确立和巩固了资产阶级的政权。

纽约曼哈顿区鸟瞰——20世纪八十年代景观

第二，工业革命和工业化。英国于18世纪后期首先发生工业革命，美、法、德等国随之于后。19世纪最后30年，这些国家工业化进入高潮，步入工业化社会。

第三，科学技术长足进步。19世纪前期出现了轮船与火车。世纪中期，开始用机器制造机器。世纪后期发明电动机和发电机，继而有了内燃机、无线电、汽车……

第四，生产力大增长。1848年，马克思和恩格斯描写当时西欧的情况写道："资产阶级在它的不到一百年的阶级统治中所创造的生产力，比过去一切世代创造的全部生产力还要多，还要大。……过去哪一个世纪料想到在社会劳动里蕴藏有这样的生产力呢？"

第五，人口增加，城市化加速。这一时期西方主要国家人口剧增，而工商业中心城市的人口增长更快。许多城市改变了中世纪留下的旧貌。以巴黎为例，在19世纪中期进行改造前，巴黎全部400公里的大小街道中仅130公里有地沟，大多数街道污水横流，塞纳河是接纳污水的"总阴沟"，巴黎有"臭气之城"的外号。经过改造，城市面貌迅速改观。

社会方面的大变动，使建筑领域内出现许多新现象、新事物和新观念，起先是零星的、分散的现象，到19世纪20世纪之交，新事物日益增多，到20世纪，形成波及全球的建筑大潮。这个建筑大潮最早被称作"新建筑运动"，后来又被笼统地称为"现代建筑运动"。

现代建筑是带有新的特征的建筑体系。我们将它与19世纪以前历史上的建筑相比，可以看到许多过去没有的，或者是先前不明显或不突出的特点，主要表现在以下方面：

一、建筑类型增多，房屋建造量增加

生产的大发展和社会生活的急剧变化，带来复杂多样的建筑需求。房屋建造量飞速增长，建筑类型不断增多。工业厂房、铁路、车站、银行和公司建筑、办公楼、电影院、体育馆、科学实验建筑、航空港、广播电台等等都是19世纪以前没有的建筑类型。而原先已有的一些建筑类型，如旅馆、医院，也发生了显著变化。同时，在历史上居于突出地位的统治阶层的宫殿、坛庙、陵墓则退居次要，生产和实用性建筑愈来愈多，愈来愈重要。随着社会财富和人口的增加，房屋建造总量激增。

二、房屋商品化

除了政府、社会团体、企业及个人自建房外，愈来愈多的房屋不是供房产主自己使用，而是作为商品为市场而建造。以最少的投入获得最多的回报是大多数建筑活动要遵循的准则。房地产商在建筑活动中扮演着重要的角色。这种情形与封建社会不同，也与我国计划经济时期不同。而当我国转向市场经济后，类似的情况在我国也出现了。

三、建筑工程科技含量提高

19世纪以前，无论中国还是外国，盖房子的工作大都由工匠来完

大规模建造之美国郊区住宅

现代钢结构建筑——纽约花园大道

成，他们按照先辈传下的习惯性的工艺做法办事，那些做法是前人感性经验的积累，而不是具体的科学分析和计算的产物。工匠们知其然而不知其所以然，进步极慢。进入19世纪，力学、数学和多种自然科学的进展为建筑的结构分析提供了条件，土木工程师参与建筑事务，提高了建筑工程的科学技术性，建筑业突破过去的限制，有把握造出层数愈来愈多，跨度愈来愈大，而且愈加坚固安全的建筑物。

四、建筑业与工业联手，工业化程度提高

工业革命以前，从建筑材料的制备到施工结束，全过程都靠人的双手。著名英国历史学家H.威尔斯在1902年发表的《预言》中写道："在新世纪中，建筑方法非来个彻底革命不可。……什么都用手，一块块地砌砖，拖泥带水地粉刷，在墙面上糊纸，全靠一双手。……我不理解为什么还沿用这种珊瑚筑礁的方式。用更好的、少耗费些人的生命的做法，肯定能造出更好的墙来。"工业化后，钢材、水泥、玻璃等大批建材以及许多部件、配件来自工业，工业又为建筑施工提供各种

美国摩天楼建筑施工一瞥

机具，施工过程本身也添入了工业化成分。中世纪时期，建造一座哥特式教堂常常需要十多年、数十年以至上百年的时间。现在建筑业与工业联手，施工速度大增。房屋建造已由手工业转变为机械化、半机械化和工业化、半工业化的生产事业。威尔斯的期望，就技术而言，在过去的一百年中已经实现。

五、建筑设备提高房屋的使用质量

历史上的建筑物，除了少数宫殿府邸，一般房屋几乎没有什么建筑设备。以今天的标准来看，房屋的实际使用质量是很差的。在18世纪，巴黎罗浮宫里跳舞的达官贵妇内急了就在门背后、阳台上、楼梯下方便。有一次，国王下令不准任何人在宫里随地方便，当天晚上，皇太子还是在卧室里对墙便溺，因为那时的宫殿豪华但没有卫生设备。什么电灯、电话、电梯、暖气、自来水……都是在19世纪陆续出现的。

六、新型建筑师诞生

无论中外，历史上造房子的事情大都由工匠（石匠、木匠、泥水匠等）中技艺高的人掌管。后世有人称他们为"工匠建筑师"（craftsman architect）。后来，有些重要建筑物，会有画家、雕刻家参与策划设计。17世纪后期，法国国王设立建筑学院，培养为宫廷服务的高级建筑艺术人才。他们学习文化艺术和专业知识，不干体力活，是"绅士建筑师"（gentleman architect）。这是早期的专业建筑师。进入19世纪，专业建筑师渐渐不再依附于宫廷、贵族、教会，谁聘用就为谁服务，进入"自由职业者"的行列。另一个变化是建筑师的职责范围缩小了。结构工程师、各种设备工程师、施工工程师等分担了造房子中多项专门技术工作。一位19世纪的美国建筑师在自传中写道："我于1832年4月14日到纽约，我发现大多数人都弄不懂什么是专业建筑师。……严格地说，当时纽约只有一个建筑师事务所。" 1834年，英国成立"英国建筑师协会"，后改名"英国皇家建筑师协会"。美国于1836年成立相同的组织。可见，现代意义上的建筑师出现得相当晚，是19世纪中期的事。

七、建筑地域性弱化

一百五十多年前，马克思和恩格斯在《共产党宣言》中指出："资

古罗马帝国建筑遗迹砖拱结构

汉堡火车站内景——大跨度钢结构建筑

美国菲尼克斯市———座办公楼

产阶级由于开拓了世界市场，使一切国家的生产和消费都成为世界性的了。……物质的生产是如此，精神的生产也是如此。""它消灭了以往自然形成的各国的孤立状态。……历史也就在愈来愈大的程度上成为全世界的历史。"建筑活动既是物质的生产，同时又是精神的生产，所以近现代各国的建筑不可避免地显露出愈来愈多的世界性，也就是世界范围的趋同性。一百多年来中国建筑发展变化的事实也说明了这一点。但是，由于自然条件的差异，由于人文传统的不同，建筑的地域性不会也不可能完全消失。20世纪前、中期的建筑思潮强调建筑的世界性，到世纪末期，又出现了要求保持建筑地域性的种种主张。从大的时空范围看，世界性与地域性呈现拉锯态势。

八、建筑艺术别开生面、建筑形态日益多样

无论中外，历史上都出现过许多形态优美、艺术隽永的建筑杰作，很多已经消失，保留下来的那些至今给人以美的享受，令人赞叹不已。

已往的几千年中，建筑形态和建筑艺术并非固定不变，也是有所变化，有所创新的。但演变的速度很慢，重大转变的次数有限。古代建筑艺术水平高而长期稳定使有些人产生错觉，以为历史上的建筑艺术成就已经到顶，不可逾越。传统的建筑样式深入人心，推陈出新很不容易，要有一个过程，并且还会反复。但随着社会生产与生活发生全面的、重大的改变，社会上层建筑，包括艺术在内，迟早也要发生变化。从19世纪后期到20世纪中期，从建筑艺术的角度看，是新的建筑艺术挑战并超越传统建筑艺术的过程，是漫长的推陈出新的过程。不过，在建筑艺术方面，新东西出现并不意味旧东西的绝灭。传统的建筑样式仍有人爱，在有的场合，传统建筑样式还是一种必需（例如中国不久前建造纪念黄帝陵的建筑）。再者，新旧建筑并非完全对立的东西，两者可以不同方式结合在一起，建筑品类可以愈来愈多样丰富。

虽然如此，如果不作绝对化的理解，可以说，在世界范围内，新的建筑形态与艺术事实上已经成为当今世界建筑艺术潮流中的主流。

定义问题

"现代建筑"这个词多义、笼统、含混。因此有必要说一说这个词的含义及用法。

在20世纪，建筑流派众多，互相之间存在差异，而且变化很快，情形复杂。有时，人们用"现代建筑"一词指称所有在20世纪新出现的与历史上的建筑不同的所有建筑，这是笼统的用法。有时，人们用的"现代建筑"一词其实是特指20世纪出现的影响广泛的、居主导地位的"现代主义"建筑思潮和流派，这时，"现代建筑"一词实为"现代主义建筑"之简称。出现这种简称有历史的原因，因为在一个很长的时间段内，可以说"现代建筑"基本上只有"现代主义"这一家。但是到20世纪后期，出现了"后现代主义建筑"（"后现代建筑"），为明确起见，有的英美学者用大写字母开头的 Modern Architecture 代表"现代主义建筑"，用小写字母开头的 modern architecture 泛指"现

20世纪初期，纽约高层建筑

20世纪中期，纽约洛克菲勒中心建筑群

华盛顿杜勒斯国际机场候机楼

加拿大多伦多市汤普逊音乐厅

荷兰摩特丹万勒尔烟草公司工厂，1929 年

代建筑"。

　　一般情况下，我们所用的"现代建筑"这个词也有两种含义，既表示 20 世纪出现的新建筑，也指"现代主义建筑"这一特定的建筑体系。因为"现代主义建筑"毕竟在 20 世纪中长期居主流地位，在很大范围内，"现代建筑"与"现代主义建筑"两者是可以画等号的。不过在特指"现代主义"的建筑理念和风格时，就用"现代主义建筑"这个全名。这里确有含混和不便之处，但这反映了事实上的含混，以及建筑学界各家认识上的含混。

　　细心的读者或许要问，这本介绍只有一百多年历史的现代建筑的书，篇幅何以与时间长达两千多年的外国古建筑及中国古建筑的书一样多呢。原因有三：一是时间近，直至当代，资料多而详；二是与中国现代、当代的建筑有很直接的关系，知彼有益于知己，需要多介绍一些；三是时间不长，但变化频仍，地域广阔，类型众多，情况复杂，值得注意的有代表性的流派、大师和作品非常之多，因而较费篇幅。

　　随着工业革命而来的近代、现代建筑，不同于 19 世纪以前西方建筑史上历次的变化，更不同于中国古代建筑史万变不离其宗的缓慢变化，实际上是一次全面、广泛、剧烈的建筑革命。因为在材料、技术、功能、经营、造型、设计理念、设计方法、从业人员、建筑艺术和建筑教育各个方面，无不出现了建筑历史上前所未有的带根本性质的全方位的大变化。而在这个建筑革命基本完成后，又不停顿地变化、分化和自我变异，蔚为大观。

现代建筑的时间虽然相对很短，却可以称得上是世界建筑史上成就非常丰富、非常独特、非常宏伟的一个时期。它开启了世界建筑历史上的新篇章。

伦敦水晶宫——现代建筑的报春花

全球第一个世博会

1851年5月1日,在英国伦敦的海德公园内,世界上第一个世界性的博览会揭幕,英国维多利亚女王出席开幕典礼。

所有出席开幕式的人惊讶地发现自己处身于一个前所未见的、高大宽阔而又非常明亮的大厅里面。在一片欢欣鼓舞的气氛中,乐队高奏"天佑吾皇"乐曲,维多利亚女王在礼乐声中剪彩。展馆内飘扬着各国的国旗,安置在室内的喷泉吐射出晶莹的水花。屋顶是透明的,墙也是透明的,到处熠熠生辉。人们说到了这座建筑里面,仿佛走入神话中的仙境,兴起仲夏夜之梦的幻觉。于是人们都把这座晶莹透亮,从来没有过的建筑物叫"水晶宫"(Crystal Palace)。

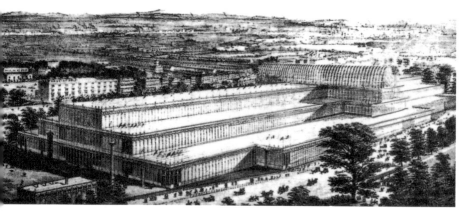

1851年伦敦水晶宫全景

1851 年 5 月 1 日，水晶宫开幕典礼上，维多利亚女王立于平台中央

这次博览会展出英国本土的和来自海外的展品一万四千多件。在半年的展期中，英国本国及来自世界各地的 600 万人参观了这次博览会，真正是盛况空前。

博览会陈列的展品一半出自英国及所属殖民地。在外国送来的展品中，法国送来 1760 件展品，美国 560 件。展品中小的有新问世的邮票、钢笔和火柴。大的有自动纺织机、收割机等新发明的机器，连几十吨重的火车头、700 马力的轮船引擎都放在屋内展览，建筑内部空间之宽阔，令 19 世纪中期的人非常吃惊。

对于这次博览会的成功召开，维多利亚女王特别兴奋。当晚她在自己的日记里记下那天的感受："一整天就只是连续不断的一大串光荣。……亲爱的艾伯特，一大片艾伯特的光芒。……一切都是那么美丽，那么出奇。……极多的人众，那么规矩，那么忠诚。……各国的国旗飘扬，……房子内部那么大，站着成千上万的人，……太阳从顶上照进来。……棕榈树和机器。……地方太大，以致我们不大听得见风琴的演奏声。……帕克斯顿先生，他真该得意。……乔治·格雷爵

水晶宫东端

士掉眼泪。人人都惊讶，都高兴。"女王笔下的这些文字是对当日盛况的生动而又难得的写照。*

　　维多利亚女王的兴奋与满意是容易理解的，因为博览会的成功对她有特别的意义。1837年到1901年，她统治英国达64年，被称为英国的"维多利亚时代"，到19世纪40年代，英国的大机器生产基本取代了工场手工业， 1850年，占世界人口2%的英国，生产的工业产品占世界工业产品总量的一半。英国成了当时的"世界工厂"。同时，英国在全球占得了大量殖民地，成了所谓"日不落帝国"。博览会宣扬了英国的成就和实力，也提高了维多利亚女王本人的声誉。

　　不但如此，日记中提到的艾伯特，就是女王的丈夫艾伯特亲王，是他主持了博览会的筹备工作，他在博览会的兴办及展馆的建造中发挥

* 　[英] 斯特莱切：《维多利亚女王传》，卞之琳译，生活·读书·新知三联书店，1986年版。

水晶宫内景

了重要的作用。

　　艾伯特是德国一位公爵的儿子。过去，欧洲各国王室间有互相婚嫁的传统。艾伯特生长在贵族之家，却无纨袴子弟之习气，据说在年轻时，一次在佛罗伦萨的舞会上，他不理会爱慕他的众多美丽女子，只与一位著名教授讨论学问。他与维多利亚女王结婚后，成为女王的助手和顾问。艾伯特热心科学、工业和艺术等方面的活动，又很关心下层人民的生活，他曾不顾别人的异议，去参加劳工之友协会的会议。在工作中，艾伯特表现出日耳曼人严谨的思维方式和卓越的组织才能。这位来自德国一个小公国的亲王不久获得了英国人民的广泛爱戴。

　　英国先前曾举办过小型的工业展览会，艾伯特对此很感兴趣。当有了举办大型博览会的意向后，他积极地担当起筹办的重任。艾伯特考虑在将要举办的博览会中，除了英国本土的和殖民地的产品外，还

水晶宫内景

要有别国的产品，除了工业和科技新产品，还要有农业、手工业和艺术品。规模要大，标准要高，要超过以往一切展览会，使之具有里程碑的意义。艾伯特制订计划，一个小型委员会在他领导下工作。

大　难　题

起初一切很顺利。厂家热烈拥护，各个殖民地表示赞同，其他大国也愿意送来展品。艾伯特在伦敦市内的海德公园里选定博览会场地，得到政府的批准。

然而，在博览会的建筑问题上出了麻烦。

博览会预定1851年5月1日开幕，而这时已到了1850年初，当务之急是做出博览会馆的建筑设计。为了得到最好的建筑设计方案，1950年3月筹备委员会宣布举行全欧洲的设计竞赛。各国建筑师踊跃参加竞赛，总共收到245个建筑方案。数量虽多，但评审下来，没有一个合用。

困难在于从设计到建成开幕，只有一年两个月的时间。而博览会结束后，展馆还得拆除。这座展览建筑既要能快速建成，又要能快速拆除。其次，展馆内部要有宽阔的空间，里面要能陈列火车头那样巨大的展品，要容纳大量的观众，还得有充足的光线，让人能看清展品。当然，还得有一定的排场、气派，像个样子，不能搞临时性的棚子凑合事。

借鉴历史上的建筑样式，把展馆做得宏伟、壮观，是当时建筑师的强项，送来的245个建筑方案各色各样，全都是按已有的传统建筑方式和建筑体系设计出来的，都很壮观、华丽、体面。

世界各地早就建造过宏伟的宫殿、寺庙、教堂和陵墓。从外形看，壮观庞大，然而除少数例外（如古罗马的大浴场），它们的内部的有效空间其实都不大。木结构房屋更是如此。北京明清故宫占地很大，按中国老房屋的计算法，故宫号称有"九千九百九十九间半"，但是故宫建筑的有效使用面积其实与人民大会堂差不多，而且由于采用的是木柱木梁，柱与柱之间的距离受单个木梁长度的限制，间距大不了。所以大一些的殿堂，里面都立着很多柱子。过去欧洲的砖石造建筑物，墙体厚重，由于采用石砌拱券，其内部空间比木构建筑大得多，即便如此，也无法在其中布置成千上万件工商业展品，让上千的参观者同时在里面来往参观。那个时候，全世界都找不出一处现成的房舍可以举办世界性的大型博览会，只得想办法新造。

当时，欧洲的大、小建筑师们设计建筑时都拿已有的宫殿教堂寺院作蓝本，他们送交的建筑方案，用来举行宗教仪式、典礼舞会很合适，但用以举办新型的工商业展览则不合用。费工费料不说，要命的是没有一个走传统路线的建筑方案能够在一年多点的时间内建成。

于是，筹备委员会组织一些建筑师自己做设计。然而拿出来的还是有高大圆穹顶的砖砌建筑。这个方案也不符合要求。但事急矣，委员会决计按自己的建筑方案开工。

消息传开，舆论哗然。

不能说当时的欧洲建筑师缺少才能，不是的，这不是哪一个人的能力大小的问题。在19世纪，传统的建筑学和建筑方式，在一般情形下是合用的。但在这个特定的、由社会发展带来的有新需求的项目上，遇到了困难，无能为力。

转　机

中国戏剧演员说"救场如救火"。1850年春夏之交，博览会筹委会那班人真的遇到难事了，他们进退两难，不知怎样好。艾伯特亲王伤透脑筋。忽然，在这个当儿，一个"救场"的人出现了。

此人名帕克斯顿，其时50岁。他找到筹委会，说自己能够拿出符合要求的建筑方案。委员会的人将信将疑，但愿意让他试一试，然而时间不能拖。

帕克斯顿和他的合作者忙了8天，果真拿出了一份符合各种要求的建筑设计方案，还有造价预算。筹委会反复研究，感到满意，终于在1850年7月26日正式采纳帕克斯顿的方案。施工任务由福克斯—亨德森公司负责。

帕克斯顿提出一个与众不同的新颖的建筑方案。

他设计的展馆整个使用铁柱铁梁组成的巨大框架。长1851英尺,隐喻1851这个年份(合564米),宽408英尺(合124米)。三层,由底往上逐层缩退。正中有凸起的圆拱顶,其下的中央大厅宽72英尺(合22米),最高点108英尺(合33米),左右两翼高66英尺(合20米),两边有三层展廊。展馆占地77.28万平方英尺(约7.18万平方米),建筑总体积为3300万立方英尺(合93.46万立方米)。展馆的屋面和墙面,除了铁件外全是玻璃。整个建筑物就是一个巨大的铁与玻璃的组合物。

采用帕克斯顿的方案,决定用铁和玻璃建造博览馆又招来了更多的异议。

以《泰晤士报》为中心,一派人反对在海德公园里建造庞大的铁和玻璃的"怪物",有一阵子反对的声浪很大,"怪物"几乎要被逐出伦敦,赶到郊外去了。幸而在议院的激烈辩论中,赞成造在海德公园的一派占了多数,取得胜利。接着又出现资金危机,终于又募来20万英镑作为基金,渡过难关。

随着铁与玻璃的大家伙一天天凸显出来,反对的声浪又爆发了。各种各样的意见都有:有人反对将公园里的大榆树包在建筑物里面;有人断言玻璃屋顶必定漏水;有人说将有成千上万只麻雀从通气孔中钻进展馆,鸟粪将损坏展品;有人预言,博览会将是英国的暴徒和欧洲的反动分子的集合点,博览会开幕日将发生暴动。有一个教派的头目宣称举办博览会是狂妄而邪恶的企图,会促使上帝降罚英国。有位上校更是愤激不已,他在国会辩论时甚至祈求上苍降下雷电冰雹,砸毁"那个可咒的东西"……

艾伯特不动摇,他顶着压力推进工程建设。《维多利亚女王传》里写道:"艾伯特百折不回,一直向目标行进。他的身体累坏了,夜里总失眠,他的气力差不多用尽了。可他一点也不松懈。他的任务一天比一天艰巨;他召开委员会,主持公开集会,发表演说,与文明所及的世界上每一个角落通信。"

水晶宫内机械展区

展馆工程在艰难中推进。

前面提到，帕克斯顿的建筑方案于1850年7月26日被正式采纳，此时距预定的1851年5月1日开幕日只有9个月零5天。再留出布展时间，设计和施工的时间简直少之又少。可是庞大的展馆只用了4个月多一点的时间就建成了。这真是前所未有的高速度。速度特别快的原因主要是由于它既不用石头也不用砖头，工地极少泥水活。用料单一，只用铁与玻璃。整个建筑物用3300根铸铁柱子和2224根铁（铸铁和锻铁）制的桁架梁。柱与梁连接处有特别设计的连接体，可将上下左右的柱子和梁连接成整体，牢固而快速。

整个建筑物所用构件与部件都是标准化的，例如屋面和墙面都只用一种规格的玻璃板，尺寸是49英寸×10英寸（124厘米×25厘米）。这是英国当时生产的最大尺寸的玻璃板。标准化的结果，不但工厂生产很快，工地安装也快。80名玻璃安装工人一周时间内能安装18.9万块玻璃。整个展馆的玻璃面积为89.99万平方英尺（8.36万平方米），重400吨，相当于1840年英国玻璃总产量的1/3。整个展馆的铁构件和玻璃板由伦敦附近几家铁工厂和玻璃工厂大批生产，运到工地加以组装。施工中尽量使用机械和蒸汽动力。

展览馆有庞大宽敞的室内空间，有观看展品所需的充足的天然光线（当时人工照明只有煤气灯，电灯还未实用化），特别是能够在那样短的时间内建成，然后拆除，改到另一个地点重建，全靠运用工业革命刚刚带来的新材料、新结构和新工艺才得以实现。

我们将这个水晶宫展览馆与伦敦的圣保罗大教堂做个比较。圣保罗大教堂的建筑面积比水晶宫少1/3，最厚的墙厚达14英尺（4.27米），工期从1675年到1716年，用42年时间才落成。而水晶宫墙厚才8英寸（20.3厘米），工期为17周。水晶宫与圣保罗大教堂两者墙厚之比为1∶21，两者工期之比更是悬殊，竟为1∶128。水晶宫与圣保罗大教堂性质不同，功能不同，两者不能简单对比，这里只是说明过去造教堂的办法不能解决后世出现的某些建筑问题。

不禁要问：当时那么多欧洲建筑师，其中高手如云，为什么提不出类似帕克斯顿那种实际可行的建筑方案呢？这话说起来就长了。简要地讲，有两方面的原因：一是当时的正牌建筑师们对工业化带来的新材料、新结构、新技术还不了解，更不会将之运用于建筑之中；二是他们头脑中的传统建筑观念十分牢固，放不开手脚。对于水晶宫那样的东西，那班人都看不上眼，他们顶多承认那是个临时性的玻璃棚子，绝对上不了高雅的建筑艺术（Art of Architecture）的台盘。正牌建筑师既不会做、又不屑做那样的建筑，这样，怎能指望他们拿出合乎博览会筹委会要求的方案来呢?!

园艺师帕克斯顿

帕克斯顿何许人也，他为什么能解决问题？

帕克斯顿（Joseph Paxton，1801—1865）出身农民，从23岁起在一位公爵家做园丁，后来成为花园总管。原先的植物温室用砖和木料建造，当英国的铁和玻璃产量增加、价格下降以后，人们便用铁和玻璃建造透光率高的温室。帕克斯顿受教育不多，但在工作中有了用铁和玻璃建造温室的经验，他曾为公爵造过一个有折板形玻璃屋顶的温室，让早晨和黄昏时的阳光直射进温室。他是凭着这样的技术经验去筹委会毛遂自荐的。

博览会筹委会同意帕克斯顿的展览馆方案后，他立即与一位铁路工程师研究具体做法，又同材料供应商及施工厂商研究构造细节，做出局部模型，试验安装满意之后，找工程公司绘出施工图。

帕克斯顿与正牌建筑师在两个方面正好相反：一、他不熟悉正统建筑的老套路却掌握一些新的技术手段；二、他头脑中没有固定的建筑艺术的框框，法无定法，反而敢出新招。

盛况及后事

1851年5月1日，博览会按时开幕。会展六个多月，参观人数超

迁建后的新水晶宫

过600万。其中有相当一部分外国人。他们从世界各地来到这个最先工业化的国度，第一次坐上火车，看到种种新奇的工业产品，眼界大开。这次博览会在财务上也是成功的，博览会于1851年10月15日闭幕时获得165000英镑的利润（当时合75万美元）。这与水晶宫的低造价有关系。按建筑体积计算，水晶宫每立方英尺的造价只有一便士。我们现在难以确切知道当时的一便士究竟值价多少，但对于盖房子来讲，肯定是一个很低的价位。

博览会结束后，曾申请在原地保留，未获批准。水晶宫于1852年5月开始拆除。帕克斯顿成立的一个公司买下材料和构件，运到伦敦南郊的锡登翰（Sydenham）重建，规模扩大很多。新水晶宫于1854年6月竣工。维多利亚女王又来为它揭幕。新馆用于展览、娱乐和招待活动，十分兴盛。1866年发生火灾，部分烧毁。又过了70年，新水晶宫再次发生火灾，仅有两座高塔得免。第二次世界大战中，为避免成为德国飞机轰炸的目标，塔也于1941年被拆除。

交代了水晶宫的全过程，也应说一下与水晶宫有关的几个人物的后事。艾伯特亲王在1861年11月染上伤寒症，御医误诊，当年去世，年仅42岁。女王受艾伯特之死的打击，陷于极度痛苦之中，消沉达十年之久。但她一直活到1901年，死时82岁，是英国在位时间最长的国王。园艺师帕克斯顿由于建造水晶宫而被封为爵士，当上国会议员，1865年去世。

中国人与水晶宫

19世纪中期，英国数度进攻中国。1842年，清政府被迫将香港割让给英国。水晶宫博览会里没有中国展品。但是，在开幕典礼上，在合唱队的《哈利路亚》歌声中，一位中国人穿着华服进入大堂，慢慢地走到女王面前，向她行礼。女王很感动，以为他是大人物。传下命令说因为清政府没有代表到场，让此人加入各国大使的行列。这位中国人便泰然自若地随着各国的外交官踽踽而行，随后消失。后来传说，他是当时停泊在英国港口的一艘中国商船的船长。

早年亲往水晶宫参观并有案可查的中国人似乎不多。我们只知道1868年（清同治七年）清朝官员张德彝等出使西洋各国，在伦敦停留期间，曾两次去新水晶宫参观游览。张德彝在其《欧美环游记》中，写下了他对那座建筑物的观感。第一次在白天：

> 九月初八日壬午，晴。午正，同联春卿（另一位官员）乘火轮车游"水晶宫"。是宫曾于同治五年春不戒祝融（指发生火灾），半遭焚毁。缘所存各种奇花异鸟，皆由热带而来，天凉又须暖屋以贮之。在地板之下，横有铁筒，烧煤以通热气，日久板燥，因而火起。刻下修葺一新，更增无数奇巧珍玩，一片晶莹，精彩炫目，高华名贵，璀璨可观，四方之轮蹄不绝于门，洵大观也。

第二次在晚上：

> 十三日丁丑，晴。晚随志、孙两钦宪（两位长官）往水晶宫看烟火，经营宫官包雷贺斯、瑞司丹灵（水晶宫两位经理）等引游各处。灯火烛天，以千万计。奇货堆积如云，游客往来如蚁，别开光明之界，恍游锦绣之城，洵大观也。*

文字生动传神，诚为不可多得的史料。两句"洵大观也"，点出水晶宫宏伟壮丽之象。在张德彝的另一本书中，他把博览会称作"考产会"，又称"炫奇会"（《航海述奇》），表达了当初中国人对这种活动的理解，也十分传神。

前面说到19世纪中期欧洲建筑师的两个特点，一是不熟悉工业革命后建筑材料、技术方面的新事物；二是受着旧有建筑观念的束缚。前者属于硬件，优劣分明，掌握不难。后一方面，与社会上层建筑（特别是社会文化心理、审美风尚等）状况有关。变化起来，拖泥带水，曲

---

* 张德彝：《欧美环游记·再述奇》，湖南人民出版社，1981年版。

美国加州水晶教堂外景

折反复，非常缓慢。以钢铁和玻璃为主要材料的建筑物，直到20世纪中期，才渐渐被人们承认，进入高雅建筑艺术之列。

　　1851年英国的这次博览会的正式名称很简单，就叫"大博览会"（The Great Exhibition）。此前从来没有过那种性质和规模的展览会，它是头一个、独一份，因而这个简单的名称在当时不会产生疑问。在那之后，许多国家仿效英国的做法，接二连三地举办大型的世界性博览会。从1851年到1970年，全球举办了34次世博会。规模愈来愈大，参展国和单位愈来愈多，场馆建筑更多，形象不断翻新，相互争奇斗艳。有人称2005年在日本爱知举办的世博会是21世纪"第一场国际建筑盛宴"，可见人们对世博会场馆建筑的关心与重视。

　　1851年伦敦水晶宫是工业革命的产物，是20世纪现代建筑的第一朵报春花。

　　1980年，美国著名建筑师P·约翰逊设计的加州格罗夫园水晶大教堂（Crystal Cathedral, Garden Grove, Ca.）落成。教堂长122

米，宽61米，高36米，体量超过巴黎圣母院。墙与屋顶全部为银光闪闪的玻璃，由此得名。教堂主持人说："上帝喜欢水晶教堂，胜过石头建造的教堂。"美国水晶大教堂上距1851年伦敦水晶宫130年。

第三讲 | 巴黎铁塔——结构科学之光

巴黎铁塔与1889年巴黎博览会

　　1889年是法国大革命一百周年，为纪念那次伟大革命，法国政府在之前五年就决定要在巴黎举办一个大型博览会。博览会中要树立一个大型纪念物，要求那是一个"从所未见的、能够激发公众热情"的纪念物。

铁塔高度比较

巴黎铁塔

铁塔建造过程

　　为此组织了国际建筑设计竞赛。到 1886 年 5 月 1 日，共收到 700 个方案。评选委员会经反复评比，最后决定采纳用铁建造 300 米高塔的方案。这个方案是工程师埃菲尔的公司提交的，所以巴黎铁塔又称埃菲尔铁塔。

　　这是一个大胆的、惊人的决定。建造纪念物的历史久远，石碑有数千年的历史，但从未有过铁造的纪念碑。至于高度，其时世界上最高的纪念碑，是 1885 年落成的美国首都的华盛顿纪念碑，高 169.3 米，而提交的铁塔一下提高到 300 米。300 米是什么概念呢？如果把巴黎圣母院，纽约自由女神像，巴黎凯旋门，某个意大利府邸和欧洲 3 个著名的纪念碑摞起来，这 7 座建筑物高度之和就是 300 米。

　　消息传出，人人惊讶。300 米！不会倒吗？塔身是乌黑的铁，能好看吗？从一般人的传统的眼光看，造这么一个纪念物实在太离谱，太出格，真是离经叛道。很多人不能接受，有人出来反对。而当局却很坚定，不为所动。后来，也许是法国大革命敢为天下先的精神感染了大多数人，加上人们认为铁塔是临时性的东西，博览会结束就拆除，不会永久立在巴黎市中心，反对的声浪也就渐渐平息。一批法国社会名流，包括作家莫泊桑在内，联名上书法国政府，要求在博览会结束后，尽快把铁塔拆掉。英国名人罗斯金甚至讽刺说，他以后再到巴黎，就只愿待在铁塔下面，因为在别的地方都难免要看见那"又丑又高"的

法国摄影名作《埃菲尔铁塔油漆工》

埃菲尔铁塔建成时之升降梯

巴黎铁塔!

铁塔方案终于付诸实施,1887年1月28日铁塔工程破土动工。

巴黎铁塔本身重7000吨,由18000个部件组成。埃菲尔是极精明能干的工程师。他做工程总是事先做周密计算,在现场不再更改设计。埃菲尔铁塔的施工图有1700张,另有交给铁工厂加工铁构件用的详图3629张。基础工程用了5个月。接下来是铁构件的装配,历时21个月,一般只有50名工人工作,最后几星期增至两百多人。工人都是熟练工匠。在这个大而高的铁塔施工期间没有死人事故,在当时是很难得的。

铁塔下部四个塔腿之间形成一个正方形广场,每边长129.22米。铁塔上的第一平台距地57.63米,第二平台距地115.73米。第一、第二平台面积分别为4200平方米和1400平方米,设有餐饮等服务设施。在距地276.13米的高度的第三平台面积很小。晴朗的日子,在那里眺望,视线可达85公里之外。三个平台间设有分段的升降机,当初用水力驱动,最下部有特制的升降机在斜伸的塔腿内驶行。

1889年3月31日,巴黎万国博览会开幕。因为欧洲的奥地利、德国、俄国等帝制国家对法国大革命带来的法国共和政体抱着敌视态度,开幕典礼上没有外国政府首脑参加,但开幕日仍是非常隆重热烈。一大群人循铁塔步梯的1710级踏步往上攀登,最终只有20人到达塔顶。埃菲尔自己在塔尖上升起一面法国国旗,礼炮轰鸣,他骄傲地宣称,那一刻,法国国旗飘扬在"人类建造的最高的建筑物上"。埃菲尔从塔顶下到地面时,法国总统授予他荣誉军团徽章。一位作家后来回忆道:"当脚手架拆除,当国旗飘扬在埃菲尔铁塔顶上,花坛鲜花怒放,晶莹的水花从喷泉射出,巴黎人的感觉是:现实超过了梦想!"

巴黎铁塔一举达到300米的高度,成为那时世界上最高的人造物。共和制的法兰西当时在外交上受到君主制国家的孤立,正可借此向世人表明法国共和制度的优越性。

巴黎铁塔建成至今已有一百一十多年,在1930年纽约市的克莱斯勒大厦建成以前,一直是世界上最高的建筑物。一百多年来,铁塔稳

修建中的铁塔

固安全，岿然不动。不是绝对……不动，铁塔顶部有少许的摆动是正常现象。按计算，当风速达到每小时180公里时，塔尖摆幅为12厘米。由于太阳光移动照射，塔身各面受热不均，塔尖在一天中有微小的转动，它沿着一个小的椭圆形轨迹移动。1999年暴风雨肆虐法国，铁塔顶端的风速达到创纪录的每小时133英里（合214公里），铁塔主管宣称："什么事也没有发生，只是顶端移动了9厘米，这是合理的。"铁塔的主要敌人是腐蚀，补救的方法是定期用特制的油漆涂刷。铁塔油漆一次要用45吨油漆。专家认为若维护得好，铁塔还能再存留几个世纪。铁塔落成当年，吸引了两百万人去参观，现今每年的参观人数在六百万上下。1889年的博览会结束后，展区的建筑物，除铁塔外，全都拆除了，其中包括宏伟的机器陈列馆。巴黎当局曾准备在20年后将铁塔拆除，但是随着时间的推移，铁塔在人们心中植下了根，渐渐产生了感情，再不愿失去它了。今天，铁塔已成为法国首都的标志和巴黎的最著名的景点。世人熟悉的铁塔形象本身成了巴黎的名片，来巴黎的旅游者谁不想去参观铁塔呢！

当年铁塔的升降机

铁塔揭幕日来宾在塔上参观的情形

工程师埃菲尔

让我们了解一下埃菲尔（Alexander Gustave Eiffel，1832—1923）本人。他23岁时从中央工艺和制造学院毕业，学的专业是金属建筑结构。不久埃菲尔开设自己的工程公司，从事实际建造工作。19世纪是铁路大发展的时代，埃菲尔在许多国家建造铁路桥梁，是当时著名的桥梁工程师。他曾为一些建筑物设计铁结构的圆形屋顶，纽约自由女神像内里的金属骨架也是由他设计和建造的。

在一百一十多年前，巴黎铁塔实在是一个大胆的、富有创意的、带有几分浪漫气息的设计作品。直到今天，塔的造型仍然给人以大胆新鲜和前卫艺术的印象。一般说来，人们很难把这个反传统的先锋形象同结构工程师的谨慎务实的职业性格连在一起。那么，工程师埃菲尔先生何以会想出这样有浪漫气息的铁塔形象来的呢？

事实上，铁塔的原初构思并非出自埃菲尔本人。开始的时候，埃菲尔正忙于一座铁路桥的工程事务，关于建塔的事，他向下属征求建议，公司里的两名年轻人画出了最初的铁塔草图。起初，埃菲尔自己并不赞赏这个方案，但他自己也没有更合适的方案呈送上去。不料博览会的总负责人、当时的法国工商部长却看中了两个年轻人构思的方案。

埃菲尔对手下人的创意是尊重的，他没有稀里糊涂地把年轻人的构思据为己有。为了使铁塔的设计归于公司老板埃菲尔的名下，1884年11月8日，埃菲尔同年轻人签订协议，两人同意让埃菲尔署名。作为回报，埃菲尔把工程设计费的一部分付给他们。*

据研究，两位年轻人的构思很可能受到过他人的启发。在埃菲尔铁塔之前十多年，一位美国工程师曾向1876年费城百年博览会提交建造一座1000英尺高（304.8米）的铁塔的方案，但未被采纳。埃菲尔手下那两位年轻的法国人极有可能从美国人的未实现的设计方案中得

---

* 参见 Benard Marrey，*Gustave Eiffel*，Paris，Graphite，1984。

埃菲尔建造的铁桥（1884）

到了启示。

　　铁塔建成后，埃菲尔专注于气象学和空气动力学的研究，他在铁塔顶部安置气象仪器，研究气象。他还另建气象研究室。1906年他第一个出版气象地图册，受到好评。铁塔后来又用于无线电通讯之用，铁塔的这些用途起了保护铁塔使之免于拆除的命运。埃菲尔于1923年去世。一举建成300米高的铁塔是他一生工作的光辉顶点。

结构科学的成就

　　巴黎铁塔的最早创意虽非出自埃菲尔本人，但如果没有埃菲尔的参与和工作，巴黎铁塔是造不起来的。

　　这样说，并不表示埃菲尔先生是个天才人物。关键在于埃菲尔掌握了19世纪后期最新的结构科学知识，能为工程项目做结构设计与计算。他是土木工程师队伍中新出现的一种专业人员，即结构工程师。没有埃菲尔，也会出现别的结构工程师。在同一次巴黎博览会中，以康泰明为首的三位工程师设计建造了另一个著名的建筑物：机器陈列馆。它采用钢的三铰拱，跨度达到115米。我们知道，公元124年建成的罗马万神庙，有一个用砖、石和天然混凝土造成的圆穹顶，直径是43.43米。在19世纪之前，在一千六百多年的长时段中，万神庙一直是世界上跨度最大的建筑物。16—17世纪，罗马教皇在建造圣彼得大教堂时曾希望其跨度超过万神庙，结果仅仅赶上而已。1889年巴黎博览会的机器陈列馆的跨度一举达到115米，实为建筑跨度的大跃进。按照传统的做法，承重的构件，如墙和柱子，越近地面越粗大，但机器陈列馆的钢拱架与传统做法相反，庞大的钢拱架凌空跨过115米的距离，拱架接地处却几乎缩小成一个点，像芭蕾舞演员似的以足尖着地，令时人大为惊讶。可惜的是这座陈列馆于1910年被拆除。

在纪念法国大革命一百周年的博览会中，铁塔创造了史无前例的高度，机器馆则把以往的最大跨度远远甩在后面，都是破纪录的创举。

建筑工程从经验走向科学

何以能够在建筑的两大指标，即高度与跨度上同时取得突破呢？原因在于到19世纪后期，结构科学已发展到了一定的高度，使建设者们有能力在没有先例的建筑任务中发挥能动性和创造性。

有必要对"结构"一词做一点说明。这是一个多义词。哲学家也用结构这个词，例如有"结构主义哲学"之流派。我们不去管它。在工程和房屋建筑中，结构指受力的部分及系统。打一个比喻：人的身体中有许多骨骼，组成人体的骨骼体系，即通常所说的人的骨架。骨架支撑人体的重量，人能够站立靠的是健全的骨架。房屋也是这样。房屋的各个部分，有的吃力即承重，有的不吃力即非承重。例如房屋中的墙就有承重墙与非承重墙之别。非承重墙不承担房屋的重量但有分隔空间、围护、保温等作用。承重墙之外，房屋的承重部分还有柱子、楼面板、屋面板、屋架等等。房屋中的这些承重部分或部件互相连接，共同作用，组成房屋的承重及受力的体系，叫作"建筑结构体系"，它与人体的骨骼体系即人的骨架子相似。从古至今，常见的结构形式与构件有墙、板、柱、梁、券、拱、桁架、穹顶。后出的有壳体、网架、悬索等等。房屋的结构部分有外面可以看见的，如柱子，如外承重墙。有藏在内部看不见的，如有的屋架藏在天花板里面，有的柱子被遮挡看不见等等。但也有看似承重构件而实际不承重的，如假柱子、假"牛腿"。

结构如人的骨骼，重要性不言自明。柱要多粗，梁能多长，屋架怎么做，楼板能承受多少重量，房子能抗几级地震，耐多大风力……这些是结构科学研究的问题，是结构工程师处理的事项。一般的房屋，

1889 年巴黎博览会机器陈列馆的铁结构，跨度 115 米

一般的工程好办，而巴黎铁塔是高难任务，它本身就是一个非同小可的结构物，非靠结构工程师不可。

古代没有结构科学，没有结构工程师，不也造出了许多至今令我们惊异的、宏伟的建筑物。古今有什么不同呢？

差别在于古代的房屋类型不多，变化少而慢。宫殿、坛庙、陵墓等少数重要建筑物，建造时几乎不计工本，而且可以拖时间。匠师们都是凭着先辈传下来的知识与技能，照老章程办事。那些前人的知识基本是从宏观经验中得来的，对某种结构形式的感性认识，而非科学分析的产物。如果遇到新的问题，就试试改改，不行再改，摸索着来，始终不知其所以然。

拿拱来说，世界各民族早就会用砖拱和石拱，但人们对拱的理解却长期停留在感性的阶段。古代阿拉伯人的认识是"拱从来不睡觉"。15世纪末，达·芬奇对拱的工作原理所做的解释是："两个弱者互相支承，成为一个强者。这样，宇宙的一半支承在另一半之上，变为稳定的。"这都是从外部对拱结构所做的直观描述与猜测。

梁（木梁、石梁等）的使用比拱更早。中国《墨经》中说："衡木加重焉而不挠，极胜重也。若校交绳，无加焉而挠，极不胜重也。"这是把木梁同悬索加以比较，指出木梁有抗挠曲的性能。这有可能是世界上最早论及梁的力学性质的文献，但也是对现象的直观的感性的描述。

在实际工程中，石料的大小，构件的形状，则拿没有倒塌的石拱为模本。为了操作方便，也为了便于传授，就把石拱的形状尺寸用文字或数字规定下来。如15世纪意大利人阿尔伯蒂在他的著作中这样规定石拱的尺寸：拱券净跨应大于桥墩宽度的4倍，小于其6倍，而桥墩的宽度应为桥高的1/4。石拱券的厚度应不小于跨度的1/10。

中国清朝工部颁布的《工程做法则例》对27种建筑物的各部分的尺寸做了详细的规定，如一般房屋屋檐下的木柱的高度等于两根柱子间的距离的4/5，柱径为柱高的1/11。第二排木柱的直径为檐柱直径加一寸，最粗的柱子为檐柱直径加二寸等等。

这一类笼统的法则和规定可能合乎力学原理，但不是按具体情况、具体条件进行分析和计算的结果，工匠照着去做，知其然不知其所以然。从今天的标准看，历史上留下来的建筑，结构的尺寸一般偏大，用料偏多，也就是安全系数过大。古代建筑物能够屹立至今的，往往就是由于它们安全系数大，有很大的强度储备。

中国和外国古代的建筑法式、制度中包含着大量的这类规定和法则，它们的好处是容易被记住，容易掌握，便于师徒传承。这类规范化的经验进一步又被定为建筑设计中的法式和制度，虽有好处，也有副作用。梁思成在《清式营造则例》"序"中写道："清式则例至为严酷，每部有一定的权衡大小，虽极小，极不重要的部分，也得按照则例，不能随意。"这阻碍了创造性的发挥。

工业革命后，在西欧和美国工业化的进程中，工厂、铁路、堤坝、桥梁、高大的烟筒、大跨度房屋和多层建筑如雨后春笋般建造起来。*工程规模愈来愈大，技术日益复杂。提出了大量的没有先例可循的新课题，促使力学及其他自然科学迅速向前发展。因为在市场经济条件下，投资者、房产主与奴隶社会、封建社会的业主很不相同。他们追求利益最大化，不能容忍浪费、低效和失败，不允许担着风险走着瞧的干法，他们要求在工程实施前周密擘画，精打细算。因而结构分析和计算受到重视，成为重要工程项目设计时必要的步骤，当缺少可靠的理论和适用的计算方法时，要进行必要的实验研究。

1809年，已经当了皇帝的拿破仑亲自到法国科学院参加科学报告会。这位东征西讨的武夫皇帝忽然表现出对薄板振动实验的兴趣。听完报告，拿破仑向科学院建议，用悬奖的方式征求关于薄板振动理论的数学证明。拿破仑是一个代表资产阶级利益的皇帝，他的目的是鼓励科学家们用科学成果为正在发展中的法国工业服务，应对当时英、德等国在工业领域对法国的挑战。

推动力学和结构科学发展的并非建筑业，在早期，首先是造船业和建造铁路桥梁的需要推动结构科学的发展。

---

*最近二十多年，虽然晚到，中国也出现了类似的情形。

在19世纪,铁路桥梁是工程建设中最困难最复杂的一部分。在铁路出现后的70年中,英国建造了2500座大小桥梁。有的建造在宽深的河流和险峻的山谷,桥的跨度不断增大。早期的铁路桥梁史上,记载着一系列工程失败的记录。

1820年,英国特维德河上的联合大桥建成半年后垮了。1830年英国梯河上一座铁路悬索桥,在列车通过时,桥面出现波浪形变形,几年之后裂成碎块。1831年,当一队士兵通过时,英国布洛顿悬索桥毁坏了。1878年,英国北部泰河上的铁路大桥通车一年半后,一列火车在大风中通过,桥身突然断裂,连同列车一起坠入河中。失败教训了人们:必须深入掌握结构的工作规律。

把隐藏在材料和结构内部的受力状况准确地揭示出来很不容易。17世纪初,由于造船业的需要,伽利略(1564—1642)对材料和结构进行力学研究,他的1638年出版的著作,标志着用力学方法解决结构计算问题的开端。但是就连弄清楚一根梁的力学性质,也经历了长期曲折的探索过程。

在伽利略时期,人们还不了解应力与变形之间的关系,缺少解决梁的弯曲问题的理论基础。1678年,虎克通过科学实验提出变形与作用力成正比的虎克定律。他明确提出梁的弯曲的概念,指出凸面上的纤维被拉长了,凹面边上的纤维受到压缩。

1680年,法国物理学家马里奥特(Mariotte,1620—1684)研究梁的弯曲时,考虑弹性变形,得出梁截面上应力分布的正确概念。马里奥特改进了梁的弯曲理论,可是,由于计算中的错误,他没有得出正确的结论。1713年,法国拔仑特(Parent,1666—1716)在关于梁的弯曲的研究报告中,纠正以前人们在中性轴问题上的错误,指出正确决定中性轴位置的重要性,对于截面上应力分布有了更正确的概念,并指出截面上存在着剪力,他实际上解决了梁弯曲的静力学问题。拔仑特提出从一根圆木中截取强度最大的矩形梁的方法。但是拔仑特的研究成果没有经科学院刊行,当时未受到重视。

又过了六十多年,法国的库伦(Coulomb,1736—1806)是一个从事过实际建筑工作的工程师和科学家。1776年发表了关于梁的研究成果。他提出计算梁的极限荷载的算式。库伦提供了和现代材料力学中通用的理论较为接近的梁的弯曲理论。但是库伦提出的梁的计算方法，过了四十多年，才受到工程师们的重视。

19世纪上半叶，研究者把弹性理论引入梁的弯曲研究中，发展出精确的弯曲理论。在这方面，法国工程师纳维埃（Navier，1785—1838）做出了贡献。纳维埃早期曾数度提出错误的看法。后来他纠正了自己的错误。纳维埃指出最重要的是寻求一个极限，使结构保持弹性而不产生永久变形。

法国工程师和科学家圣维南（Saint-Venant，1797—1886）进一步考虑了弯曲与扭转的联合作用，在梁的弯曲方面做出新的重要的贡献。

对一般结构工程的应用来说，梁的理论和计算方法，在19世纪中期已经成熟。但在弹性理论范围内，研究还在继续深入。

从伽利略的时期算起，到19世纪结束时，250年中经过大约十代人的持续努力，人们终于掌握了一般结构的基本规律，建立了相对成熟、能用于建设实践的结构计算理论。

结构科学进入建筑

把结构科学的成就运用于建筑设计，也有一个过程，开始的时候还曾遇到过阻力。请看下面的几幕。

罗马圣彼得大教堂的大圆顶建于1585—1590年，是米开朗琪罗设计的，当时主要着眼于建筑艺术效果，至于圆顶的结构、构造和尺寸全凭经验估定。圆顶落成不久就出现裂缝，到18世纪，裂缝愈来愈明显。人们对裂缝的原因议论纷纷，莫衷一是。

三位数学家被请来研究这个事故。三个人爬上爬下，先对裂缝做详细的测绘，对缝的大小做多次不同时间的观察。他们否定裂缝是由于基础沉陷以及柱墩断面不够大的猜测，认为是圆顶上原来安装的铁箍松弛，挡不住圆穹顶向四周撑开的力量。数学家计算的结果是，大圆顶有大约一千"罗马吨"的推力没有得到平衡，结论是要在圆顶上再多加铁箍。

"什么！如果有一千'罗马吨'的差额，圆顶就根本盖不起来！"

"米开朗琪罗不懂数学，建成了这个圆顶，我们不要数学家的数学，肯定也能修好它！"

"上帝否定计算的正确性！"

怀疑和非难如此强烈，一位著名的做过工程的教授又被请来。教授研究之后说，数学家错了，按他们的计算，整个圆顶连柱墩早就翻倒了，这怎么可能！他认为圆顶裂缝是地震、闪雷等外力作用加上施工质量不好，力量传递不均匀造成的。不过教授的修补方案仍是多加铁箍。1744年圣彼得大教堂的圆顶加了5道铁箍。

实际情况是当时的力学还无法对拱壳做正确的分析，那三名数学家的计算建立在错误的假设之上，不符合实际情况。尽管没有成功，但他们的工作在建筑发展史上是有意义的。在16世纪由建筑艺术大师从艺术构图出发设计的大教堂圆顶，到18世纪受到科学家和工程师的检验，这件事本身预示着建筑业即将出现重要的变革：此后，解决重大建筑工程问题，都要运用数学和力学进行具体的分析及计算。不能再单纯依赖经验、法式和感觉办事。

数千年形成的观念和习惯不易改变。1805年，巴黎公共工程委员会的一名建筑师公开对建筑与科学结合大泼冷水，他宣称："在建筑领域中，对于确定房屋的坚固性来说，那些复杂的计算、符号与代数的纠缠，什么乘方、平方根、指数、系数，全无必要！"1822年，英国一个木工出身的建筑师甚至说："建筑物的坚固性与建造者的科学性成反比！"

传统和习惯的力量是顽固的，但由于它反科学的消极性，终于渐渐被抛除了。

从此，用力学和结构科学武装起来的工程技术人员，获得了越来越多的主动权。在结构工程方面，人们终于从长达数千年之久的宏观经验阶段进到了科学分析的阶段。科学的分析计算和实验，把隐藏在材料和结构内的力揭示出来，人们可以预先掌握结构工作的大致情况，能计算出构件截面中将会发生的应力，从而能够在施工之前，做出合理、经济而坚固的工程设计。不合适的不安全的结构在设计图纸上就被淘汰，工程建设中的风险日益减少。必然性增多，偶然性减少。

在历史上，几十、几百年甚至上千年中，结构变化很少。现在，人们掌握了结构的科学规律，便能充分发挥主观能动性，按照社会生产和生活的需要，有目的地改进旧有结构，创造新型结构。在19和20世纪中，新结构不断产生，类型之丰富，发展速度之快，是以前无法想像的。

结构科学的进步，让建筑人在造房子的事情上和建筑艺术创作方面，不再受法式、则例和固有模式的束缚，获得了空前未有的、愈来愈大的自由。这是现代建筑区别于历史上建筑活动的一个重要标志。这是建筑历史上一次空前的伟大跃进。

埃菲尔铁塔的构造没有先例可循，承包这样的建筑工程显然风险极大。他之所以敢于设计和建造300米高的铁塔，是因为他此前成功地建造过多个铁路大桥。那些在高山深谷中的大铁桥每次都是一个技术上的挑战。1878年埃菲尔承建的加拿比大桥（Garabit Viaduct）就是一个。那座桥高而且跨度大，很难施工。经过精确的计算设计，埃菲尔创造了一种新的结构，并获得专利，后来就用于铁塔的设计中。

埃菲尔是一位杰出的结构大师，称巴黎铁塔为埃菲尔铁塔，他当之无愧。我们还要说，这个突破陈规、大胆而新颖的铁塔实在是纪念法国大革命的一座极有意义的纪念碑。

今天，在建筑工程方面，人类已经从必然王国进入了自由王国。而结构力学仍在继续向未知领域开拓前进。

第四讲 | 摩 天 楼

李鸿章与摩天楼

清光绪二十二年（1896年），执掌大清帝国晚期军事、外交大权的李鸿章访问美国。8月28日，李乘坐的"圣路易斯"号邮轮从欧洲抵达纽约。美方为这位清国"头等出使大臣"举行了隆重的欢迎仪式。邮轮进入纽约港，美国舰队鸣礼炮19响，港内船只汽笛齐鸣。美国东部陆军司令卢杰少将登上邮轮，向李鸿章致欢迎词："我受美国总统的派遣，来此迎接阁下到来，并带您访问这个国家。"

李鸿章乘四名轿夫抬的软轿下船，坐进敞篷马车。车队在数百名骑兵护卫下在纽约街道上行进。美国记者报道："队伍转入百老汇大街。沿途热情的观众挤满了街道两边的各个角落……人群中不断爆发出阵阵欢呼声。美国快递公司大楼上升起三面旗帜，互利保险大楼的各个窗口挤满了人。在邮政大楼前，李总督指着大楼不停地向卢杰将军询问着什么。"

李鸿章入住揭幕不久的纽约华尔道夫饭店。这家以顶级豪华、舒适、服务周全著称的饭店，自1893年开业后，一百多年来一直是纽约最尊贵的饭店之一，时至今日，外国政要贵宾到纽约大多仍下榻于此。

李鸿章离开纽约前，在饭店接受记者的采访，次日的《纽约时报》报道说，有位美国记者问李大臣："阁下，您在这个国家的所见所闻中

纽约华尔道夫饭店（1893）

什么使您最感兴趣？"李鸿章回答："我对我在美国见到的一切都很喜欢，所有事情都让我高兴。最使我感到惊讶的是20层或更高一些的摩天大楼，我在清国和欧洲都从没见过这种高楼。这些楼看起来建得很牢固，能抗任何狂风吧？"李鸿章接着说："但清国不能建这么高的楼

山西应县佛宫寺木塔，建于1056年，最高点67.3米

房，因为台风会很快把它们吹倒，而且高层建筑如果没有你们这样好的电梯配套也很不方便。"*

李鸿章短短的谈话表明：他把纽约的高层建筑列为他在美国所见到的最令人惊讶的事物。数十层的高楼在这位74岁的阅历丰富、老成持重的清国大臣的心目中留下了深刻的印象。他关心高楼的坚固性，特别是抗强风问题，也注意到高楼设备的重要性。

房屋高度与钢铁结构

无论中外，很早就有人企望建造高耸的建筑，但实际办不到。固然有的建筑物造得较高，如西欧哥特式教堂的高塔，中国应县佛宫寺木塔，但它们都是特例。

---

* 郑曦原等编译：《帝国的回忆：纽约时报晚清观察记》，生活·读书·新知三联书店，2001年版。

世界上十层以上真正实用的高层建筑，到19世纪末期才出现。

楼房层数长上去需要具备多种条件。主要是两个方面：一是社会经济有现实的需要；二是具备建造高层房屋所需的材料与技术。

19世纪末期，西欧和美国几个发展特别迅速的大城市，最先出现了上述的需要与可能。那些城市人口大增，用地紧张，地价上涨。一方面，城市向周围扩展，另一方面，人们需要千方百计在原有市区的土地上获得尽可能多的建筑面积。而大公司、大银行、大商店、大酒店特别垂青市中心繁华街道的某些区段。大企业和开发商花天价买到那儿的地皮，便要全力在有限的地块上取得最多的建筑面积，加大"用地容积率"。所谓用地容积率，指在一定的地块上得到的建筑总面积与地块面积之比，如地皮面积为1000平方米，上面所建房屋的建筑面积为1500平方米，这块用地的容积率为1.5。容积率越大，收益便越大。

增加容积率最简便最有效的方法自然是增加层数。增加层数，在技术上，首先是房屋结构的问题。要房屋既高又坚固，第一看房屋结构用的是什么材料。房屋结构除了支承房屋自身和在里面的人与物的重量外，还要承受风力、振动、温度变化等加在房屋上的荷载。用土和竹木做结构材料的房子显然高不上去，就是用砖石做墙的房屋也很难超过六七层，因为砖墙高度增加，墙厚也得相应增加。

1891年，美国芝加哥造了一座用砖墙承重的16层的蒙那诺克大楼（Monadnock Building），按当时通行的做法，单层砖房墙厚为12英寸，上面每加一层，底部墙厚要增加4英寸，这个16层的砖墙建筑的底层外墙厚近两米。费工费料又减少了下部楼层内部空间，而且砖砌外墙不能开大窗。在狭窄街道上的商业写字楼，窗子小，光线暗，房间进深就不能大，经济效益就差了。

必须使墙的厚度与楼房的层数脱离关系。办法是建筑物里外全用柱子来承重。柱子与梁组成框架，承担房屋的全部荷载。中国传统木构建筑就采用框架结构的原理。中国老式房子有"墙倒屋不塌"的说法，因为那些墙不承重，只起隔离和保温作用。所以，墙虽然倒了，只要柱子立着，屋顶也塌不下来。问题是我们过去的建筑用的是木头框架。木

芝加哥蒙那诺克大楼（1889—1891）

材本身比较软弱，强度不高，木头框架也不会很坚固。

要是有比木材强度高的材料来做房屋的框架就好了。那样的材料早有了，就是铁。但是在之前很长一个时期，无论中外，铁都没有用作主要的建筑材料，主要是由于铁的产量少，只能用于制作较小的工具、兵器和配件等等，不可能当作大宗材料用于房屋建筑之中。同时，在很长的时期中，用土、木、砖、石造的房屋一般已能满足需要，就是说，没有使用新的结构材料的迫切的社会需求。

19世纪中期，恩格斯居留英国，他在描述当时英国工业化时期的状况时提到："发展得最快的是铁的生产。……炼铁炉建造得比过去大50倍，矿石的熔解由于使用热风而简化了，铁的生产成本大大降低，以致过去用木头或石头制造的大批东西现在都可以用铁制造了。"

铁路桥由石桥改为铁桥，工厂的木屋架改为铁屋架，"水晶宫"用铁造，一些多层楼房先是房屋内部有了铁梁和铁柱，继而外围也使用铁梁和铁柱，构成完全的铁框架。建筑便可以不受墙体的拖累而向上增长。1885年，芝加哥家庭保险公司建成一座10层的铁框架建筑，它的柱子一部分是圆形铸铁管柱，一部分是用锻铁拼合成的方形管柱。梁也

芝加哥第一座铁框架楼房（1885）

19世纪末期芝加哥的写字楼

是用锻铁做的。经过美国建筑史家多年的调查和热烈争论，这座芝加哥家庭保险公司的10层楼房被确认是美国第一个全铁框架的高层建筑。

1888年纽约一座11层的框架结构房屋落成时，恰遇一场暴风雨，许多人赶去围观，看它能否顶住大风雨的袭击，人们对新事物总有些担心。次年，即1889年，巴黎建起了那座300米高的埃菲尔铁塔，铁塔虽然不是房屋，但它岿然不动地屹立在那里，极有助于消除一般人对高层建筑的恐惧心理，让人放心。

19世纪后期，比铁的品质好的钢的产量大增。1871年美国钢产量只有7.4万吨，到1901年增为1369万吨，生产规模扩大18.5倍，房屋建筑中都改用钢结构，坚固性更有保证。

有了钢结构，大楼的层数越来越高，人们在街面上仰望大楼的顶尖，觉得它们好像擦着天了，所以，美国大众把那些高楼叫Skyscraper。sky是天空，scraper是刮、擦用的器具。这是个很形象的诨名。我们现在不知是哪位中国人最早把Skyscraper译作"摩天楼"。这个译名很传神，符合严复提出的翻译外文要求"信、达、雅"的三字原则。这便是中文"摩天楼"这个词的来历。

但是钢铁结构就没有问题了吗！

开始用铁结构造房子的时候，人们认为铁不会燃烧，不怕火灾。所以早期的铁结构房屋的铁构件常常直接暴露在外。确实，铁比木材耐热，但是如果温度太高，铁会变软，强度降低，温度再高，铁还会熔化。1871年芝加哥中心区发生火灾，火势蔓延极快，10平方公里的地区被毁。原因之一是大火起来后，铁熔化了，温度极高的铁水流到哪里哪里便着火。吸取教训，人们认识到：钢铁具有一定的耐热性不等于有耐火性。温度超过150摄氏度，钢结构便会出现问题，所以后来钢结构上都加有隔热层，使之可耐高温。

升降机及其他

建造高层建筑还有一些问题需要解决。首先，楼层高了，只靠步

水压升降机（1887）

行爬楼可不行。早期的高层建筑没有升降机械，除了人难上外，在没有自来水、没有暖气的时代，水啊、燃料啊，样样都得靠人力往上搬，楼层越高租金越低，越少效益，这怎么行！所以建高楼必须有相应的房屋设备，首先是要有代步上下楼的升降机械。

其实，在19世纪前期已经有人在试制升降机，因为工厂和矿井早就提出了这种需要。在民用建筑中，有人曾制造过利用水压的升降机，办法是在楼房下面竖埋一根水管，管内有可以上下动的活塞，活塞上的杆子顶着一个载人的笼子。往地下竖管内注水，笼子随活塞上升，放水则下降。这种水力升降机令当时一些人感到放心，因为它"有底"，严重的缺点是楼房高度取决于地下竖管的深度，不可能太高。另一种水力升降机是用绳索吊着笼子，绳索经过顶部的滑轮与一个水箱连接。往水箱里添水，笼子上升，减少水量，笼子下降。应用比较普遍的是用蒸汽机拉动的升降机。对于用绳索吊拉的升降机，人们怕的是绳索一旦断了怎么办。

许多人努力解决载人升降机的安全问题。

1854年，在纽约世界博览会上，一位先生站在木制升降机上，机械开动，升降机徐徐升到四层楼的高度，此人向

1853年，奥的斯在纽约博览会中演示他的安全升降机

下面的观众喊道："我很好，先生们，我很好。"当升降机开始下降时，他命令助手把吊绳砍断，这时，观众们想着升降机将要坠落下去，屏声息气，非常紧张。不料它竟停住，观众松了口气，这时升降机上的那位先生，像做完表演的魔术师一样，脱下礼帽向惊呆了的观众致意："先生们，绝对安全！" 原来他在升降机箱笼两旁安装带齿的导轨，并有自动制动器，箱笼刚一下滑，就被自动卡住。

　　这位演示者名叫奥的斯（E.G.Otis），是一个农民的儿子，他在一家床垫厂任技师，发明过火车制动器等物。1852年，他发明装有自动安全设备的升降机。1853年，他建立一家小型升降机工厂，出售货运升降机，但订货者很少。1854年，他在博览会上做了上述演示。展示会后，奥的斯收到很多订单。1856年，他为纽约百老汇大道上一个百货商店安装了第一台供顾客使用的安全升降机，引起数千人往观。

1861 年，奥的斯获得蒸汽升降机的专利。

再往后，用蒸汽的升降机渐渐被用电力拖动的电梯顶替。电梯进入了白宫、华盛顿纪念碑和埃菲尔铁塔等著名建筑物中，从美国走向全世界。

奥的斯电梯公司生意至今兴隆，现在还在中国生产它的电梯。据奥的斯公司的资料，现在全世界的电梯每72小时（三昼夜）运送的乘客人次就相当于世界人口的总数——六十多亿。

电梯促进了楼房向上增高，没有电梯就没有数十层高的摩天楼，电梯功不可没。

19世纪末20世纪初，高层建筑需要的其他机电设备如上水，下水，卫生器具，供暖系统，电话等通讯系统，以及消防设施等等，不断完善，又增加了许多新品种，高效便利的设备使得高层建筑愈来愈多，愈来愈高。

清朝外交官的欧洲见闻

在李鸿章访问纽约之前30年，一位19岁的中国青年见识过当时欧洲高层旅馆的一些建筑设备。

1866年，清同治五年，清政府派从同文馆（学习外语的学校）刚刚毕业的学英文的张德彝和另外两名学生在一位三品官的率领下去欧洲游历，以熟悉外国情形，"探其利弊"。这些人于5月2日抵达法国马赛，访问了英、法、比利时、荷兰、俄、瑞典、芬兰、丹麦、普鲁士等十个国家。他们走马观花，饱览各种新奇事物。我们不难想见这个大开眼界的青年，当时有多么惊讶，多么兴奋。

张德彝的著作中有对当时欧洲高层建筑设备的生动记述。他描写他住的马赛旅馆是"四面石楼七层，中置玻璃照棚。住屋数百间，上下皆有煤气灯出于壁上，其光倍于油蜡，其色白于霜雪"。张德彝在由天津到上海的外国轮船"行如飞"号上先已见识了冲水马桶。他记述道，轮船"两舱之中各一净房，亦有阀门。入门有净桶，提起上盖，下有瓷盆，盆下有孔通于水面，左右各一桶环，便溺毕则抽左环，自有水上洗涤盆桶。再抽右环，则污秽随水而下矣"。对于马赛旅馆中的卫生设备他也有记述："又各屋墙上有二小龙头，一转则热水涌出，一转有凉水自来。层层皆有净房数间，……纸匣、瓷瓶、水管皆备。"这七层楼的旅馆装有机械升降设备。张德彝称之为"自行屋"，他写道："如人懒上此四百八十余步石梯，梯旁有一门，内有自行屋一间，可容四五人。内有消息，按则此屋自上，抬则自下；欲上第几层楼时，自能止住。"*这些文字记下中国人在近代开始走向世界时的观感，其中关于高层建筑的部分很可能是国人关于国外高层建筑的最早记述。

什么都新奇！张德彝在欧洲见到的许多事物还没有通行的中文译名，张德彝只好自撰。他称火车为"火轮车"，铁轨为"行车铁辙"，火车站为"沿途待客厅"。他给缝纫机起名"铁裁缝"，橡皮名"印度擦物宝"，博物馆名"集奇馆"。他介绍西人食品："加非（咖啡）系洋豆烧焦磨面，以水熬成者。炒扣来（巧克力）系桃杏仁炒焦磨面，

19世纪中期伦敦一旅馆

---

*张德彝：《航海述奇》，湖南人民出版社1981年版。

1877年巴黎百货公司的升降机

加糖熬成者"。

芝加哥与纽约

19世纪末起，新兴的美国在建造高层建筑方面的热情超过了欧洲老牌资本主义国家。进入20世纪，美国的大楼更是越盖越高。大公司、大企业你追我赶，一个赛一个，出现楼房高度竞赛的奇观。这种景象在芝加哥和纽约两地尤其突出。

19世纪后期，芝加哥快速发展，由一个小市镇迅速成为一个大的经济中心，房地产业迅速发展，当时那里的情景同20世纪末我国深圳等城市差不多。当时那里的大公司、大银行、大企业急切需要市中心繁华地段上的建筑面积。这种需求推动芝加哥的工程师、建筑师突破常规，积极寻求新的建筑技术和设计方法，不断建造出更新更高的大楼，形成19世纪后期美国建筑史上的所谓"芝加哥学派"。

纽约很快赶上来。1891年芝加哥建成22层的楼房，7年后的1898年，纽约出现26层的大楼。1908年制造缝纫机的美国胜家公司在纽约原有的11层楼房上面加建一个33层的塔楼，使之成为总高187米、44层的大楼。这个胜家大楼把别的大楼全比下去，成为当时全球第一高楼。过了3年，到1911年，纽约都会保险公司在闹市区买下一座教堂，拆掉，在那里盖起一座50层的大楼，它的高度达到213米，把世界第一高楼的称号夺了过来。可是，好景不长，两年之后，渥尔华斯公司出来同保险公司竞赛。那是一个专售五分和一角钱小商品的连锁零售企业，1913年，它造出了一座高度为234米的57层大楼，把第一高楼的桂冠戴到自己头上。大楼外形用了

纽约胜家公司大楼

纽约都会保险公司大楼　　　　　　纽约渥尔华斯大楼

一些哥特式教堂建筑的形式元素，于是人们给它起了一个外号——"商业大教堂"。这个大楼揭幕式很隆重，当时的美国总统也光临了。以前，渥尔华斯公司曾经向都会保险公司贷款，遭到拒绝，至此算是出了一口气。

美国的纽约和芝加哥是现代高层建筑和超高层建筑的两个发源地。

纽约是美国最早的也是最大的大都会，那里的房屋建筑业向来繁荣活跃。到1913年，纽约曼哈顿岛上已有10层以上的高楼一千一百多座。第一次世界大战后，欧洲经济因战祸衰落而美国经济繁荣起来。20世纪20年代，美国大城市中又出现建造高层建筑的热潮，楼房层数进一步增加。到1931年，纽约30层以上的高楼已有89座，最高的一座是85层。按通行的分类，30层以上的称为超高层建筑。

高层建筑为什么一个更比一个高？

马克思有一段话解释这个现象："一座小房子不管怎样小，在周围的房了都是这样小的时候，它是能满足社会对住房的一切要求的。但是，一旦在这座小房子近旁耸立起一座宫殿，这座小房子就缩成可怜的茅舍模样了。这时，狭小的房子证明它的居住者毫不讲究或者要求很低；并且，不管小房子的规模怎样随着文明的进步而扩大起来，但是，只要近旁的宫殿以同样的或者更大的程度扩大起来，那么较小房子的居住者就会在那四壁之内越发觉得不舒适，越发不满意，越发被人轻视。"（《雇佣劳动与资本》）

另一方面，楼越高，名越大，利也越多。当年沃尔华斯公司的老板就赞叹他那座大楼是"不花一文钱的大广告牌"。所以，只要有可能，大的公司企业就会争取把本国，本地区，甚而全世界的最高建筑的桂冠夺到自己手中。

纽约帝国州大厦

第二次世界大战（1937—1945）前，世界上最高的建筑物是纽约的帝国州大厦(Empire State Building)。美国的各个州都有一个别名，纽约州的别名是"帝国州"（Empire State），这座大厦即以此命名。但许多人未留意原名中有个"state"，因而把这座大楼简称"帝国大厦"。

帝国州大厦坐落在纽约市曼哈顿原繁华的第五号大街上。地段面积长130米，宽60米。大厦下部五层占满整个地段。从第六层开始收退，平面减为长70米，宽50米。第30层以上再收缩，到第85层面积缩小为40米×24米。在第85层之上，建有一个直径10米、高61米的圆塔。塔本身相当于17层，因此帝国州大厦号称有102层。原来并没有这个圆塔，后来为了让当时往来欧洲与美国之间的飞艇停泊，在大楼顶上加建了这个用来系泊飞艇的塔，设想飞艇到了纽约上空，便停驻在帝国州大厦的尖顶上，乘客经过这个塔和大楼，下到地面上。但

纽约帝国州大厦（1929—1931）

是，不料，德国的齐柏林号洲际飞艇不久就爆炸失事，飞艇这种交通工具停用了，帝国州大厦的塔顶一次也未停泊过飞艇。但这个小塔给大厦增加了高度，使帝国州大厦最高点距地面为380米。至此，地球上的建筑物的高度第一次超过巴黎埃菲尔铁塔。

帝国州大厦和美国大多数高层建筑物一样，底部楼层用作商店等，上部楼层是办公室写字间等，大多用来出租。

从技术上看，帝国州大厦是一座很了不起的建筑。它的总体积为96.4万立方米，有效使用面积为16万平方米。建筑物的总重量达30.3万吨。房屋结构用钢材5.8万吨。由于这个巨大的重量，大厦建成以后，楼房本身竟压缩了15—18厘米。

大厦内装有67部电梯，其中10部直通第80层。如果徒步爬楼，从第1层到第102层，要走1860级楼梯踏步。大厦内有当时最完备的设施。楼内的自来水管长达九万六千多米，当初安装的电话线长五十六万三千多米。大楼的暖气管道极长，供暖时管道自身因热膨胀伸长35厘米。

值得一提的是帝国州大厦的施工速度。1929年10月开始拆除地段上的老房子。11月，工程师们开始做大厦的详细结构设计。1930年1月底，工程师们把底部钢结构的图纸送交加工厂。3月1日，大楼工地开始安装钢结构。同年9月22日大厦的钢结构施工全部完成。10月，各层楼板完工。11月，外墙石活结束。次年，即1931年的5月1日，大厦全部竣工。

帝国州大厦从动土到交付使用只用了19个月。按102层计算，大厦施工速度为每五天多造一层。这是非常快的施工速度，在20世纪70年代以前，在美国也没有被超过。

帝国州大厦施工快速的原因之一是建筑设计时就考虑到加快施工速度。这座大厦的体形比先前的大多数高层建筑都简洁，特殊的装饰也极少，所以建筑用的构件、部件、配件的规格品种大大减少，而且大多数可以预先加工拼装，现场工作量减少。以帝国州大厦的窗子来说，它的外墙上总共有6400个窗子，其中5704个是把铝制窗子同窗下的那块墙板预先装配成一体。而且总共只有18种不同规格。外墙其他部分的表层石板规格也很少，而且与石板后面的砖墙预先结合在一起，只需一次吊装。这些做法大大减少了工人的手工操作和现场工作量，也减少了加工订货和运输上的麻烦，从而提高了建筑业的劳动生产率。

施工快的另一个原因是施工组织管理做得细致严密。帝国州大厦位于纽约最繁忙的大街上。高楼大厦栉比鳞次，高峰时间马路上车水马龙，川流不息。而大厦本身把地段完全塞满了，现场没有丝毫空地，运到的施工用料和设备只能在大楼底层内卸车，并即刻移走。参与施工的有四十多家公司，所有活动都必须严格按计划进行。刚刚轧好的钢构件运出工厂，要在80小时内安装到建筑物上去。在施工高峰时期，每天有五百多辆货车运来物料，卡车司机都清楚他那车货要在什么时刻送到哪一个吊笼跟前，否则不准驶入工地。这样就减少了二次搬运的工作量。施工地点只允许储备三天的用料，多了没地方放。混凝土搅拌站则设在大楼的地下层内。帝国州大厦施工人数最多时有3500人。大楼层数上升，工地食堂也随着升上去。……这样，在20世纪20年代末机械化、自动化水平不高的情况下，帝国州大厦实现了当时最快的施工速度。不仅速度快，而且节约了资金。当初预算是5000万美元，实际用了40948900美元，节省近五分之一。这实在令人惊奇，因为我们现在盖房子差不多总是突破预算，需要追加投资。

人们曾经担心那座空前大的楼房的自重会引起地层变动，这种情况没有发生，因为从地基挖出的泥石比大楼还重。人们又担心大厦在大风时摆动过大。到1966年为止的记录，帝国州大厦顶端最大的摆动为7.6厘米。人在楼内是安全的，没有什么感觉。

1945年，即第二次世界大战结束的那一年，一架B－25型重型轰炸机在大雾中撞到帝国州大厦的第78与第79层，大楼的一道边梁和部分楼板受到损坏，有一部行驶中的电梯被震落下去。这次事故中飞机完蛋了，楼内死11人，伤27人。但对大楼没有大的影响。专家认为大楼即使再增高一倍，它的现有结构也支持得住。

帝国州大厦的建成是人类建造高楼史上的一个里程碑。第二次世界大战后，摩天楼的发展进入一个新阶段。

第五讲 | 继承与创新

建筑问题的特殊性

"建筑艺术"这四个字现在成了使用频率很高的一个词。不过建筑艺术有很明显的特性。有一句话说："建筑是凝固的音乐。"这话有诗意，又很俏皮，所以常常被人引述。有一本书，书名叫《建筑是首哲理诗》，提法新鲜动人。看来人们对建筑的理解真是非常之不同。但不可忘记建筑和音乐及诗实有本质的不同，不同在于音乐与诗属纯艺术，而建筑是一种实用艺术。

20世纪50年代初，梁思成先生在讲课时解释英语architecture这个词的含义，他说architecture由archi及tecture两部分组成，archi的意思为总的、主要的、为首的；tecture从希腊文techne变来，techne指技术、技能、技艺，以及制造某物所用的方法，所以architecture意为"主要的技术"或"首要的技艺"。梁先生讲的是古代希腊人的原意。英、法、德、俄等欧洲语种中的这个词都源自古希腊。

在两千多年前的希腊，有什么比建造帕提农神庙更崇高、更尖端、更艰巨的任务吗？没有了。所以古希腊人把建筑称为"architecture"——"首要的技艺"，是符合当时情况的准确的称谓。

英国学者科林伍德也指出："希腊语中的'技艺'，……指的是诸如木工、铁工、外科手术之类的技艺或专门形式的技能。"建筑艺术与技术、技能、技艺直接相关，表明它不是单纯精神性活动的结果，而是物质加工与精神创作融合的产物。

20世纪德国著名哲学家海德格尔在《艺术作品的本源》中提出了"物—器具—作品"的命题。物指天然物，如土、木、石，作品指艺术作品。海氏说："器具这一名称指的是为了使用和需要所特别制造出来的东西。…… 器具既是物，因为它被有用性所规定，但又不只是物；器具同时又是艺术作品，但又要逊色于艺术作品，因为它没有艺术作品的自足性。假如允许作一种计算性排列的话，我们可以说，器具在物与作品之间有一种独特的中间地位。"（《林中路》14）

"物—器具—作品"这个关系式不能简单地套到所有艺术门类上，如音乐与诗同器具就没有直接的关联。然而对于那些从有用性器具演变而来的艺术门类，从发生学研究的角度看，是十分重要的，它符合这些艺术门类的生成过程。就陶瓷来看是瓷土（物）—瓷器（器具）—陶瓷艺术品（作品）。建筑是建筑材料（物）—房屋（器具）—建筑艺术（作品）。

从瓷土到瓷器，从建筑材料到房屋，都要处理材料、技术与功能问题，在此基础上，生发出陶瓷艺术与建筑艺术。所以，要全面探讨建筑艺术问题，特别是研究建筑的历史，不能不注意各时代各地区的建筑材料技术及建筑使用功能的状况。古希腊、古罗马的建筑形象与石材及用石的技术分不开，中国古典建筑的形象是用木料盖房子及木工技术的产物。绘画也有颜料、画纸、画布之类的材料与技术问题，但画家不必生产实用性的器物。而器物性却是建筑的基础性质。

材料技术、使用功能、艺术形象是建筑的三层面。

建筑艺术变化的特点

建筑材料与技术、使用功能及建筑艺术，简称材料技术、功能及形式，三者性质不同，作用不同，在建筑中扮演不同的角色。

进入工业化时代，建筑材料技术与使用功能有了重大改变，建筑形象、建筑样式、建筑艺术会不会变化，怎样变化？

欧洲在过去两千多年中，材料技术和建筑功能数度改变，但时间单位以百年计。在中国，从古代至清朝末年，材料技术和建筑功能的改进很少很慢。在以往材料技术与功能稳定的条件下，一种建筑样式在数百年间连续沿用，在一代又一代的匠师手中，细致推敲，调整提高，慢工出细活，终于成为非常精致、非常完美的建筑艺术样式。欧洲古典建筑和中国古典建筑都达到艺术典范的程度。

但是最近这一两百年，新材料、新技术、新设备层出不穷，速度极快。采用这些新硬件的好处，无人能拒绝。新功能的出现也没商量，无人能阻挡。

建筑样式，建筑形象，建筑艺术，会不会改变？怎样改变？变到哪里去？

这些问题不像材料技术与功能问题那么明确、简单、干脆，相反，情况多样，过程曲折反复，拖泥带水，充满争论、矛盾与冲突。

原因是建筑艺术又凝聚着社会人的精神、观念、感情，属于社会上层建筑和意识形态的范畴。

历史唯物主义认为社会存在决定社会意识，经济基础决定上层建筑。这是基本观点。但并不是说社会意识和上层建筑中的每一种变化都得在生产力和经济关系中找原因。这是简单化的理解。恩格斯写道："经济的前提和条件归根到底是决定性的。但是政治等等的前提和条件，甚至那些存在于人们头脑中的传统，也起着一定的作用，虽然不是决定性的作用。"

俄国学者、文艺评论家普列汉诺夫(1856—1918)指出："绝不是'上层建筑'的一切部分都是直接从经济基础中成长起来的，艺术同经济基础只是间接地发生关系的。因此，在讨论艺术时必须考虑到中间环节。"普氏认为艺术与社会心理和社会意识形态有密切关系。社会心理是人们在日常生活实践和相互交往过程中自发形成的，具有原始性和相互性，表现为一定时间和空间范围内的舆论、思想感情、流行情趣、时尚潮流及时代精神。

而社会心理是非常复杂的。不同民族、不同阶级和不同集团的社会心理是不一样的。在一个时期中，社会心理中有占主导地位的，有以前残留下来的，还有新的正在兴起的心理状态。当社会心理状况出现变化时，艺术观念和艺术创作就会跟着出现变化。艺术史上的种种现象，离开对当时当地的社会心理的考察，就不可能得出正确完满的解释。

执 著 传 统

19世纪英国人罗斯金（J.Ruskin，1819—1900）是位多才多艺的学者、作家、评论家和艺术家。他学识渊博，著作颇丰，曾任牛津大学教授，从事多项社会活动。人们认为他"对维多利亚时代公众的审美观点产生重大影响"。

伦敦水晶宫开幕时，罗斯金32岁，是一位美术评论家，他到水晶宫，

巴黎歌剧院（1861）

不看展品，注意力全放在水晶宫建筑本身。他越看越皱眉，觉得那铁与玻璃的建筑如同一个硕大的怪兽。他说，水晶宫庞大无比，但它只表明人类能够建造巨大的温室而已。他厌恶水晶宫，也讨厌巴黎铁塔，曾经说，以后再去巴黎，他就只待在铁塔底下，这样才能避免看到铁塔！

差不多同时，17岁的牛津大学学生莫理斯跟随家人到水晶宫参观。别人在水晶宫都露出惊讶好奇的目光，而这位少年张望了一会，大嚷："好可怕的怪物，丑死啦！"不肯再参观下去。莫理斯比罗斯金小15岁，两人对水晶宫的看法不谋而合。

莫理斯（William Morris，1834—1896）也是19世纪一位英国名人，他集诗人、工艺美术家和空想社会主义者、社会活动家于一身。他最有名的举动是在19世纪后半期，当工业兴盛手工业衰落的时期，发起"工艺美术运动"，他认为工业产品丑陋，要用手工艺品抗衡机器产品。在这一点上，莫理斯与罗斯金两位也志同道合。关于工业产品，

布鲁塞尔交易所（19世纪后期）

罗斯金说:"这些东西不能增添我们的快乐,也不能使我们变得更为聪明。它们既不能增加我们的鉴别能力,也不能扩大我们的娱乐领域。它们只会使我们的理解能力更浅,心灵更为冷漠,理智更为迟钝。"

罗斯金认为,历史上传下来的建筑,如希腊帕提农神庙、罗马万神庙、哥特式教堂、文艺复兴建筑等,是不可超越的建筑艺术典范,搞建筑艺术就得继承模仿它们,没有别的路径。罗斯金在所著《建筑七灯》中把这种观念表达得十分明确,他写道:

> 我们不需要新的建筑风格,就像没有人需要绘画和雕塑的新风格一样。但我们当然要有一定的风格。……我们现在已经有的那些建筑形式对于我们是够好的了,它们远远高出我们之中任何人所能达到的;我们只要老老实实地照用它们就是了,要想改进它们还早着呢!

这里的"风格"一词,源自英语 style,有时可译作"样式"。罗斯金这段话的意思是,祖辈传下来的建筑样式是那么好,足够我们用了,谁也搞不出更好的建筑样式了,大家老老实实地沿用那些样式吧,甭想什么新点子! 一句话:只要继承,不要创新。

罗斯金和莫理斯代表了当时欧洲上层社会的普遍态度。在从19世纪到20世纪前期,传统的建筑艺术样式仍然受到欧美社会多数人,甚而是绝大多数人的赞赏,继续被广泛地采用。即使是采用了钢铁结构和有着新功能的建筑物,也想方设法地具有传统建筑的形象。1865年建成的英国新议会大厦采用的是哥特样式。1862年开始兴造的巴黎歌剧院是文艺复兴建筑风格。1883年建成的布鲁塞尔司法宫采用厚重的古典建筑形象……这些高级建筑物的功能远远不同于古罗马时期、中世纪时期和文艺复兴时期,它们的内里也部分采用了铁构架等新兴材料技术,但建筑形象则都是传统的。因为人们的建筑观念、建筑艺术观念、建筑审美心理还没有发生变化,这些方面之所以没有改变,是因为当时一般的社会心理还没有发生显著的改变,还没有绕过"旧的就是好,创新无必要"

华盛顿美国国会大厦（1851—1865）

这个恋旧情结，个别建筑师的个别建筑物可以尝试突破旧规，但是只要社会的恋旧情结没有显著的转变，个别就只是个别，不会影响大局。

华盛顿的美国国会大厦的设计工作始于1851年，1865年建成。它的正中大圆穹顶是用铸铁和锻铁造的，但其外观形象是仿效意大利文艺复兴时期建的罗马圣彼得大教堂。这是所谓仿古主义（又称复古主义）建筑的一例。

美国首都另一个著名的建筑物是林肯纪念堂。林肯于1865年遇刺身亡。纪念堂的建筑方案到1913年获国会批准，1922年建成套用古希腊神庙样式的白色大理石建筑。

在美国，一段时候盛行古希腊的建筑样式，另一个时期会流行意大利文艺复兴样式。政府性建筑多模仿古罗马帝国的建筑样式，高等学府模仿哥特式建筑，形成所谓"学院哥特式"。有很长一段时间，美国建筑的仿古主义潮流强劲而普遍，经久不衰。

在流行仿古希腊建筑样式的时期，从学校到医院到小住宅，在入

耶鲁大学学院哥特式建筑

芝加哥仿"威尼斯哥特式"大楼

口部分都造一个仿古希腊神庙式的柱廊作为门脸。高级的建筑物可用石材作柱廊，一般房子用不起真的石料做柱廊，就用其他便宜材料来代替。作者在波士顿见到一座老法院，入口有一个希腊神庙式的柱廊，形状比例倒是不错，不过全是红色。近看那些高大的柱子全是用红砖砌出来的，柱子是圆的，上下直径一路变化，柱身呈现出微妙的凸曲线。用红砖砌出这种希腊柱式，当初一定相当费工。作者又曾见到仿古而省事的做法。在美国东部的一个小城街道上，一个商场有着欧洲文艺复兴式的门脸，半圆拱门，半凸的壁柱，带涡卷的柱头，华美的雕饰，应有尽有，逼真地道，像是用白大理石雕琢而成，当时心生疑惑：一个小城的一般商店，何以如此华美考究。走近细看才发现它们是用预制的铸铁件拼合而成的，刚刷过白漆，洁白亮丽，用手敲打发出金属声。这是用工业方式仿造的文艺复兴建筑样式。又一次，我到

华盛顿林肯纪念堂（1922）

纽约州的一个小镇，忽见路旁有一座白色教堂，它不仿哥特式而仿古希腊神庙，四根带凹槽的柱子上顶着檐部和三角形山花，仿得相当认真。下车近看，发现这个古希腊式的柱廊，表层是用木板拼出来的。教堂年久失修，有些木板脱落，形成窟窿。往里看，中心是细铁柱，外边包木板条，板条脱落，教堂露馅。

这些是仿古心切而囊中羞涩情况下不得已的做法。

1840年，美国费城造了一座吉拉德学院的教室楼，楼里有12间教室。当时，校方不顾建筑师的反对，坚持教室楼要有古希腊神庙的外观。建筑师只好把12间教室分置三层，每层4间，4间教室像一个田字，紧挨在一起，再把这堆挤靠成一团的12间教室硬塞进由一圈柱廊包围的古代神庙的形体里去。教室的通风、采光当然极差，最上层只能开天窗。这个教室楼造了10年，花掉200万美元，在当时是非常昂贵的建筑物。教学楼的仿古形式满足了学院当局的要求，然而功能欠佳，很不实用。建成之后长期闲置未用。

建筑问题的复杂性

当建筑的材料技术有了改变，建筑的功能有了变化，时过境迁，而一些传统建筑样式，如两千年前的希腊柱式建筑、传统的中国大屋顶，仍然受到人们的青睐，被想方设法甚至费尽心机地用到新时代的新建筑上，原因何在呢？

这是值得探讨的问题。过去认为这是向后看，开倒车，是复古主义。其实不是这样简单，原因是多方面的，主要有以下几条：

一、历史上的建筑样式是前人艺术创造的成果，它们牵连着今人的思想感情。科学技术后浪推前浪，艺术则不然，优秀艺术不会因时间古远而掉价，而消亡，反而更弥足珍贵。新老艺术不是你死我活的关系，而都有存在的理由，都有自己的受众，并各有用武之地。

二、建筑形式与材料结构、使用功能之间实际上存在着曲折复杂的多样关系，绝非只有机械的、直接的对应关系。"形式跟从功能"

波士顿老法院用红砖砌成的古典柱廊

(form follows function) 之类的主张，是片面的决定论的产物，不符合建筑艺术的实际情况。

三、历史上出现过的建筑样式很多，有些已经消亡，有的很少再用，流传到现在并时常被采用的几种，都是经过时间的检验和筛选、留存下来的建筑艺术的精品。它们经过许多代匠师的精雕细刻，改进提高，在成熟时期的佳作实例上，像古希腊的帕提农神庙和北京的天安门城楼，那些建筑样式达到了非常完美的程度，成为具有高度形式美的建筑典范。这些历史上的建筑样式被广泛采用，表明它们又具有很强的普适性。

四、那些建筑艺术形象经过千百年的广泛采用，代代相传，与人们长期厮守相伴，它们的形象已积淀在人们的心目中，用日常的语言说，就是已经深入人心。有的心理学家把这种现象称作是"集体记忆"，久而久之，甚至化为"集体潜意识"。那些样式像老朋友一样，大家熟悉它们，认同它们，难忘它们。

五、历史上产生的建筑形象体现一个时代、一个地域的自然与社会状况，可以说它们是凝固的文化、物化的历史。那些建筑样式因而具有鲜明的符号意义。它们是时代的符号，地域的符号，历史的符号，文化的符号，总之，具有强烈的符号价值。在尊崇欧洲传统文化的时

纽约州一教堂用木条钉成的古典柱廊

露馅了

纽约州某小城店面，采用铸铁的古典建筑装饰部件

期，通过采用欧洲古典建筑样式可以表达自己的文化取向，显示自己是那种文化的承继人。而中国人在修建黄帝陵和孔子研究院的时候，慎终追远，当然要采用中国传统建筑样式，其他样式都不可以。

六、欧洲和中国古典建筑样式，从一开头就是为了崇敬彰显天上的或人间的统治者与尊贵者而建造的。造型与布局的共同点是完整，对称，稳定，主从有序，突出中央，能营造出庄重、肃穆、恒久和崇敬的气氛，故而具有纪念性的品格。另一方面，新出现的建筑形象给人以新奇感，却由于本身没有历史而缺少历史感，就难以表达纪念性。20世纪20年代建造的华盛顿林肯纪念堂及南京的中山陵，分别采用或基本采用欧洲和中国的古典建筑样式，并非偶然。

七、纪念性建筑一般都是特殊的建筑物，功能相对不太复杂。只要达到纪念的目的，花费不是问题。建帕提农神庙不算经济账，造天安门城楼也不追求节约。林肯纪念堂如此，中山陵同样如此，营造这些建筑就是为文化而文化，为艺术而艺术。这是纪念性建筑的特殊性所在。

费城吉拉德学院教室楼（1840）

　　因此，一些历史的建筑样式，在近现代几经冲击，屡受排挤，尽管数量减少却仍然受人重视，直至今天还不时被人采用和仿效。

社会新文化引领建筑创新

　　但是，如果社会经济基础发生了变化，那么社会上层建筑迟早也会变化。到19世纪末和20世纪初，新的文化思潮逐渐蔓延，具有强劲的势头，冲击各方面的保守观念。

　　哲学是一定时期社会文化的精神基石。我们先来看看世纪之交西方哲学的状况。黑格尔之后，欧洲古典哲学渐渐衰落，19世纪后期，涌现出许多新的哲学派别。科学主义的哲学流派重视客观实际，重视实证经验。这一种哲学中的实证主义强调一切知识都要以实证材料为依据。实用主义则认为一种观念、一种信仰的实际意义在于它在使用中带来的实际效果。新客观主义注重事物的客观性和精确性。而另一类人文主义的哲学流派以人的问题为研究中心，反对理性，提倡非理性主义。众多哲学家背离传统思想，向欧洲主流思想进行挑战。

德国哲学家尼采（1844—1900）是其中一个突出的人物。尼采把矛头直指两千年来西方人的信仰中心，喊出了"上帝死了，上帝永远死了！"尼采说："上帝不是别的，就是一个粗暴的命令，即你不要思想！"尼采把两千年来欧洲的正统文化、正统思想全都否定了。俄国作家陀思妥耶夫斯基（1821—1881）痛苦地叹道："如果上帝不存在，那么一切都是允许的了。"尼采的言论并不代表当时西方思想界的主流，但它还是标示出19世纪末到20世纪初，西方知识界一些人士要求摆脱传统思想轨道的束缚，走向自由多元的勇气和决心有多么强烈。

文学艺术方面，这个时期涌现出一批贬斥再现，提倡表现的文学艺术新派。法国作家M.普鲁斯特（1871—1922）、爱尔兰作家J.乔埃斯（1882—1941）、奥地利作家F.卡夫卡（1883—1924）等世界著名文学家的作品，脱离传统文学的老路，他们的作品主题抽象，情节淡化，人物非英雄化，时空颠倒，常常表现半现实半梦境的荒诞情景。

欧洲的绘画与雕塑界也出现了许多新的流派。在绘画方面，马奈（1823—1883）、莫奈（1840—1926）、德加（1834—1917）、雷诺阿（1841—1919）、高更（1848—1903）、梵·高（1853—1890）、塞尚（1839—1906）等新派画家已经崭露头角。他们反对传统绘画的写实风格，多方探索，另辟蹊径，形成印象主义、后印象主义等名目的新画派。他们的作品是20世纪更多新艺术流派，如表现派、立体派、未来派、超现实派的直接源头。塞尚、高更、梵·高等被认为是"现代艺术之父"。当年罗斯金说人们不需要新的建筑风格，就像人们不需要新的绘画与雕塑风格一样。罗斯金说这番话时，没有意识到他的话本身就包含着另一层意思，即，一旦绘画和雕塑领域出现了新风格，那么，顺理成章，建筑领域也会出现新的风格。

事实上，上面提到的这几位画家是罗斯金同时代的人。罗斯金极有才气，但视野狭隘，对于他不欣赏的艺术视若无睹。不管他主观意愿如何，按照他的逻辑，既然绘画与雕刻已经出现了新风格，建筑艺术方面出现新风格新样式便不足为怪了。那些新的建筑流派将在本书

欧洲绘画在近代的演变：从写实走向抽象

后面的章节中向读者介绍。

　　与罗斯金、莫理斯等人针锋相对的美学思想和艺术理论也出现了。例如，莫理斯们强烈攻击机器产品，宣称机器与艺术无缘，可是刚进入20世纪，就有美学家指出机器产品也可以具有审美价值。1904年，法国美学家苏里奥发表《合理美》，书中写道："机器是我们艺术的一种奇妙产品，人们始终没有对它的美给予正确的评价。一台机车、一辆汽车、一条轮船，直到飞行器，这是人的天才在发展。在唯美主义者们蔑视的这堆沉重的大块、自然力的明显成就里，与大师们的一幅画或一座雕像相比，有着同样的思想、智慧与合目的性，一言以蔽之即真正的艺术。"＊

　　英国美学家贝尔在1913年出版名为《艺术》的著作。这本著作很薄，而影响却大。他认为"有意味的形式"是艺术的基本性质。他说："激起审美感情的，只能是由作品的线条和色彩以某种特定的方式排列

────────────

＊吴火主编：《技术美学与工业设计》，南开大学出版社，1986年版。

组合成的关系或形式。"他称颂抽象的、简化的点、线、面、体和色彩的构图，认为其他东西都是无用的累赘。

荷兰画家蒙德里安（1872—1944）说："过去的艺术对新的精神来说是多余的，有害于它的前进。我们认识到了现代和过去的巨大差别。现代艺术正在搬掉过去的压抑。"他的绘画作品只有抽象的横竖线条与单纯的色块，体现了贝尔的"有意味的形式"的观点。

贝尔不是建筑师，但他对建筑艺术提出了原则性的意见。他写道："只要你看一看现代建筑＊中那大堆大堆的根本不是什么真正设计和全然不是为了实用的东西吧!没有比建筑更需要简化的东西了，但是没有

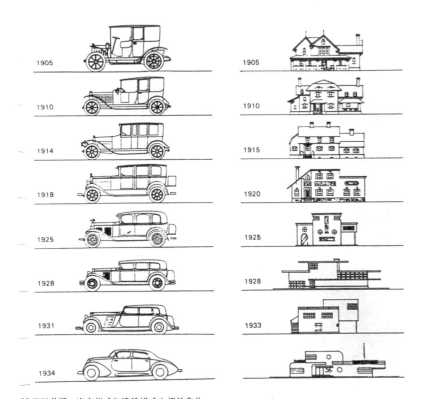

20世纪前期，汽车样式与建筑样式之相关变化

＊作者按：此处现代建筑指当时盛行的建筑。

比现代建筑那样更为无视简化和敌视简化的艺术了。请在伦敦的大街上走一走吧！所到之处你都会看到大块大块的供装饰用的石板、扶墙柱、门廊、饰带、楼房的前檐等预制件……总之，公共建筑已经成了人们的笑料，它们成了一堆堆毫无意义的破烂，根本谈不上给人们以美感……在建筑师们懂得了那些华而不实的和多余的装饰必须要砍掉之前，在他们决心要用现代的材料——钢筋和玻璃来表现并且用那些令人钦佩的、中等规模的、简单的而又有意味的形式来进行创造之前，欧洲是不会出现更多的真正的建筑物的。"

贝尔对"有意味的形式"的论证很不完善，虽然如此，他给艺术所下的定义和简化原则却不胫而走，几乎成了那个时期艺术家的口头禅，其所以如此，是因为贝尔以精练的语言表达出了当时正在兴起的社会审美心理。

总之，在19世纪西方发达国家，由于工业化及与建筑有关的各个方面陆续出现变化，其中首先是建筑材料和建筑技术方面的变化，继

纽约古根海姆美术馆中展出的现代雕塑

而在建筑物的性质和功能方面出现改变和扩展，但仅有这些物质方面的变化还不足以使建筑艺术有明显的改变。建筑艺术处在建筑体系的最高层，它同整个社会的社会思想、哲学、文学、艺术等有密切的关联，只有当社会的上层建筑，特别是社会文化心理出现明显而重大的变化以后，建筑艺术才会出现较为明显的、较为广泛的变化。建筑的物质方面的变革走在前面，能够快变，而建筑艺术和建筑思想理论属于精神方面，变化在后，而且拖泥带水，反反复复，过程较长。但进入20世纪后，建筑艺术变革的主客观条件都渐渐成熟，西方世界建筑终于进入一个新的重视创新的阶段。

现代英国著名建筑史家N.佩夫斯纳在一本著作的前言中写道："建筑，并不是材料和功能的产物，而是变革时代的变革精神的产物。正是这种时代精神，渗透于它的社会生活，它的宗教、它的学术和它的艺术之中。……现代建筑运动也不是因为钢骨架和预应力混凝土结构而发生，它们都产生于一种它们所要求的精神。"尽管我们觉得佩夫斯纳在这段话中割断了建筑与材料及使用功能的联系并不妥当，但他强调现代建筑"产生于一种它所要求的新的精神"的看法还是正确的。

以上我们谈到在建筑中继承甚至袭用传统的原因和不可避免性，又指出建筑在近代、现代创新和发展的必然趋势。这不矛盾吗？是矛盾，而这些矛盾是客观存在的。矛盾的两方谁也不能消灭另一方。继承和创新任何时候都同时存在，不过有时继承是主要方面，另一时期创新为主要方面。建筑和其他事物一样都不是简单的、单一的、纯粹的、走直线的，而是复杂的、多样的、不纯的、曲折发展的。20世纪60年代，美国建筑师文丘里写了一本书：《建筑的复杂性与矛盾性》，书名就是一个正确的命题。

占绝大多数的以实用性为主的、注重投资回报的房屋不能太重建筑艺术，不能单讲文化。人们实际上都把功能使用和经济性放在重要的位置。历史样式固然可爱，但与今天的需求不是没有矛盾。正如成年人要他再穿幼年时的衣服总是不太合适。愈来愈多的人察觉到其中的矛盾。19世纪末就有一位美国建筑师在杂志上撰文,说在建筑上搞"希腊复兴"和"哥特复兴"好像要死人复活。把当代的住宅搞成希腊庙宇模样,窗户按神庙的窗子去开,既不符合要求又极愚蠢。他说不要忘记当代美国人不是古希腊人,不是中世纪的法国人,也不是两百年前的英国人!这是从理性出发的严厉批判。

在欧洲,对仿古趋向的批判更见深刻。1849年,法国杂志上就有文章说:"新建筑是铁的建筑,建筑革命总会伴随社会革命而到来,⋯⋯人们会支持改革旧的形式,直到有一天风暴来临,把陈腐的学派和它们的观点扫荡殆尽。" 1889年,巴黎《费加罗报》刊文说:"长时期以来,建筑师衰弱了,工程师将取代他们。"这些言论出自建筑师圈外人士之口,它们反映出建筑材料、技术革新引出的新问题,也表达出工商界一部分人对建筑师提出了新的要求。

到20世纪初期,在西欧地区,建筑创新的条件渐渐成熟,创新的观念渐渐流行,创新的实践渐渐多起来。

第六讲 | 探索者

从 19 世纪末到 1914 年第一次世界大战爆发前，西欧各国的新派建筑师提出多种多样的建筑新理念和新形象，形成对传统建筑观念和样式的挑战和冲击，为后来的建筑变革做了准备。这一时期可以说是从 19 世纪建筑艺术上以继承传统为主流向 20 世纪以创新为主流的蜕变时期。在这期间对传统的挑战与冲击，有的温和渐进，有的强劲激烈，有的折中调和，有的断然决裂，在两极之间，排列着各种中间层次的流派。任何时候任何领域的改革运动都是如此。这些建筑界人士和流派掀起所谓的"新建筑运动"。新建筑运动是建筑史上前所未有的建筑师的自觉变革运动。它不仅是建筑样式和风格方面的变革，而且是涉及材料、结构、技术、功能、经济等全方位的变革。 因为这时候的建筑师不是像历史上那种隶属于君王贵族、领主业主的地位低下的匠师，而是文化艺术水平很高的专业知识分子。他们知识丰富，兴趣广泛，除了建筑设计业务，其中许多人还组成团体，办展览，编刊物，著书立说，教学授徒。这一切表明现代建筑师社会地位有了很大的提高，他们是以自由职业者的身份进行工作、活动。另一个明显的特点是现代建筑师视野扩展，关注社会问题，参与社会活动。新派建筑界人士的活动是社会文化艺术新潮流的组成部分。

下面是对这一时期，西欧和美国建筑界探索创作新方向的主要人物和流派的介绍。

芝加哥学派与沙利文

芝加哥原是美国中西部的一个普通小镇，19世纪后期急速发展。1871年10月8日，芝加哥市中心区发生了一场大规模的火灾，全市约三分之一的房屋被毁，加剧了对新房屋的急迫需求。在此种形势下，19世纪80年代初到90年代中期，在芝加哥出现了一个后来被称为"芝加哥学派"的工程师和建筑师的群体，主要从事商业建筑的设计建造工作。他们首先使用铁的全框架结构，使楼房层数超过10层，接着建造出更高的商业建筑和写字楼。

当时房产主最迫切的要求是在最短的时间内，在有限的地块上造出尽可能多的有效建筑面积。争速度，重实效，尽量扩大利润成了当时压倒一切的宗旨，一切妨碍利益最大化的事情，如仿效某种历史建筑样式，加用装饰雕刻，都被视为多余无用而被削减或取消，房屋外墙改用铁柱、铁梁就能开大窗，于是出现了宽度大于高度的横向窗子，有的是在相邻两根柱子之间全做成窗子，称为"芝加哥窗"。这种满是大玻璃窗的高层建筑形象与传统建筑的封闭厚实完全不同。

工程师在这批商业建筑的设计建造中起了重要作用，由于不是学建筑专业，他们较少传统建筑观念的包袱。经他们之手造出的楼房立面大为简化，建筑样式离传统建筑愈来愈远。

建筑师与工程师们不同，有一个观念转换的问题。当时有位建筑师在设计一座16层的大厦时，在立面檐口上做了一些装饰，业主从多、快、省的要求出发很不赞成，于是趁建筑师休假不在的时候，指使绘图员画了一个没有装饰的十分简单的屋檐，付诸施工。那位建筑师回来后只好接受，还说那个新檐口具有古埃及神庙建筑风格。在客观形势的需要、业主压力和工程师的榜样面前，一些芝加哥建筑师的观念有了变化，产生了改革建筑设计的思想和实践。

19世纪末芝加哥学派中最著名的建筑师是沙利文(Louis Sullivan，1856—1924)。沙利文曾在麻省理工学院学习建筑，1874年去巴黎美术学院进修。从1879年到1924年，沙利文共建造了190座房屋，大多数是在 1900 年以前完成的。

在芝加哥的建筑设计实践中，沙利文体会到新的功能需要在旧的建筑样式中常常受到"抑制"，需要发展新的建筑设计观念和方法，他认为"使用上的实际需要应该成为建筑设计的基础，不应让任何建筑教条、传统、迷信和习惯做法阻挡我们的道路"。

沙利文的建筑理念受到19世纪美国美学家格林诺(H. Greenough)的影响。格林诺援引生物界的情形作他的理论的证明，他说："自然界中根本的原则是形式永远适应功能。"他写道："美乃功能所赐；行为乃功能之显现；性格乃功能之记录。"

沙利文受格林诺的影响，提出建筑也应该是"形式跟从功能"(form follows function)的论点。

沙利文在1896年写道："自然界的一切事物都有一个外貌，即一个形式，一个外表，它告诉人们它是什么东西。……飞掠而过的鹰，盛开的苹果花，马匹，天鹅，橡树，小溪，白云，形式永远跟从功能，这是法则……功能不变，形式就不变。"后来，他又写道："经过对有生命的东西做长期的思考，我现在要给出一个检验的公式，即形式跟从功能。如果这个公式得到贯彻，建筑艺术就能够实际上再次成为有生命力的艺术。"

但是细察沙利文的建筑作品和他的其他言论，可以看出他言行并不完全一致，他自己也没有完全按"形式跟从功能"的原则做建筑设计。例如在著名的 C．P．S．百货公司大楼设计中，他在底层和入口处采用了不少的铁制花饰，图案相当复杂，在窗子的周边也有细巧的边饰。沙利文的其他建筑作品也用了不少的花饰，这种情况表明他的建筑理念实际是矛盾的。

他并没有真正像工程师那样把房屋当作一个单纯的实用工程物来对待，实践中他仍是把工程和艺术、实用目的与精神追求融合在一起。

沙利文在建筑艺术上不仿古，不追随某一种已有的风格，他广泛汲取各种各样的手法，灵活运用，这一点使他的作品同仿古的建筑区别开来，创造出当时美国独特的建筑风格。

入口

主体

芝加哥C.P.S.百货大楼(1904)

　　芝加哥 C.P.S. 百货大楼是沙利文最著名的设计作品。大楼高 12 层,立面形式充分利用和体现出钢铁框架结构的优点。框架的方格网是立面的主导要素,二层以上整齐地排列着横向长窗。这种简洁整齐的处理有利于缩短施工时间。底层的"柱到柱"式的大玻璃窗适合商品展示。大楼下部二层有精细雕饰,不过都是用铁铸成的,省工省钱,也很好看。这座大楼的上部与 20 世纪中期世界上流行的高层大建筑的立面有惊人的相似之处。今天看来,它是沙利文的极具超前性的作品。

　　当年,美国《建筑实录》的编者写道:"在我们的建筑荒漠中,沙利文是一个预言家,开拓者,强有力的人……他生长在我们的土壤之中。……他的作品不属于以往任何一个时代或地区的风格……他是美国第一个真正的建筑师。"这是对沙利文的公允的评价。

在19世纪、20世纪之交的时期，美国工商业已非常发达，但占据美国主导地位的社会文化观念及审美心理尚未转变，芝加哥学派实际是孤立的，他们的作品被视为没有文化的低级的建筑，不久便昙花一现般地消散。沙利文本人后来在职业上也走下坡路，任务稀少。1924年，沙利文在潦倒中故去。

长时期来，从事建筑设计的人没有不知道"形式跟从功能"这句话的。我们应对"形式跟从功能"做一点评论。

这个短语有一个出发点，即将人工制作的带艺术性的物品同自然界的动植物混为一谈，抹杀了自然物与人工艺术品的根本区别。自然物可以是形式跟从功能的结果，而人为的艺术品，包括有功能作用的建筑艺术品，脱离不了人的意愿、思想、情感和审美观念的制约。

建筑的形式又受材料、结构等因素与条件的制约。材料和结构对建筑形式的制约程度其实比功能还要厉害。许多建筑的形式还是因袭某种建筑样式的结果，有时干脆就是"形式跟从形式"。

沙利文看到老的建筑体形与样式和新的建筑功能有矛盾，说新功能在旧形式中受到压抑，对不顾新的功能、死板地套用旧建筑形式的做法提出批评，是正确的。但是反过来笼统地说建筑形式跟从功能是所谓的公式和法则，则过于简单而不正确了。连他自己也不能按这个公式或法则进行建筑设计！

总之，不应把"形式跟从功能"当成建筑创作的公式和原则，这是一个简单化的、片面的、既含有正确成分又包含谬误的口号。

新 艺 术 派

19世纪末10年和20世纪头10年，欧洲部分地区出现名为"新艺术派"的实用美术新潮流。

1895年，一位设计师在巴黎开设"新艺术画廊"（Galeries de l'Art Nouveau），"新艺术"之名由此传开。新艺术运动的革新主要表现在用新的装饰图案取代旧日的图案，新图案主要从植物形象中提取造型素

塔"新艺术"风格住宅内部

材。在家具、灯具、广告画、壁纸和室内装饰中，大量采用自由的连续弯绕的曲线和曲面，形成富于动感的造型风格。

　　建筑师霍塔（Victor Horta, 1861—1947）在1892年设计的一所住宅中，将铁制内柱裸露于室内，铁柱上以铁条做花饰。1899年落成的布鲁塞尔"人民之家"是当年比利时社会党的一个活动中心，里面有大会堂、会议室、办公室、休息室、咖啡厅等等。建筑处理注重简

维也纳"分离派"建筑（1898）

朴与实用。金属框架直接表露在建筑立面上，与大片玻璃组成"幕墙"，金属结构上的铆钉也不加掩饰，坦然裸露。大会堂内的金属桁架也直接暴露，建筑内部还有不少清水砖墙。建筑内外的金属构件有许多曲线，或繁或简，硬冷的金属材料看来柔化了，结构显示韵律感，是在房屋建筑中努力使工业技术与艺术融合的尝试。

然而天主教会视之为异端，说"新艺术"是"滑头滑脑的象征"，禁止建筑学校介绍新艺术派的作品。

然而新艺术运动在欧洲迅速传播。在不同地方有不同的特色，在一些国家还有不同的名称：在奥地利称为"分离派"（Secession），在德国称"青年风格"（Jugend Stil，与《青年》杂志之名有关）。新艺术派兴盛的时间约有二十年，到1910年基本结束。但那一时期制作的家具、器皿、印刷装帧、室内装饰和建筑作品以其鲜明独特别具一格的艺术造型至今还受到鉴赏家、收藏家的珍爱。新艺术运动风格也传播到了当时中国的十里洋场——上海。上海一些老酒店、老洋房中留有不少新艺术风格的装饰与家具。

米拉公寓

西班牙建筑师高迪

　　高迪（Antoni Gaudi I Cornet，1852—1926）是西班牙东北部加泰罗尼亚地区的建筑师。他的建筑活动集中于巴塞罗那。他的作品突出他独特的个人风格及加泰罗尼亚的地区特色。

　　巴塞罗那有高迪设计的两座公寓楼：巴特罗公寓（1906）和米拉公寓（1910），都以造型怪异而闻名于世。

　　巴特罗公寓的入口和底部两层的墙面做得像熔岩和溶洞，上部几层的阳台栏杆做成假面舞会的面具模样。屋脊如带鳞片的兽类脊背，屋顶上的尖塔及其他突出物体各有其怪异形状，表面贴以五颜六色的碎瓷片。米拉公寓位于街道转角，地面以上共六层（含屋顶层），这座建筑的墙面凹凸不平，屋檐和屋脊有高有低，呈蛇形曲线。建筑物造型仿佛是一座被海水长期侵蚀又经风化布满孔洞的岩体，墙体本身也像波涛汹涌的海面，富有动感。

　　米拉公寓的阳台栏杆由扭曲回绕的铁条和铁板构成，如同挂在岩

居埃尔公园(1900—1914)

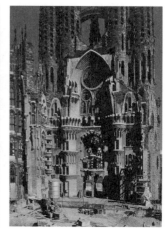

巴塞罗那圣家族教堂。(1883—1926)。

体上的一簇簇杂乱的海草。米拉公寓的平面布置也不同一般，墙线曲折弯扭，房间的平面形状也几乎全是"离方遁圆"，没有一处是方正的矩形。公寓屋顶上有6个大尖顶和若干小的突出物体，其造型有的似神话中的怪兽，有的如螺旋体，有的如无名的花蕾，如骷髅，如天外来客……

　　1891年，高迪设计了居埃尔新村中的小教堂，其中用了许多歪歪斜斜的柱子，有的石柱本身就是一些未经雕琢的条石，柱子上面是纵横交错的砖券，柱子虽然倾斜，但组合起来却能与上部荷载取得平衡。原来高迪先在一个平板下垂置一些绳索，底端相连，加上重量，稳定以后，按倒过来的形状做教堂的柱子。这座教堂具有神秘怪诞和粗粝的气氛。

　　1900年，高迪设计巴塞罗那市的居埃尔公园。园内有一条造型奇特的大台阶把人引向一个多柱大厅，多柱大厅的屋顶是一个宽阔的大平台，四周有矮墙和座椅，是游人休憩、聚会、散步和跳舞的好去处。屋顶平台周围的矮墙曲折蜿蜒，墙身上贴着五颜六色的瓷片，组成怪异莫名的图案，仿佛一条弯曲蜷伏的巨蟒。公园入口处小楼的屋顶上也有许多小塔和突出物，造型非常古怪，外表镶嵌着白、红、棕、蓝、绿、橘红等色的碎瓷片，图案怪异。

高迪设计的巴塞罗那圣家族教堂有许多尖塔，从远处观看，其轮廓与哥特式教堂有类似之处，然而具体做法和细部又与中世纪教堂相去甚远。许多石墙面做得扭扭曲曲，疙疙瘩瘩，极不规整，有的地方如同熔岩和溶洞，这里那里，安放一些奇特的雕像。这个教堂的钟塔看似玉米棒，顶尖上有怪异的花饰。

高迪的建筑创作脱出传统的轨道，积极创新，但他的创新之道与众不同，他把建筑形式的艺术表现性放在首位，很少顾及经济效益问题，很少考虑技术的合理性和施工效率。高迪设计的巴塞罗那圣家族教堂，从1883年起，慢慢当当地建造，直到1926年高迪逝世，43年间只建成一个耳堂和四座塔楼中的一个。高迪的建筑处理繁琐复杂，不注重明晰和逻辑性。他的中心思想是塑造前所未有的奇特的建筑，他殚精竭虑不倦追求的是怪诞诡谲的建筑形象。

他为什么会有这样的奇特的趣味与追求？

这固然是高迪的个人风格，但个人风格不会凭空出现，而与一个人所在地区的社会历史文化状况有关。

讨论高迪的建筑风格要从西班牙独特的历史说起。在古代，罗马人和西哥特人曾统治过西班牙。但从8世纪到15世纪末，西班牙半岛上却建立过几个穆斯林王朝，长时期服从巴格达的宗教领导，因而西班牙土地上居民的风俗习惯一度"伊拉克化"。15世纪以后，那块地方又变为"基督教西班牙"。哥伦布发现新大陆之后，西班牙在美洲拥有众多殖民地，大量黄金白银流入当地，西班牙一度成了欧洲最富有的国家。但后来逐渐衰落。

特定的地理与历史条件使基督教文化与伊斯兰文化在西班牙汇合，将西班牙的文化艺术染成十分奇异的杂色。例如，西班牙出产一种瓷器，是穆斯林与意大利文艺复兴两种差别很大的风格会合的产物，因此在世界陶艺中独树一帜。

在这样特别的历史文化背景下，到了19、20世纪之交，又加进了新时代的新的文化因素，在这样复杂而特殊的背景下，产生出高迪的特殊的建筑艺术风格，在其中人们可以看到：

一、世纪之交西欧文化界的反传统大潮的影响；

二、西班牙特有的由伊斯兰文化和基督教文化汇合而形成的怪异的艺术传统；

三、20世纪初西班牙东北部地区进入工业化起步阶段，然而总的社会生产尚停留在旧时代的特定经济状态；

四、加泰罗尼亚地区浓厚的宗教和神话鬼怪迷信传统，这一传统又与20世纪西欧非理性主义哲学，文学艺术中的超现实主义结合起来而得到新的发扬；

五、在加泰罗尼亚地区争取独立自治的政治倾向下，显示地区本土文化的愿望。

高迪当时在西欧工业化先进地区的边缘地带生活，一方面受到现代新思潮的影响，另一方面又受本地区前工业化社会文化的熏染。他与20世纪许多知名建筑家不同，他不是完全意义上的工业社会的现代建筑师。不如说，他和他的作品是19世纪与20世纪、工业化社会与前工业化社会，基督教文化与非基督教文化等两个社会、两种文化奇异碰撞下出现的特殊产物。

高迪的建筑创作方法也与众不同。他出生于铜匠家庭，在建筑创作过程中，他时常到工地与工匠们一起工作。他的建筑的细部有些根本无法用图纸表现，便在现场临时发挥，随机制作出来。有些铁制构件和配件造型自由活泼，各不相同，它们是在高迪自己的手工作坊中制作的。

高迪的建筑创作得到巴塞罗那工业巨头居埃尔伯爵的大力支持，居埃尔家族是高迪的主要订货人、业主和靠山。因此高迪不用为衣食奔忙，能够安稳地按自己的理念发挥想像力，从容地完成自己的建筑创作。与他相比，美国建筑师沙利文就没有这样幸运。两位建筑师是同时期的人，二人同是具有独创性的建筑师，高迪一生从容安稳地创作，沙利文后期得不到支持，潦倒而卒。

在20世纪前期现代主义潮流盛行时期，高迪和他的作品未被广泛宣扬，到20世纪后期，在提倡亦此亦彼的后现代主义流行之时，他重新被人发现并被推崇到极高的地位，甚至被后现代主义建筑理论家詹克斯视为后现代主义建筑的"试金石"！

风格派与表现派

第一次世界大战期间，荷兰画家蒙德里安和画家、设计师凡·杜埃斯堡（Theo Van Doesburg，1883—1931）等人形成一个艺术流派。1917年出版名为《风格》（De Stijl）的期刊，得名"风格派"。

风格派的《宣言 I》（1918）写道："有旧的时代意识，也有新的时代意识。旧的是个人的，新的是全民的……战争正在摧毁旧世界和它的内容。""新的时代意识打算在一切事物中实现自己……传统、教条和个人优势妨碍这个实现。……因此，新文化的奠基人号召一切信仰改造艺术和文化的人去摧毁这个意识。"

风格派艺术家通过"抽象和简化"寻求"纯洁性、必然性和规律性"。蒙德里安本人的绘画中没有任何自然形象，画面上只剩下垂直的和水平的直线，这些直线围成大大小小的矩形或方块，中间平涂以红、黄、蓝等原色或黑、白、灰等中性色。绘画成了抽象的几何图形和色块的组合。蒙德里安的绘画作品干脆题名《几何构图》或《构图第×号》。这样的几何构图式的绘画，从反映现实生活和自然界的要求来看没有什么意义，然而风格派艺术家发挥了几何形体组合的审美价值，它们很容易也很适于移植到新的建筑艺术中去。

荷兰家具设计师、建筑师里特维尔德（Gerrit T. Rietvel 1888—1964）设计的一只扶手椅和一个餐具柜，是由相互独立又相互穿插的板片、方棍、方柱组合而成的，如同立体的蒙德里安的绘画。里特维尔德设计的位于荷兰乌特勒支市的施罗德住宅是风格派建筑的代表作。这座住宅大体上是一个立方体，但设计者将其中的一些墙板、屋顶板和几处楼板伸挑到住宅主体之外，这些伸出的板片形成横竖相间、错落有致的板片与块体。这所住宅外观上的纵横穿插的造型，加上不透明

风格派建筑施罗德住宅（1924）

的墙片与大玻璃窗的虚实对比、浅色与深色的对比、透明与反光的交错，造成活泼新颖的建筑形象。这座建筑可以说是具有建筑功能的风格派雕塑。

风格派作为一种流派存在的时间不长，但由它发展起来的以清爽、疏离、潇洒为特征的造型美，对现代建筑和工业品设计产生了很广泛的影响。

20世纪初期，欧洲又出现名为"表现主义"的绘画、音乐和戏剧等艺术流派。表现主义艺术家认为艺术的任务是表现个人的感受。拿印象派艺术与表现派艺术相比，印象派艺术描绘"我的眼睛看到的东西"，表现派艺术则表现"我内心体验到的"东西；印象派忠实于事物的表象，表现派则强调表现主体的内心世界。

在表现派绘画中，外界事物的形象不求准确，常常有意加以改变。画家心目中天空是蓝色的，他在画中可以不顾时间地点，把天空全画成蓝色的。马的颜色则按照画家的主观体验，有时画成红色，有时画成蓝色。人的脸部在极度悲喜时发生变形，表现派画家就通过夸张变形来挑动观者的情绪，包括恐怖、狂乱的心理感受。

第一次世界大战前后，建筑领域也出现了表现主义的作品，其特点是通过夸张的造型和构图手法，塑造超常的、强调动感的建筑形象，以引起观者和使用者不同一般的联想和心理效果。德国建筑师霍格（Fritz Ho-ger）于1923年设计的汉堡智利大厦是一座办公大楼，设计者利用地段的特点，将大楼的锐角加以夸张，在透视效果中，大楼的尖角更有挺进昂扬之效果。

最具有表现主义特征的一座建筑物是1921年建成的波茨坦爱因斯坦天文台。这座天文台是为验证爱因斯坦的相对论而建造的。建筑师为孟德尔松（Eric Mendelsohn, 1887—1953）。爱因斯坦提出的相对论，理论深奥，一般人感到神妙莫测，不可思议。孟德尔松在天文台的造型中突出了人们对相对论的神秘感，他用砖和混凝土两种材料塑造一个混混沌沌、浑浑噩噩、稍带流线型的体块，门窗形状也不同一般，因而给人以匪夷所思、高深莫测的感受，正符合一般人对相对论

爱因斯坦天文台（1917—1921）

汉堡智利大厦

的印象。

　　表现主义的建筑常与建筑技术和经济上的合理性相左，因而与20年代的现代主义建筑思潮有所抵触。在20年代中期到50年代，表现主义的建筑不很盛行，然而时有出现，不绝如缕，因为总不断有人要在建筑中突出表现某种情绪和心理体验。当然，表现主义建筑与非表现主义建筑之间也没有明确的绝对的界限。

奥地利建筑师卢斯

　　卢斯（Adolf Loos，1870—1933）出生于石匠家庭，毕业于德国德累斯顿技术学院，23岁时去美国。在美多年，当时芝加哥正在举办哥伦布世界博览会（1891—1893），但卢斯感兴趣的不是这个博览会上宏丽的仿古建筑，而是19世纪末芝加哥学派的建筑作品及沙利文的建筑理论。1896年，卢斯回到维也纳，从事室内装饰设计工作，同时在自由派知识分子的刊物上发表文章，对于从服装到家具、从礼仪到音乐的许多问题提出自己的看法，总的倾向是提倡理性，反对权威，反对当时的浪漫主义的艺术趣味。1908年卢斯发表题为"装饰与罪恶"（Ornament und Verbrechen，英译名 Ornament and Crime）的文章，从文化史、社会学、精神分析学等方面对装饰进行讨论。他说：

我有一个发现，把它向世界公布如下：文化的进步与从实用品上取消装饰是同义语。

监狱里的犯人有八成是文过身的。文过身而没有进监狱的人都是潜在的罪犯或者堕落的贵族。

装饰的复活是危害国民经济的一种罪行，因为它浪费劳动力、钱和材料。

由于装饰不再跟我们的文化有机地联系，它就不再是我们文化的表现了。

摆脱装饰的束缚是精神力量的标志。

卢斯这篇反对装饰的文章说古论今，观点鲜明，在新派艺术家中受到赞赏。1912年，柏林一家传播新思潮的杂志《狂飙》(*Der Sturm*)转载了此文，1920年，法国的《新精神》杂志又予以刊载。卢斯很快

维也纳斯泰纳住宅

成了国际知名的人物，1923年他去巴黎，受到新派人士的欢迎。

1910年，卢斯在维也纳设计建造了一座几乎没有装饰的房子——斯泰纳住宅。它的外观确实极为简单朴素。只是在平屋与墙面交接处有一条深色的横线条。白色墙面平平光光，窗口也无装饰性处理。这座简朴的白色的平顶小住宅与后来柯布西耶设计的许多小住宅十分类似。斯泰纳住宅可以说是后来所谓的"国际式"建筑的先型。

这所住宅的室内处理也很简朴，不过餐厅的天花板上有深色的凸出的方格，墙面有木质护壁，有金属和玻璃的饰物，它们算不算装饰呢？

世纪转折时期，西方文化界反传统浪潮的影响日益高涨。改革派建筑师的重点集中在摆脱建筑历史样式的羁绊，他们进行各种各样简化、净化、淡化的实验，倾向于废除装饰。在这个时候许多新派艺术家和建筑师对卢斯的文章表示欢迎是可以理解的。

矫枉难免过正。在思潮翻涌、狂飙突起的年代要求细致周全、冷静客观的论证是不现实的。我们不能苛求在1908年的改革急流中呐喊的卢斯面面俱到。他提出一个命题，像把石头扔进水池，发出巨响，推动人们思考，这就是他的历史作用。不过，许多问题，需要研究。

卢斯的推论很不严密，在他的文章末尾，在"摆脱装饰的束缚是精神力量的标志"的后面又说，"现代人在他认为合适的时候使用古代的或异族的装饰。他把自己的创造性集中到别的事情上去"，如此，他就为施用装饰开了一个口子。

事实上，卢斯本人设计的其他建筑物都用了不少的装饰，特别是他做的那些室内装饰设计，从仿英国老式俱乐部的情调到显示日本风味的都有，1907年，他设计的维也纳"美国咖啡厅"也是一例。

应该说，一个人的理论与行事不完全一致的现象是不奇怪的，这种情况在建筑师中间常见。平实全面的意见没有轰动效应，不少人便抱着"语不惊人死不休"的态度说话著文，卢斯的"装饰是罪恶"的提法，实有哗众取宠之嫌。

意大利未来主义

第一次世界大战爆发前数年，意大利出现了一种名为"未来主义"的社会思潮。意大利诗人、作家兼文艺评论家马里内蒂于1909年发表"未来主义的创立和宣言"一文，认为近现代的科技和工业交通改变了人的物质生活方式，人类的精神生活也必须随之改变。他说："回顾过去有什么用呢？时间空间都已经在昨天死去了。""我们不想了解过去的那一套，我们是年轻的、强壮的未来主义者！"

未来主义在文学、戏剧、雕塑、绘画、电影等方面，拒斥已有的规范和惯例，提倡自由不羁的新形式。他们与西欧新潮文艺家互通信息，互相影响，而且在某些方面比西欧同道走得更远更急，反过来又给西欧的前卫派艺术家以推动力。

意大利未来主义在建筑领域的代表人物是年轻的建筑师圣伊里亚。

圣伊里亚（Antonio Sant-Elia, 1888—1916）在波伦亚大学学习建筑学，1912年24岁时在米兰开业。他在文艺界未来主义者的影响下，于1912—1914年间画了一系列以"新城市"为题的城市建筑想像图。其中一部分于1914年5月在"新趋势"展览会上展出。圣伊里亚发表《未来主义建筑宣言》。

不久第一次世界大战爆发，圣伊里亚与一批未来主义者志愿入伍，1916年7月开赴前线，10月圣伊里亚作战阵亡，年仅28岁。

圣伊里亚在《未来主义建筑宣言》中写道：

> 未来主义者的建筑艺术，并非调整一下建筑的外形，发明新的门窗框和线脚的问题。……我们最好把它看成是充分利用我们时代的科学技术的有效成就，在一个合理的平面上建造新的建筑物。
>
> 新的结构材料和科学理论与旧的风格形式是格格不入的。
>
> 我们必须创建的未来主义城市是以规模巨大的、喧闹奔忙的、每一部分都是灵活机动而精悍的船坞为榜样；未来主义的住宅要变

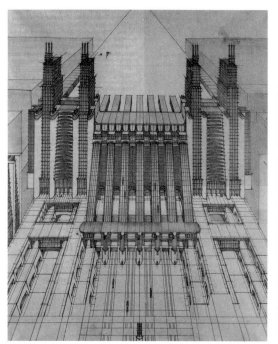
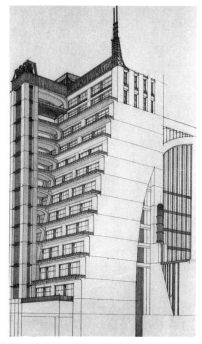

圣伊里亚的未来城市想像图（1912—1914）

成一种巨大的机器。……楼梯将被废弃不用——被取消了，而电梯
则会钻到立面上显露出来，像钢和玻璃的蛇一样。混凝土、钢和
玻璃的建筑物上，没有图画和雕塑。只有它们天生的轮廓和体形
给他们以美。这样的建筑物将会非常粗犷、丑陋，像机器那样简
单，需要多高就多高，需要多大就多大。大街……深入地下许多
层，并且将城市交通用许多交叉枢纽与金属的步行道和快速输送
带有机地联系起来。

　　我宣布：（1）未来主义的建筑是可以科学计算的建筑，是粗
鲁大胆的和简单朴素的建筑……（2）未来主义的建筑艺术并非是
实际与功利的贫乏无味的组合，而仍是一种艺术，也就是说，是
一种综合体，是一种表现；（3）斜线和曲线是富有生气的，它们
天生就比垂直线或水平线更富有千百倍的能动性，动态的、整体
的建筑艺术是不能离开它们而存在的；（4）把装饰施加在建筑上
是荒唐可笑的，只有使用并且别出心裁地安排粗糙的、未经雕饰
的或者涂上鲜明颜色的材料，才是真正达到了未来主义建筑的装

饰本色；（5）正像古人从自然的因素里找到他们的灵感一样，我们——物质上和精神上都能干的人——必须在我们所创造的新的机械化世界中，找到我们自己的灵感，而我们的建筑，必须是我们的灵感的最完美的表现，最完全的综合，最有效的统一；（6）把建筑艺术当成按照借来的标准安排配置现成形式的艺术的时代已经结束；（7）我认为，建筑艺术必须使人类自由地、无拘无束地与他周围的环境和谐一致，也就是说，使物质世界成为精神世界的直接反映；（8）在这样的建筑艺术中没有造型的惯例，因为非永久性、暂时性正是未来主义建筑的基本特质。建筑物的寿命比我们期望的要短。每一代人都要建设他们自己的城市。建筑艺术环境的经常不断的更新会帮助我们未来主义取得胜利。这一点现在已经由自由体诗词、造型动力、不和谐音乐以及噪声艺术等等的出现而得到肯定。我们要无情地反对死抱住过去不放的胆小鬼。*

圣伊里亚画的建筑想像画同他提出的观念十分契合，它们形象地表现了未来主义的建筑理想。今天回过头去看，可以认为，未来主义的建筑观点是到第一次世界大战前夕为止，西欧建筑改革思潮中最激进、最坚决的一部分，其表述也最肯定最鲜明，最少含糊妥协。它们是近半个世纪以来许多改革者的零散思想的集大成和深化的产物，当然，也带有更多的片面性和极端性质。

第一次世界大战爆发后，刚刚在建筑战线点燃火种的圣伊里亚投身于真刀真枪的战场，无情的炮火吞噬了他年轻的生命，命运没有给他实施自己观念的机会。1924年，墨索里尼的法西斯党上台后，实行文化专制主义，未来主义奄奄一息。未来主义建筑也就名存实亡。

然而未来主义的建筑理念并没有完全消失，它的一些观点像接力

* 汪坦、陈志华主编：《现代西方艺术美学文选·建筑美学卷》，辽宁春风文艺出版社，辽宁教育出版社，1989年版。

棒似地传到第一次世界大战后出现的改革派建筑师手中。不仅如此，直到20世纪后期，在世界上一些著名的建筑作品中，我们还能看到未来主义建筑师圣伊里亚思想火花的影响。巴黎蓬皮杜中心（1972—1977）和香港汇丰银行大厦（1979—1985）便是这样的例子。

俄国构成派

第一次世界大战前后，一批俄国年轻艺术家将雕塑作品做成抽象的结构或构造物模样，被称为构成主义（constructivism）。

欧洲传统的雕塑作品历来是实体的艺术，1912年毕加索用纸、绳子和金属片制作"雕塑"作品，将实体的雕塑变为虚透的空间艺术。1913年俄国艺术家塔特林（Vladimir Tatlin，1895—1956）在巴黎访问毕加索受到启发，回到俄国后用木料、金属、纸板制作了一批类似的抽象的"构成"作品。俄国青年盖博（Gabo，1890—1977）和佩夫斯纳（N. Pevsner，1886—1962）兄弟俩于第一次世界大战前到西欧学习，接触新潮艺术。1917年两兄弟回到俄国从事艺术活动。

俄国十月革命后头几年，新政权对新潮艺术比较宽容，新潮艺术得到一定的发展。1920年，盖博与佩夫斯纳在莫斯科发表名为《构成主义基本原理》的宣言，声称"我们拒绝把封闭空间的界面当作塑造空间的造型表现，我们断言空间只能由内向外地塑造，而不是用体积由外向内塑造"，"我们要求造型的东西应该是个主体的结构"，"我们再也不能满足于造型艺术中静态的形式因素，我们要求把时间当作一个新因素引进来"。以塔特林、罗德琴柯、盖博、佩夫斯纳等人为代表，在革命初期的俄国兴起了构成主义的艺术流派。

构成派的雕塑作品以木、金属、玻璃、塑料等材料制作成抽象的空间构成，以表现力、运动、空间和物质结构的观念。这样的构成本身与工程结构物和建筑物非常接近，能够并且很容易移植到建筑设计和建筑造型中去。一些人着重研究各种基本造型要素（点、线、面、体）在空间中种种结合方式（穿插、围合、夹持、贴附、重叠、耦合等）的

第三国际纪念碑设计模型

不同力学特征与视觉效果。另一些人将构成主义的形式和美学观点同
房屋建筑的实际条件和要求结合起来，形成全面的构成主义的建筑设
计和创作理论。

　　1924 年，金兹堡的《风格与时代》系统深入地表述了他的建筑观

车尔尼可夫"建筑畅想"（1930）

点和理论。金兹堡在这本著作中论证了建筑风格的演变规律，强调建筑风格的时代性和社会性是风格演变的前提，谈到技术和机器美学对现代艺术的影响，特别论述了结构与建筑形式的关系。金氏的《风格与时代》与勒·柯布西耶的《走向新建筑》在出版时间上相差一年，观点接近，因为勒氏的书的内容原先在杂志上陆续发表过，故金兹堡极有可能看过勒氏的文章而受到启发。勒氏的书热情洋溢而论证不精，金氏的书冷静系统地论证自己的观点，两书各有千秋，堪称现代建筑运动中的姊妹文献。

　　塔特林所做的第三国际纪念碑方案模型（1919—1920）是一个有名的构成主义设计。它由一个自下而上渐有收缩的螺旋形钢架与另一斜直的钢架组合而成，整体是一个空间构架，设计高度303米，与巴黎埃菲尔铁塔不相上下。构架内里悬吊四个块体，分别以1年、1月、1天和1小时的速度自转。然而这个富有新意很有气势的构成主义纪念碑方案却没有实现的机会。

构成主义建筑在纸面上很红火，实现的却极少，主要原因是革命初期俄国经济困难，工业技术落后；另一方面，构成派建筑方案有激情狂想，却很少考虑现实的需要和造价。此外，苏联当局不久认为各种新潮文艺是西方资产阶级的货色而加以约束限制。1932年，苏联当局下令取缔各种非官方的文学艺术团体，只保留政府领导的统一的机构。建筑界的各个小团体也被解散，成立了统一的"苏联建筑师学会"。学院派复古主义建筑得到斯大林的支持而兴盛，构成派和其他新潮流派很快销声匿迹。

1924年建造的莫斯科红场的列宁墓（建筑师舒合夫），构图新颖，体形简洁纯净，虽然算不上典型的构成主义作品，但多少带有那个时期新潮美术（包括构成主义雕塑）的美学趣味，这座陵墓一直受到尊崇而保存下来。

俄国构成派艺术家和建筑师中许多人革命前曾在德国、法国、意大利等西方国家生活和学习，革命后他们回到俄国，初期活跃过几年，但好景不长，后来遭到政府取缔，其中一部分人又复返西方，著名的有康定斯基、李西斯基、盖博、佩夫斯纳等。这些人把西方现代艺术的种子带到俄国，后来又把俄国构成主义带到西欧，发挥了双向交流的作用。

constructivism一词在中文中曾经译为"结构主义"，这里的"结构"与工程结构相通，而与哲学中的结构主义无关。有的学者认为constructivism本身有双关含义，在强调工程结构的意义与作用的场合，可译为"结构主义"；在强调一种特定的审美观和造型特色时宜译为"构成主义"。

德国制造联盟

在西欧诸国中，德国是一个后进国家。19世纪初，德国仍分裂为许多独立和半独立的小邦，数目约有三百个，经济以农业和手工业为基础。19世纪末，德国开始其资本主义化的进程。1870年德国成为一个统一的国家，经济迅速发展，并有后来居上之势，到第一次世界大

柏林通用电气公司透平机工厂

透平机工厂局部

战爆发前夕的 1914 年，德国国民生产总值超过了英国。

德国人在赶超老牌资本主义国家时很注意吸取别人的经验教训，为了将自己的产品打入已被瓜分过的世界市场，他们特别注意改进产品质量，其中重要的一环便是改进产品的设计。

1907 年，德国制造联盟（Deutscher Werkbund）宣告成立。当时参加者有 12 个厂家及 12 名设计师或建筑师。它的宗旨是促进企业界、贸易界同美术家、建筑师合作共同推动设计改革。德国通用电气公司聘请建筑师贝伦斯为设计总顾问。贝伦斯为通用电气公司设计的柏林透平机工厂（1908—1909）是工业界与建筑师结合提高设计质量的一个成果。透平机（即涡轮机）工厂的主要车间采用大型门式钢架，钢架顶部呈多边形，侧柱到地面上形成铰接点。在沿街立面上，钢柱与铰接点坦然暴露出来，柱间为大面积的玻璃窗，划分成简单的方格。外观体现工厂车间的性格，同时又有几分古典的纪念性品格。贝伦斯以一位著名建筑师的身份来设计一座工厂厂房，表明工业厂房进入了建筑师的业务范围，比之伦敦"水晶宫"建造时（1851），建筑师们没有能力又不屑于迎接新的挑战的情形，是一个很大的进步。

透平机工厂建成后不久，建筑师格罗皮乌斯和梅耶尔合作设计了著名的法格斯工厂的厂房（1911—1913）。那是一座生产制鞋用的鞋楦的小型工厂，厂房布局周到地考虑了工艺和生产流程的需求。车间的前边是一座三层办公小楼，小楼为单面走廊，采用钢筋混凝土框架，柱子之间开着满面大玻璃窗，窗下墙部分外面是黑色的铁板，形成玻璃与铁板组成的幕墙。幕墙之间的柱子稍向后仰，表面有贴面砖，柱顶在檐口处稍稍向内收进，屋盖是平顶，玻璃与铁板的幕墙自檐口外皮向下垂落，而柱子又向内收进，这些幕墙便凸显在柱子之外。传统砖石建筑的窗扇大都凹陷在厚墙的窗口之内，这座办公楼的窗子不但面积大，而且凸显在外，更显得像是挂在框架上面的一层薄膜。传统砖石建筑的转角部位一般做得比较厚重，而在法格斯工厂办公楼上，转角处的角柱反而被取消了，幕墙在此处连续而无阻挡地转了过去，这里利用并显示出钢筋混凝土结构的悬挑性能。凡此种种，都突出了建筑物的轻巧虚透的风格，一反传统建筑的沉重厚实的面貌。因此，法格斯工厂办公楼在20世纪建筑史上被许多人视为具有开创意义的里程碑式的建筑物。

　　这座办公楼的端头有一个砖砌的小门斗，封闭厚实，与其他部分的处理形成对照。这个小门斗与贝伦斯的透平机工厂的山墙处理有某

法格斯工厂

办公楼角窗

种联系，或许正是因为格罗皮乌斯此前不久在贝伦斯事务所工作过而受到的影响吧。

从 1907 年到第一次世界大战爆发的几年中，制造联盟组织展览会，出版年鉴，产生了广泛的影响，奥地利、瑞士、瑞典和英国相继出现了类似的组织。20 年代，德国制造联盟继续积极活动，1927 年在斯图加特举办的一次住宅建筑展览对现代建筑的发展有重要影响。1933 年，希特勒在德国执政，德国制造联盟宣告解散。

如果说19世纪八九十年代美国芝加哥建筑学派的创新活动是由当时当地急速发展的商家自发地、分散地促成的，那么20世纪前二十多年中，德国的设计改革具有自觉性和明确的目的性。德国制造联盟是有准备、有组织、有步骤的活动，并且注重理论思考和讨论。它与欧洲其他地方个别人士分散的、零星的努力也不一样。德国制造联盟行事富于理智，主事者认真考察他国的经验教训，细致思忖本国的需要，策划自己的改革步骤，创新而又务实。这些情形不能不说是带有德国人惯有的认真严肃的民族气质。德国制造联盟及有关的一批建筑师的活动，对德国以及世界后来的建筑创新活动有重要的影响。

几 点 说 明

除了以上介绍的几个流派之外，同一时期还出现和存在着其他多种流派，不过影响较小。不同流派之间并非界限明确、壁垒森严，相反，各流派之间在人员和思想主张上经常互相影响、互相渗透、互相转化，至于作品更是常常同时带有几种不同流派的特征，纯粹的、典型的东西总是很少的。一种流派常常有不同的名称，一个流派中的成员也会打出这样那样不同的旗号，因为各人有自己的侧重点，大同小异，就自己另起名号。

前面介绍的几种流派都是从当时美术和文学方面的新流派衍生出来的，它们的参加者没有也不可能提出和解决建筑发展所涉及的许多实际的和根本的问题。这类问题包括：建筑师如何面对和满足现代社会生产和生活中的各种复杂的新的功能要求，建筑设计如何同工业和科学技术的发展相结合，建筑师要不要和如何参与解决现代社会和城市提出的经济和社会课题，建筑师如何改进自己的工作方法，建筑教育如何改革，怎样创造时代的建筑风格，怎样处理继承与革新的关系问题，等等。

第一次世界大战刚刚结束的头几年，实际建筑任务很少，倾向革新的人士所做的工作带有很大的试验和畅想的成分。20年代后期，西欧经济稍有复苏，实际建筑任务渐多，革新派建筑师一方面吸取上世纪末以来各种新建筑流派的一些观念、设想和设计手法，一方面真正面对战后实际建设中的条件和需要，在20年代后期陆续推出一些比较成熟的新颖的建筑作品，同时又提出了比较系统比较具体的改革建筑的思路和主张。20世纪最重要、影响最普遍也最深远的现代主义建筑逐步走向成熟，并且产生了自己的可识别的形式特征，形成了特定的建筑风格。

第七讲 | 包豪斯——现代设计的摇篮

1918 年，第一次世界大战以德国的惨败结束，国内大乱，皇帝出逃，德意志帝国顷刻瓦解，翌年成立共和国。1919 年 4 月 1 日，一所名为"国立包豪斯"（Das Staatlich Bauhaus）的学校在魏玛成立，创办人和校长是建筑师格罗皮乌斯（Walter Gropius，1883—1969）。

包豪斯这个名字有些特别。德文"Bau"指建造和建设。"haus"的意思很多，可指房屋、住房、家、家园，也可指世家、企业、公司、商号等等。格氏为学校取名"包豪斯"，有"建设者之家"的意思，以区别于学院式的教育机构。学校由原有的一所工艺学校和一所艺术学校合并而成。

包豪斯的教学

格罗皮乌斯早就认为，"必须形成一个新的设计学派来影响本国的工业界，否则一个建筑师就不能实现他的理想。"格罗皮乌斯创立包豪斯后，按照自己的观点实行了一套新的教学方法。学校设纺织、陶瓷、金工、玻璃、雕塑、印刷等科。学生进校后先学半年初步课程，然后一面学习理论课，一面在车间中学习手工艺，三年以后考试合格的学生取得"匠师"资格，其中一部分人再从事建筑工作。

格罗皮乌斯

　　学校的名称特别，学制与学习内容与众不同，当时肯来就学的人也不一般。新招的学生中有刚从战场回来的，有革命者，有流浪汉，有冒险者。年龄从 17 岁到 40 岁都有，约三分之一是女性。一位当年的学生回忆说："我得到消息便去询问包豪斯是怎么回事。有人告诉我，入学考试时，考生被关在暗房里，听到雷鸣电闪的声响，录取与否看你如何描绘出你当时的感受。我当时激动不已。虽然经济前景不明，我即刻决定参加包豪斯。学生从各个阶层汇集而来。有的穿着军装，有的赤脚穿拖鞋，有的留着艺术家的长胡子，有的从青年运动中来，有

包豪斯的教员们 (1926)

的像苦行僧。"

学校除教室上课外，设有金属、家具、陶瓷等几个车间。学生一方面跟教师学习，还在车间里跟师傅学制作手艺。

格罗皮乌斯招聘一批前卫画家和雕塑家任教师，其中有康定斯基、保尔·克利（Paul Klee）、费林格（Lyonel Feininger）、莫霍里—纳吉（Lazslo Moholy-Nagy）、约翰·伊顿（John Eaton）等人。他们各按自己的新发现与新见解，把独特的艺术理念和造型方法带到包豪斯。一时之间，这所学校成了20年代欧洲最激进的艺术流派的据点之一。

克利开构图课，说一切物体都源于某些基本形式。从自然法则、数学法则、人的认识法则，和自己的抽象画等讲解点、线、面、空间、形体、重量、远近、韵律、张力等的构图原理。他给学生的第一个作业是观察植物叶子，要学生画出叶脉的表现力。纳吉教课着重空间构成的学习。

康定斯基讲授色彩与图形课。他告诉学生，"黄色是典型的世俗颜色"，"蓝色是典型的天堂颜色"；黄色是进取的，积极主动而不稳定，富于侵略性，蓝色是收敛的，谨守限制，羞涩而消极；黄色坚硬而锐利，蓝色柔软而顺从；黄色的味道刺激，蓝色使人如饮水；黄色如乐器中的号，蓝色如管风琴。康氏说，绿色是把性格相反的黄色与蓝色混合在一起，所以创造了完美的均衡感与和谐感，它是消极的、稳固的、自我满足的。讲的是他的一套视觉语言理论。有位学生后来回忆康氏上课的情形，说他自己不喜欢抽象画，交给康氏的画图作业是一张白纸。交图的时候彬彬有礼地说："康定斯基大师，我终于画成了一幅绝对纯粹的画，里面绝对空无一物。"这名学生写道："康定斯基郑重其事地看待我的画。他把画立在大家面前，说：'这幅画的尺度是对的。你想画出世俗的感觉。世俗的感觉是红色。你为什么却选了白色呢？'我回答：'因为白色的平面代表空无一物。'康定斯基说：'空无一物就是极其丰富，上帝就是从空无一物中创造出世间万物。所以嘛，现在我们想要……从空无一物里创造出一个小小的天地。'康定斯基拿起画笔，在白的画纸上加了一个红点、一个黄点和一个蓝点，在旁边加了一片绿色的阴影。突然间一幅画出现了，这是一幅精妙的画。"

表现主义、立体主义、超现实主义之类的艺术作品，虽然抽象得

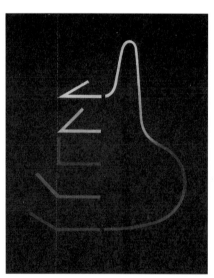

色彩课作业

学生挂毯设计

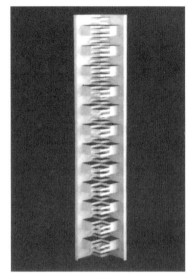

学生折纸作业

令人不知有什么意义，但它们在形式上所做的种种试验，却对建筑造型和工艺美术具有启发意义。

　　包豪斯的存在艰难而曲折。学校从政府得到的资金很少，格罗皮乌斯在经济恶劣的情况下艰苦经营。战后初期的冬天，格罗皮乌斯要到校外找车拉煤，找便宜食品为学生办简易食堂。不少学生还需在校外打工。

　　更大的打击来自右派政治势力和保守人士的攻击和压制。1924年春，魏玛所在的图林根州由右派政党掌权，当局用解除教员合同，削减补助费等办法压迫包豪斯。1924年底，包豪斯教师会决定自行关闭。在前途未卜之际，忽然接到德绍市市长愿意接纳包豪斯的通知。1925年秋，包豪斯迁至德绍开学。作为高等教育机构，包豪斯明确为设计学院，教师称教授，加强了建筑的内容。

　　包豪斯在设计教学中贯彻一套新的方针、方法，在设计中强调自由创造，反对模仿因袭。包豪斯的教师和学生在做实用美术品和建筑设计的时候，注重满足实用要求，努力发挥新材料和新结构的技术性能，摒弃附加的装饰，讲求材料自身的质地和色彩的搭配效果，注重

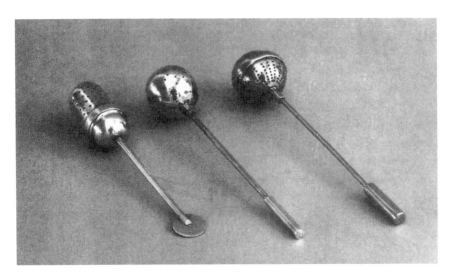

学生的茶具设计

发挥结构本身的形式美，发展了灵活多样、造型简洁的非对称的构图手法，包豪斯的这种造型艺术风格被称为"包豪斯风格"。这种风格体现在师生创作的许多作品之中，包括器皿、家具、灯具、织物、建筑等等。

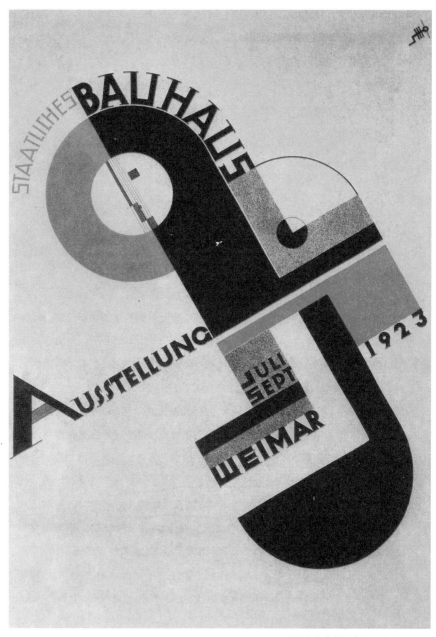

1923年包豪斯展览会招贴画

过去，家具是沉重、平稳、不易搬动的东西，1926年，布劳耶打破旧的观念，第一次设计了用钢管代替木料的椅子。这个设计交给了工厂，制出了简洁、美观而实用的钢管家具，是包豪斯有代表性的成果之一。布劳耶是包豪斯的毕业生，1924年留校当教员。

最能表现包豪斯风格特点的建筑是格罗皮乌斯自己设计的德绍包豪斯新校舍。

包豪斯校舍

包豪斯从魏玛迁到德绍市，格罗皮乌斯为它设计了一座新校舍，1925年秋动工，次年年底落成。包豪斯校舍包括教室、车间、办公室、礼堂、饭厅和高年级学生的宿舍。德绍市一所不大的职业学校也同包豪斯放在一起。校舍的建筑面积接近一万平方米，是一个由许多功能不同的部分组成的中型公共建筑。格罗皮乌斯按照各部分的功能

包豪斯学生舞蹈表演

布劳耶设计的钢管椅子（1926）

性质，把整座建筑大体上分为三个部分。第一部分是包豪斯的教学用房，主要是各科的工艺车间。它采用四层的钢筋混凝土框架结构，面临主要街道。第二部分是包豪斯的生活用房，包括学生宿舍、饭厅、礼堂及厨房、锅炉房等。格罗皮乌斯把学生宿舍放在一个六层的小楼里面，位置是在教学楼的后面，宿舍和教学楼之间是单层饭厅及礼堂。第三部分是职业学校，它是一个四层的小楼，同包豪斯教学楼相距约二十多米，中间隔一条道路，两楼之间有过街楼相连。两层的过街楼中是办公室和教员室。除了包豪斯教学楼是框架结构之外，其余都是砖与钢筋混凝土混合结构，一律采用平屋顶，外墙面用白色抹灰。

包豪斯校舍在建筑艺术方面的特点是采用灵活的不对称的构图手法，运用建筑本身的要素取得建筑艺术效果。这在当时的学校建筑中很不寻常。

包豪斯校舍的各个部分大小、高低、形式和方向各不相同。它有多条轴线，但没有一条特别突出的中轴线。它有多个入口，最重要的入口不是一个而是两个。包豪斯校舍给人印象最深的不在于它的某一个正立面，而是它那纵横错落、变化丰富的总体效果。校舍的建筑构图充分运用对比的效果。这里有高与低的对比、长与短的对比、纵向与横向的对比等等，特别突出的是发挥玻璃墙面与实墙面的不同视觉效果，造成虚与实、透明与不透明、轻薄与厚重的对比。不规则的布局加上强烈的对比手法造成了生动活泼的建筑形象。

包豪斯校舍没有雕塑，没有柱廊，没有装饰性的花纹线脚，它几乎把任何附加的装饰都排除了。同传统的公共建筑相比，非常朴素，然而它的建筑形式却富有变化。设计者细心地利用了房屋的各种要素本身的造型美。外墙上虽然没有壁柱、雕刻和装饰线脚，但是把窗格、雨罩、阳台栏杆、大片玻璃墙面和抹灰墙等等恰当地组织起来，取得了简洁清新富有动态的构图效果。在室内也是尽量利用楼梯、灯具、五金等实用部件本身的形体和材料本身的色彩和质感取得装饰效果。

当时，包豪斯校舍的建造经费比较困难，校舍每立方英尺建筑体积的造价只合 0.2 美元。在这样的经济条件下，这座建筑物比较周到地解决了实用功能问题，同时又创造了清新活泼的建筑形象。格罗皮乌斯通过这个建筑实例证明，摆脱传统建筑的条条框框以后，建筑师可以自由地灵活地解决现代社会生活提出的功能要求，可以进一步发挥新建筑材料和新型结构的优越性能，在此基础上同时还能创造出一种前所未见的清新活泼的建筑艺术形象。

包豪斯校舍还表明，把实用功能、材料、结构和建筑艺术紧密地结合起来，可以降低造价，节省建筑投资，符合现代社会大量建造实用性房屋的需要。

1926 年 12 月 4 日举行新校舍落成典礼，有一千多名来宾与会。当天柏林一家报纸评论说："不仅德意志，而且全世界关心艺术的人，为了了解包豪斯新建筑显示出来的、令人感叹的当前的艺术方向，都来朝拜德绍这个城市吧。"随后一段时间，每星期都有数百名从世界各地来的访问者。

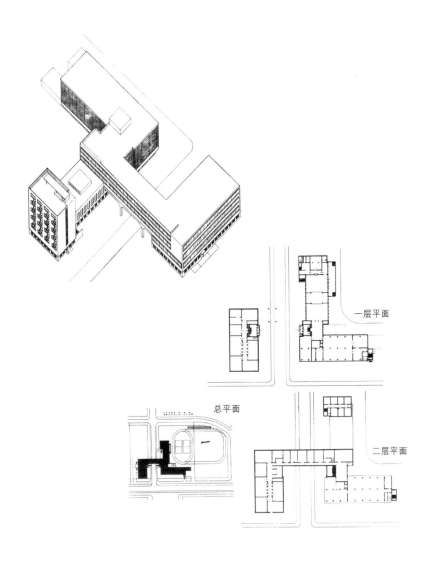

一层平面

总平面

二层平面

厄 运 降 临

    包豪斯的活动及它所提倡的设计思想和风格引起了广泛的注意。
新派的艺术家和建筑师认为它是进步的艺术潮流的中心。另一方面，
保守派却把它看做异端。德国的右派势力攻击包豪斯，说它是俄国布

全景

全景

车间外观

学生宿舍

车间墙面

包豪斯校舍

宿舍阳台　　　　　　　　　　校舍一角

包豪斯校舍

尔什维克渗透的工具，是犹太人集聚的地方。在当时的德国大约再也找不出像包豪斯那样遭受迫害的学校了。格罗皮乌斯说，自己的工作有九成是对外防御战。1928 年 2 月，格罗皮乌斯提交辞职书，由迈尔接任校长。1930 年迈尔被解职，原因是他自称是马克思主义者。接下来密斯·凡·德·罗任校长。1932 年，纳粹党在德绍掌权。市议会议长在报纸上公开宣称："要消灭这个犹太—马克思主义艺术最著名的据点。整个学校要马上关闭。拆掉那个像水族馆的、东方风格的、乏味的玻璃房子。" 密斯极力周旋，将包豪斯作为私立教育机构迁往柏林，在郊区一个废厂房中安顿下来。在师生尚感庆幸之际，1933 年 1 月 30 日，希特勒就任德国总理，4 月 11 日，柏林警察和纳粹冲锋队查封了柏林旧厂房中的最后的包豪斯。

包豪斯理念常在

包豪斯被德国纳粹扼杀了。但被查封的是有形的包豪斯，而无形的包豪斯，即包豪斯的设计理念是无人能够查禁的。1937年莫霍里·纳吉在芝加哥成立"新包豪斯"。更重要的是，包豪斯创立的现代设计理念和设计教育方法在世界上广为传播。包豪斯仅存在14年，最盛时期教师只有十多人，在校学生也仅百余人。* 而它竟在现代设计与现代建筑领域有如此大的影响，实在非常了不起。无怪许多人至今还在研究与探讨包豪斯现象。包豪斯的观念当然也影响到了中国。本书作者于1948年在清华大学建筑系上学，当时梁思成先生刚刚从美国考察建筑教育回国，带来包豪斯的教育理念和教学资料，我们也上起了抽象构图课。同时设立木工间，梁先生聘请木工大师教我们木工手艺。这些新的教学活动表明包豪斯的教育理念在中国的传播。时至今日，中国的房地产商有时还打着"包豪斯"的旗号做文章。

当年的包豪斯不是铁板一块，教师间有许多争论，格罗皮乌斯本人的观念也有一个演变的过程。包豪斯也有它的弱项。东德、西德合并后，1992年，在德绍包豪斯原址成立德国安海尔特大学德绍设计与建筑学院。学院院长于2002年在上海风趣地说，他希望大家不要称他为"包豪斯校长"，他表示包豪斯的理念永远有意义，但对于包豪斯不应该是教条式的崇拜。

格罗皮乌斯

格罗皮乌斯（Walter Gropius, 1883—1969）出生于柏林，青年时期在柏林和慕尼黑学习建筑，1907—1910年在柏林著名建筑师贝伦斯的建筑事务所中工作。贝伦斯的事务所在当时是一个很先进的设计机构。勒·柯布西耶和密斯·凡·德·罗在差不多同一时期也在那里工作过。这些年轻建筑师在那里接受了许多新的建筑观点，对于他们后来的建筑方向产生了重要影响。格罗皮乌斯后来说："贝伦斯第一个引导我系统地合乎逻辑地综合处理建筑问题。在我积极参加贝伦斯的重要工作任

---

* 格罗皮乌斯在一个声明中指出，1924年4月在校生为129名。从1919到1924年，五年间共计有526名学生入学。

务中，在同他以及德国制造联盟的主要成员的讨论中，我变得坚信这样一种看法：在建筑表现中不能抹杀现代建筑技术，建筑表现要应用前所未有的形象。"

1911年，格罗皮乌斯与梅耶尔合作设计了法格斯工厂。在这个著名设计中我们看到了：非对称的构图，简洁整齐的墙面，没有挑檐的平屋顶，大面积的玻璃墙，取消柱子的建筑转角。这些处理手法和钢筋混凝土结构的性能一致，符合玻璃和金属的特性，也适合实用性建筑的功能需要，同时又产生了一种新的建筑形式美。

这个时期，格罗皮乌斯已经比较明确地提出要突破旧传统，创造新建筑的主张。1913年，他说："现代建筑面临的课题是从内部解决问题，不要做表面文章。建筑不仅仅是一个外壳，而应该有经过艺术考虑的内在结构，不要事后的门面粉饰。……建筑师的脑力劳动的贡献表现在井然有序的平面布置和具有良好比例的体量，而不在于多余的装饰。洛可可和文艺复兴的建筑样式完全不适合现代世界对功能的严

20世纪20年代格罗皮乌斯设计的公寓住宅（德国）

20世纪20年代格罗皮乌斯设计的公寓住宅（德国）

格要求和尽量节省材料、金钱、劳动力和时间的需要。搬用那些样式只会把本来很庄重的结构变成无聊情感的陈词滥调。新时代要有它自己的表现方式。现代建筑师一定能创造出自己的美学章法。通过精确的不含糊的形式，清新的对比，各种部件之间的秩序，形体和色彩的匀称与统一来创造自己的美学章法。这是社会的力量与经济所需要的。"格罗皮乌斯的这种建筑观点反映了工业化以后的社会对建筑提出的现实要求，创办包豪斯是他一生中最重大的贡献。

格罗皮乌斯离开包豪斯后，在柏林从事建筑设计和研究工作，特别注意居住建筑。这一时期，格罗皮乌斯又研究了在大城市建造高层住宅的问题。1930年，他在布鲁塞尔召开的现代建筑国际会议（ClAM）第三次会议上提出的报告中主张在大城市中建造10—12层的高层住宅。他认为"高层住宅的空气、阳光最好，建筑物之间距离拉大，可以有大块绿地供孩子们嬉戏"，"应该利用我们拥有的技术手段，使城市和乡村这对立的两极互相接近起来"。他做过一些高层住宅的设计方案。但在德国当时的条件下，没有能够实现。

希特勒上台以后，德国变成了法西斯独裁国家。1934年，格罗皮乌斯离开德国到了英国。1937年，格罗皮乌斯54岁的时候接受美国哈佛大学之聘到该校设计研究院任教授，次年担任建筑学系主任，从此长期居留美国。

格罗皮乌斯到美国以后，主要从事建筑教育活动。在建筑实践方面，他先是同包豪斯时代的学生布劳耶合作，设计了几座小住宅。1946年，格罗皮乌斯同一些青年建筑师合作创立名为"协和建筑师事务所"（The Architect's Collaborative，TAC）的设计机构。

从30年代起，格罗皮乌斯已经成为世界上最著名的建筑师之一，公认的新建筑运动的奠基者和领导人之一，各国许多大学和学术机构纷纷授予他学位和荣誉称号。1953年，格罗皮乌斯70岁之际，美国艺术与科学院专门召开了"格罗皮乌斯研讨会"，格罗皮乌斯的声誉达到了最高点。

格罗皮乌斯很早就提出建筑要随着时代向前发展，必须创造这个时代的新建筑的主张。他说："我们处在一个生活大变动的时期。旧社会在机器的冲击之下破碎了，新社会正在形成之中。在我们的设计工作中，重要的是不断地发展，随着生活的变化而改变表现方式，绝不应是形式地追求'风格特征'。"他说："我们不能再无尽无休地复古了。建筑不前进就会死亡。它的新生命来自过去两代人的时间中社会和技术领域中出现的巨大变革。……建筑没有终极，只有不断的变革。"

在另一个地方，格罗皮乌斯明确提出："现代建筑不是老树上的分枝，而是从根上长出来的新株。"

不过格罗皮乌斯后来似乎不愿坦承他有过这样的观点和做法。1937年，他到美国当教授，就公开声明："我的观点时常被说成是合理化和机械化的顶峰，这是对我的工作的错误的描绘。"1953年，在庆祝70岁生日时，他说人们给他贴了许多标签：像"包豪斯风格"、"国际式"、"功能风格"等，都是不正确的，把他的意思曲解了。

格罗皮乌斯说，他并不是只重视物质的需要而不顾精神的需要，相反，他从来没有忽视建筑要满足人的精神上的要求。"许多人把合理化的主张看成是新建筑的突出特点，其实它仅仅起到净化的作用。事情的另一面，即人们灵魂上的满足，是和物质的满足同样重要的。"

1952年，格罗皮乌斯说："我认为建筑作为艺术起源于人类存在的心理方面而超乎构造和经济之外，它发源于人类存在的心理方面。对于充分文明的生活说来，人类心灵上美的满足比起解决物质上的舒适要求是同等的甚至是更加重要的。"*

并非人们误解了格罗皮乌斯。事实上他到美国之后，其理论上的着重点有了改变。这是因为美国不同于欧洲，第二次世界大战以后的建筑潮流也和第一次世界大战前后很不相同。究竟哪种看法是格罗皮乌斯的真意呢？都是，一个人的观点总是带着时代和环境的烙印。从根本上来说，作为一个建筑师，格罗皮乌斯从不轻视建筑的艺术性。他之所以在1910到1920年代末之间比较强调功能、技术和经济因素，主要是德国工业发展的需要，以及第一次大战后战败德国经济条件的需要。无论如何，格罗皮乌斯促进了建筑设计原则和方法的革新，同时创造了一些很有表现力的新的建筑手法和建筑语汇。格罗皮乌斯在推动现代建筑的发展方面起了非常积极的作用，他是现代建筑史上一位重要的革新家和建筑教育家。

---

* W. Gropius, *Architecture*, The M.I.T Press. 1965.

第八讲 | 柯布与密斯

柯布：《走向新建筑》

1923年，法国出了一本关于建筑发展问题的书《走向新建筑》，作者是勒·柯布西耶（Le Corbusier），书中充满了激奋的观点和话语：

> 一个伟大的时代已经开始了。在这个时代里存在着一种新的精神。
>
> 机器产品不受习惯势力和旧样式的束缚，一切都建立在合理地分析问题和解题的基础之上，因而是经济的和有效的。
>
> 工程师用几何学满足我们的眼睛，用数学满足我们的理智，他们的工作就是良好的艺术。
>
> 工程师的美学正在发展，而建筑艺术正处于倒退的困境之中。
>
> 在建筑中，古老的基础已经死亡了。我们必须在一切建筑活动中建立逻辑的基础。
>
> 我们的时代每天都在确定样式。
>
> 一个属于我们自己时代的样式正在兴起。
>
> 住房是供人居住的机器。
>
> 住宅问题是时代的问题。今天社会是否安定取决于能否解决此问题。

柯布

建筑或是革命。

⋯⋯⋯⋯⋯⋯

柯布并非否定建筑艺术，也没有在建筑师与工程师之间画等号。

他强调的是要创造新的建筑艺术。

> 对建筑艺术来说，老的典范已推翻，历史上的样式对我们说来已无用处。
>
> 建筑是运用自然界的材料建立动人的关系。
>
> 建筑超越实用性。建筑是造型艺术。
>
> 一所房子的设计，它的体量和立面部分地决定于功能需要，部分地决定于想像力和形象创作。
>
> 钢筋混凝土给建筑美学带来了一场革命。
>
> 建筑是各种体量在阳光下精炼的、正确的和卓越的处理。
>
> 一张漂亮的面孔异于寻常之处在于各个部分的美好和各部分之间的关系具有突出的匀称。

《走向新建筑》是将先前发表的文章集合而成的，主要宣示他当时的观点，系统性、严谨性不足。有的部分比较深入，有些地方偏颇而情绪化，他说：

> 瓦顶，那个十分讨厌的瓦顶，还顽固地存在下去，这是一个不可原谅的荒谬现象。
>
> 议会做出决议向铁路公司施压，要把从巴黎到迪亚普的三十个小车站都设计成不同的地方色彩，以显示它们的不同山丘背景，和它们附近不同的苹果树，说什么这是它们故有的特点、它们的灵魂等等。真是灾难性的牧羊神的笛子！

这本书立即在全世界建筑界新派人士中引起轰动，学建筑的学生们更是争相传阅。

这本书法文名为《VERS UNE ARCHITECTURE》，意为"走向建筑"。英译本书名为《TOWARDS A NEW ARCHITECTURE》，中间加了一个"新"字，将书名改为《走向新建筑》。英译者的本意大

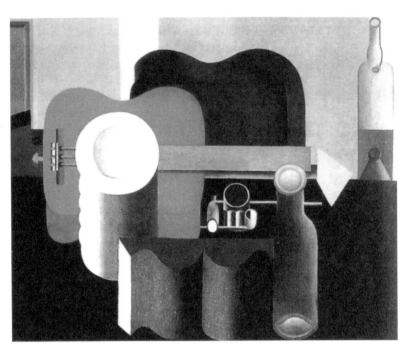

柯布的绘画"静物"（1920）

概是认为加一个新字更符合书的内容。早出的中文译本书名跟从英译
本，也有一个"新"字。1998 年，台北译本的书名忠实原著，叫《迈
向建筑》。书名该不该加"新"，中外学者们有不同看法。赞同加"新"
字的人认为，该书大讲新建筑不同于过去的建筑， 号召推陈出新。不
赞成加"新"字的人说，柯布讲的是建筑的本质，不分新旧。他故意
不用"新"字，并非疏忽。

　　勒·柯布西耶 1887 年出生于靠近法国的瑞士小镇，原名 Charles -
Edouard Jeanneret。1920 年后用笔名 Le Corbusier。人们常
称他为柯布（Corbu）。他的父亲是钟表匠。少年柯布进入镇上一
所工艺美术学校，学镂錾工艺。15 岁那年，他镂刻的一只挂表在
1902 年意大利都灵博览会上获奖。柯布没有在学校专学建筑，可
不到 20 岁就设计而且建成镇上的一所别墅，那是柯布的第一个建
筑作品。1907 年，他的老师把这位得意门生送到维也纳的名建筑

师那里实习。

柯布在维也纳接受一位研究工业时代城市规划的建筑师的影响。1908年,柯布到巴黎,在擅长运用钢筋混凝土的建筑师处工作。1910年,柯布到柏林,在建筑师贝伦斯那儿工作了5个月。在贝氏那里,柯布接触了德国制造联盟,结识了格罗皮乌斯和密斯·凡·德·罗。其后,柯布漫游意大利、巴尔干半岛和中近东许多地方,见到各地的乡土建筑,画了大量速写。他还写了名为《东方的旅行》的小册子(1913),对旅行中所见做了诗意的描述。

1913年,柯布在故乡小镇开办自己的建筑事务所。1917年,他移居巴黎。在巴黎,他结识了一些新潮画家和诗人,他自己也开始作画,并与友人合编综合性文艺刊物《新精神》。柯布在这份杂志上以勒·柯布西耶之名发表文章。那些文章后来集合成书即《走向新建筑》或《迈向建筑》。

新建筑五特点

这个时期,柯布的思想非常活跃,他做了许多概念性建筑方案。1914年,柯布画了一个采用钢筋混凝土结构的住宅骨架示意图,用来表明现代房屋与老式房屋的基本区别。

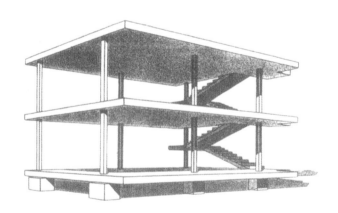

现代住宅骨架示意图

萨伏伊别墅

斯泰因别墅 (1926—1928)

　　1926 年，柯布提出新建筑的五个特点：一、底部独立支柱；二、屋顶花园；三、自由平面；四、横向长窗；五、自由立面。

　　这些处理都是由于采用框架结构而来的特征。这时，柯布的建筑造型则有当时新潮美术"立体主义"和"纯净主义"的影响。柯布造了几幢小住宅和别墅，其中最著名的是1930年落成的萨伏伊别墅。他的"新建筑的五特点"在这座别墅的建筑设计中全用上了。别墅的平面是边长 22.50 米乘 20 米的方形，处于面积为 4.86 公顷大的地产中心。房子采用钢筋混凝土框架结构。底层三面是独立柱子，中心有门厅、楼梯、坡道，后面是车库。第二层为客厅、餐厅、厨房及卧室，还有一露天的小院。第三层是主卧室和日光浴晒台。柱子是细长的圆柱体，墙面平而光，窗子是简单的矩形，室内室外都没有装饰线条。为了增添变化，用了不少曲线形体。整个建筑物的外形，如果同传统建筑比较，是极度的简洁，不过，房屋内部空间却十分复杂而富于变化，正像一只手表，外观简洁，内部复杂。

柯布说住房是居住的机器，实际上，那么大的别墅，面积足够大，功能不成问题，何况建筑的功能有很大的弹性。柯布其实是把这所别墅当作一个大型立体主义的雕塑来处理的。这个别墅的设计任务，给了柯布展示他当时的建筑理念的机会。他并非寻求机器般的实用与效率，而是在房屋建筑中展现机器美学和立体主义的造型效果。他成功了，虽然此前也有不少前卫的新型建筑问世，但萨伏伊别墅获得了更大的声誉，产生更大的影响。他为居住性建筑设计的推陈出新，做出了一个样子。

斗 争 性

第一次世界大战后成立的国际联盟，性质类似于现在的联合国。1927年，国际联盟为建造总部举办建筑设计方案竞赛。"国际联盟"总部包括理事会、秘书处、各部委办公室和大会堂等。柯布与合伙者提出的方案，很好地解决了各项实用功能问题，建筑的形体突破传统章法，具有轻巧、简洁、新颖的面貌。在今天看来，那是非常普通的形象，但在20世纪20年代，许多人不能接受，特别是在政治性、权威性强的国际联盟总部这种建筑物上，很多人不能认同柯布的设计方案，因此引起了激烈的争论。革新派、青年人热烈支持它，学院派、保守派强烈反对它。评选团中也分为两派，他们从全部377个应征方案中筛选出9个，提交国际联盟领导层的政治家去决断。这9个方案包括柯布的方案。但是最后柯布的方案被否定，选出另外4个学院派建筑师的方案，要他们提出最后方案。

这个决定惹怒了柯布一伙。按照竞赛规则，提交方案的建筑造价预算不能超过某个限额。柯布的方案符合规定，而入选的那四个都大大超出。国际联盟拿不出不采用柯布方案的充足理由，找借口说他没有送交水墨渲染图而不能入选。柯布向国际法庭正式起诉，但国际法庭又以个人不能控告国际联盟为由拒不理睬。

柯布为在巴黎留学的瑞士学生设计了一座瑞士学生宿舍，1932年

建成之日内瓦国际联盟总部 (1927)

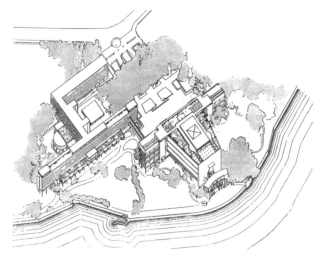

国际联盟总部方案

建成。那是一座长条形的5层楼房，与众不同的是它的底层开敞，只有6对钢筋混凝土柱墩，可作雨廊、存车及休闲之用。第2—5层采用钢结构及轻质墙体，每层有15个房间。门厅及公共活动室等为单层，附在主楼背后。这个单层部分体形不规整，有斜墙和用乱石砌成的曲

正面

楼梯间

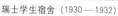

瑞士学生宿舍（1930—1932）

门厅内景

墙，即我们俗称的"虎皮石墙"。这座宿舍楼的形体给人以生动活泼之感，原因在于它的体量虽小却充满了对比效果。有高低体量的对比，轻薄的幕墙与沉重敦实的水泥墩柱的对比，平直墙面与弯曲墙面的对比，光平的表面与粗糙表面的对比，机械感与雕塑感的对比，开敞空透与封闭严实的对比，机器加工效果与手工痕迹的对比，等等。瑞士学生宿舍楼设计上的这些对比处理手法在以后的建筑中常有运用，第二次世界大战后建造的纽约联合国总部大厦即是一例。

这时，柯布四十多岁，才思敏捷，势头强劲。此前他完成的建筑物都是住宅，瑞士学生宿舍是他实际建成的第一个公共性的建筑物，他把多年的想法与手法用于其中，还在结构、构造与施工方面做了实验，有的部分试用"干式"，即工厂预制、现场组装的施工方式。因为这些，他遭到保守势力的攻击，连巴黎泥水匠公会也出面反对他。1934年，他在一篇文章中叙述那时的艰辛：

> 欧洲继续向我们开火（平心静气地说，他们也攻击我本人）。……他们什么手段都用上了……什么谣言秽语都造得出来。我们被描写成不要祖国，不要家庭，否定艺术，糟蹋自然的坏蛋，没有灵魂的畜生。由于我们按照自然的要求去满足社会的需要，我们被骂成是唯物论者。由于瑞士学生宿舍楼阅览室墙上青年们跳舞的大照片，《洛桑日报》指责我们是教唆犯，引诱大学生道德败坏。

瑞士学生宿舍楼建成的次年，有人著书攻击新建筑，说柯布在使建筑走向死亡。柯布针锋相对，回敬道："作者在说昏话。请放心，建筑死不了，它在健康地发展。新时代的建筑刚刚诞生，前途光明。它无求于你，只请少来打搅！"

第二次世界大战中，德国人占领巴黎，曾在瑞士学生宿舍楼顶架设高射炮，开炮的震动造成大楼损伤，但结构无碍，修理后恢复旧观。

20世纪20年代，柯布对现代城市提过许多设想。他主张用全新的规划和建筑方式改造城市。1922年，他提出一个300万人口的城市规划和建筑方案。城市中有适合现代交通工具的整齐的道路网，中心区有巨大的摩天楼，外围是高层楼房，楼房之间有大片的绿地。各种交通工具在不同的平面上行驶，交叉口采用立交方式。人们住在大楼里面，除了有屋顶花园之外，楼上的住户还可以有"阳台花园"。柯布认为在现代技术条件下，可以做到既保持人口的高密度，又形成安静卫生的城市环境，关键在于利用高层建筑和处理好快速交通问题。在城市应当分散还是集中的争论上，他是一个城市集中主义者。他的城市建筑主张在技术上是有根据的。他所提出的许多措施，如高层建筑和立体交叉后来在世界上一些城市中局部地实现了。现有大城市的改造是一个长期而复杂的过程。柯布在半个多世纪之前提出那些规则，并且孜孜不倦地绘制了许多方案和蓝图，应说他在城市建设问题上既有远见卓识又有不切实际的缺点。

在两次世界大战之间的二十年左右的时期中，柯布的建筑作品相当丰富，其中有大量未实现的方案。柯布的建筑构思非常活跃。他经常把不同高度的室内空间灵活地结合起来。在北非的一个博物馆设计中，他采用方的螺旋形的博物馆平面。柯布提出过多种形式的高层建筑的设想，第二次世界大战后这些形式陆续出现。1937年，在巴黎世界博览会上，按照他的设计，建成了一座用悬索结构的"新时代馆"。在住宅建筑方面，柯布提出多种形式的多层公寓，1933年，提出逐层退后的公寓。这些结构和建筑类型在第二次世界大战以后也逐渐推广应用。可以说，柯布在现代建筑设计的许多方面都是一个先行者。他在现代建筑构图上做出的丰富多样的贡献使他对现代建筑产生了非常广泛的影响。

《走向新建筑》一书吸收了世纪转折时期各种新的建筑思想资料，在第一次世界大战刚刚结束时匆匆写就。柯布大声疾呼新的时代来临了，建筑不可因循守旧，而要推陈出新！《走向新建筑》的出版像一阵狂飙，在建筑的湖水中激起千重浪，促使更多的人参与建筑创新的活动，这就是柯布的历史作用。

密斯·凡·德·罗

1928年，一位德国建筑师讲了一句话，即："Less is more."

他认为这是建筑处理的一项原则。这个短语在中文中可译成三个字："少即多。"意思相当于我们的"以一当十"或"以少胜多"。自此，"少即多"成了一句名言，很快在全世界的建筑师中流传开来。七十多年来常被业内人士挂在嘴边。

密斯

1929年，这位建筑师为一个博览会设计了一座小建筑，里面空空的，只放了几只椅子和凳子，并无实用功能。博览会一闭幕，它就被拆掉了。这个亭子似的建筑只存在了8个月。然而当时拍摄的十几幅黑白照片，却影响了几代建筑师。

时光过去了半个多世纪，人们还难以割舍对它的怀念，在纪念原设计人百年诞辰时，人们又在原址，照原来的样子，认认真真地把它重造了起来。

1930年，这位建筑师在危急时刻接任包豪斯的校长。左翼学生不欢迎他，说他是形式主义者，他对那些年轻人说："如果你遇到一对孪生姐妹，同样健康，同样聪明，同样富有，都能生孩子，但是其中一个丑，一个美，你娶哪个呢？"学生哑口无言。

讲这番话并设计了那座小建筑的人就是德国建筑师密斯，他是世界公认的20世纪的一位建筑巨匠。

密斯的全名是路德维希·密斯·凡·德·罗（Ludwig Mies van der Rohe，1886—1970），他生于1886年，父亲是石匠。密斯14岁就跟随父亲摆弄石头，后来进入职业学校，两年后在营造厂做墙面装饰工作，能放足尺饰样。他19岁时到柏林跟从建造木构房屋的建筑师工作，又到家具设计师处学艺。21岁，他自己设计建造了第一幢房屋。1908年，他到贝伦斯的建筑事务所工作了3年，我们还记得格罗皮乌斯和勒·柯布西耶差不多同时都在贝伦斯那里工作过，大概应了"名师出高徒"这句老话。贝伦斯的这三名学生后来都大有作为。密斯曾被贝氏派到俄国彼得堡，任德国大使馆工地建筑师。这一时期他在欧洲各地考察了许多优秀的古典建筑。

随后，密斯自己开业，设计过几座住宅，有一座朴素的老式房子现在仍留在柏林郊区。第一次世界大战时，他在军中做军事工程。战后初期，在德国社会动荡的背景下，密斯参加了激进团体"十一月社"的活动，吸收了许多当时西欧的前卫艺术观念。

当时，密斯和许多知识分子一样，思想上同情社会主义，同情工人运动。大战前，密斯曾设计过俾斯麦纪念碑。战后，他为被害的德国共产党领袖李卜克内西和卢森堡设计了　座纪念碑。这座碑是一个用砖砌体组成的立体构成，材料极其普通，形象简朴而新颖，与传统的帝王将相的宏伟纪念碑全然不同。应该说这是形式与内涵十分相称的纪念碑。它于1926年建成，后来被右翼分子拆除了。

战后初期的德国，经济困难，不可能有重大的建筑项目，但这并不妨碍思想活跃的建筑师在纸上大展其构想。密斯也是这样。1919年至1924年间，他先后推出了5个概念性建筑设计。其中有1921年和1922年的两个玻璃摩天楼方案。它们的外墙，从上到下，全是玻璃。一个外表为折面，另一个为曲面。这两个玻璃摩天楼看起来如透明的晶体，从外面可以看见内部的一层层楼板。密斯写短文说："在建造的过程中，摩天楼显示出雄伟的结构，巨大的钢架壮观动人。可是砌上墙以后，作为一切艺术的基础的骨架就被无意义的琐屑形象所淹没。"

密斯的主张在理论上是可行的。因为在框架结构的房屋上，外墙不承重，它本身挂靠在每层楼板的边缘或边梁上，所以能够用玻璃做外墙。但是在20年代初，无论是欧洲还是美国，还没出现过真正的全

摩天楼概念设计 (1919—1920)

外观

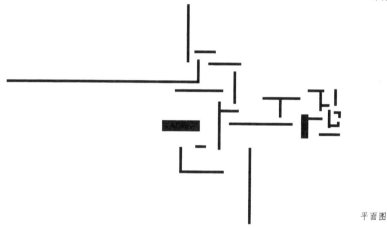

平面图

砖造别墅概念设计（1922）

玻璃高层建筑，直到20世纪50年代，世上第一座全玻璃大楼才在美国出现。应该说密斯构想的玻璃大楼方案具有预见性和先导性。

密斯的另一个设计方案是郊区住宅。墙体分散错落，空间互相连通。住宅平面抽象构图，显系受到蒙德里安抽象画的影响。这个方案也是概念性的，显示出密斯在建筑艺术方面的探求。

密斯强调新时代要创造新建筑，他在《建筑与时代》中写道："所有的建筑都和时代紧密联系，只能用活的东西和当代的手段来表现，任何时代都不例外。……在我们的建筑中试用已往时代的形式没有出路。"在"建筑方法的工业化"一文中说："建造方法的工业化是当前建筑师和营造商的关键问题。"他确实把这些观点始终不渝地贯彻在他的设计中。

但另一些话则有言行不一之嫌。例如，1923年，他在《关于建筑

密斯的公寓住宅

奥德的联排住宅

夏隆的小住宅

1927年斯图加特住宅展作品选例

形式的箴言》中写道："我们不考虑形式问题，只管建造问题。形式不是我们工作的目的，它只是结果。"但是，从他的作品看，很明显，密斯绝非不考虑形式的人，在20世纪的众多建筑师中，密斯还是以注重形式著称。当年包豪斯的学生对他的指责并非空穴来风，他是非常重视和追求形式完美的建筑师。

1926年，密斯任德国制造联盟副主席。1927年，联盟在斯图加特主办住宅建筑展览会，密斯是展会主持人。欧洲许多著名的新派建筑师如格罗皮乌斯、柯布西耶、贝伦斯等人都设计了住宅建筑参加展览。密斯本人的作品是一座有4个单元的4层公寓楼。因为展出的建筑物都是平屋顶、白色光墙面，因而展区被称为"白色大院"。那里的房屋至今仍保存良好，还在使用。这个展览是"新建筑运动"的一次盛事。

1929年巴塞罗那世博会德国馆

1928年，密斯接到一个极特别的建筑设计任务。这项任务不必考虑很多的实用功能，没有严格的造价限制，也没有太多的环境制约。对于追求完美形式的建筑师来说，这真是少有的令人羡慕的机会。不过，它同时也是一次重大的挑战和考验，并非随便哪个人都做得好的。

这一年西班牙巴塞罗那举办世界博览会。德国在会中建两个馆：一个是德国工业馆；另一个不陈列任何展品，是代表德国的标志性和礼仪性的一座建筑。第一次世界大战前的德国是个君主专制国家，那时，德皇威廉二世十分专横，在艺术领域，他认可的艺术才算艺术。当时，别国人承认德国科学技术发达，但生活刻板僵硬，是一个无趣的地方。

第一次世界大战的结果是，德国惨败，威廉二世逃亡国外，德国成为共和国，称"魏玛共和国"。新政府希望在世界面前树立自由、开放、友好、现代化的国家新形象，这是当局建这座建筑物的目的。其时一位高官吩咐说：这座建筑要显示"我们是怎样的人，我们能做什么，我们的感觉以及我们怎样看今天。不要别的，只求新颖、简洁、坦诚"。用现在流行的话语说，巴塞罗那世博会的德国馆纯粹是一个形象工程，它好比是出现在世博会中的魏玛共和国的一张名片和形象大使。

密斯讲他自己的认识时说："以赢利为目的建造宏伟博览会的年代已经过去。我们对博览会的评价是看它在文化方面起的作用。……经济、技术和文化条件都已发生重大变化。为了我们的文化、社会，以及技术和工业，最要紧的是寻求解决问题的最佳途径。德国以及整个欧洲工业界都必须理解和解决那些具有特殊性的任务。从寻求数量转向要求质量，从注重外表转向注重内在。通过这个途径，使工业、技术与思想、文化结合起来。"

密斯设计德国馆时，走的是一条新与旧、现代与古典、形式与技术结合的路子。我们看他是怎样做的。

德国馆有一个基座平台，平台长约五十米，西端宽约二十五米，东端宽约十五米。平台大致一分为二，德国馆的主体建筑偏在东面，西面有较大的院子，院子北侧有一道墙，墙的后面有小杂务房。院子的大部分是一片长方形的水池，水很浅。基座东部立着8根钢柱，构成3个大小相同的开间。8根柱子顶着一片平板屋顶，长约二十五米，宽约十四米。屋顶下面是道有纵有横、错落布置的墙片。

我们说墙片，因为这里的墙与一般建筑物的墙不一样，它们真的是薄薄的、光光的、平平的板片。有几道墙片是石头的，厚十多厘米，另几道是大片玻璃墙，就更薄。这些墙片板横七竖八，大多相互错开而不连接，像是立体的蒙德里安抽象画。从结构的角度看，这与中国传统木构架房屋的原理相似，墙不承重，可有可无，因而可随处布置，随意中断，随便移动。虽然不动，却有动势，在人的视觉中有动态。密斯采用横竖错落的平面布置，益发加重了这种动态。

这一部分就是德国馆的主厅。它内部的空间不像普通房间那样封闭和完整，这儿实际上没有"间"的概念。小建筑也没有通常意义的"门"，有的只是墙板中断而形成的豁口，因而非常开敞通透。这儿和那儿，这边和那边，没有完全的、确定的区分。处处既隔又通，隔而

外观

山水院

巴塞罗那博览会德国馆

内景

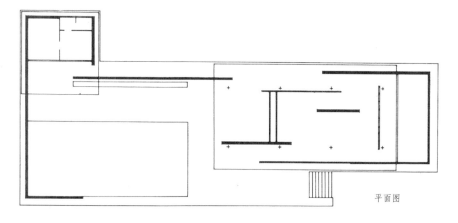

平面图

巴塞罗那博览会德国馆

不断，围而不死，不仅内部空间环环相连，而且建筑内外也很通透。所以你在其中可以不受阻拦地从这一空间进到另一空间，同样，还可以从室内转到室外，从室外进到室内。加之有大片玻璃墙，视觉上更是异常通透，觉得内外是连通的。传统房屋有很多封闭空间，德国馆则处处通透。由此产生一个现代建筑常用的术语，即"流通空间"，或"流动空间"。

比如，德国馆的东端，有一个由主厅的墙板延伸出来而围成的小院，小院里有一片小的浅水池，是一个小的水院。这小水院与德国馆主厅之间有一道玻璃墙和两个豁口。因而水院与主厅有分有合，隔而未断，实际串通一气。虽然内外有别，但空间流通，区别仅在一边有顶，另一边无顶而已。

德国馆空间布局巧妙，人在其中自由灵便，步移景随，与中国苏州园林有相通之处。

德国馆的许多构件、部件的形式和连接方式与传统建筑不同。8根钢柱的断面为十字形，细细的柱子，闪烁着金属的光泽，从底到顶没有任何变化。德国馆的屋顶是刚度很大的一片薄板，由8根钢柱支承。传统房屋的墙、柱与屋顶之间一般还有横梁之类的构件，但在这里什么也没有，什么也不需要，柱和墙直接与屋顶板相遇，也没有任何过渡性的处理，柱子与屋顶板和地面都是简单地相接，硬碰硬，干净利落，墙板也是如此，这样就给人以举重若轻、若即若离的感觉。德国馆的8根柱子完全独立，即使离墙很近也不相连。起支承作用的柱子与分隔空间的墙板，你归你，我归我，清晰分明。这种处理方式，近乎钢琴演奏，音符清楚干脆，不同于小提琴的连续缠绵。

德国馆有石墙、有透明的和半透明的玻璃墙，石墙上不开窗，没有传统意义上的"窗"。天光透过玻璃墙片进入室内，玻璃墙起窗的作用，窗扩大成了墙。

德国馆的所有构件和部件本身体形都极简单而明确，相互之间的连接也处理得极其简洁，干净利落。历史上讲究的建筑，无论中国和外国，都要用许多装饰，有的做得十分复杂，到了繁琐的程度。欧洲和拉丁美洲的巴洛克式建筑就是例子。可以说人们从没见过德国馆这样贵重神气却又非常简洁清爽的建筑形象。

密斯在德国馆中运用的这些建筑处理手法，在很大程度上与使用钢材有直接关系。如果只有土、木、石、砖，便出不来那种挺拔、简洁、有力的形象，即便采用钢筋混凝土结构，也难出现那样细巧的形象与风度。当然，优质的大玻璃也是不可少的。另外，长时期以来西欧新艺术的出现，社会文化心理的转变，以及人们审美情趣的变化也是必要的条件。物质材料属于硬件方面，艺术、文化、审美心理等是软件，缺一不可。

有一点要指出的，也是非常重要的，即密斯设计的德国馆既大胆创新走新路，同时又在一些地方吸收了历史上古典建筑的一些形式和做法。

其一，古希腊的神庙建筑有基座。德国馆也有石质的基座，入口的台阶也属传统做法。

其二，德国馆屋顶伸出相当大的挑檐。有一段时间，人们把新建筑叫做方盒子，就是由于当时的新建筑很少有挑檐，很像盒子，同一个世博会中那座德国工业馆就像盒子。而这座德国馆有屋檐伸出，便完全打消盒子的联想。

其三，尽管德国馆的具体形象与老式建筑相差很多，但自下而上的基座、屋身和挑檐形成三段式划分。有了这个三段式构图，立即显示出它与传统建筑之间存在一定的联系，虽然一般人不一定明确意识到这一点，但会因见到熟悉的成分而产生亲切感。

其四，20世纪20到30年代，新派建筑师重视运用新建筑材料，很少用传统建材，这一方面与财力有关，另一方面也与不肯同旧东西沾边的观念有关。密斯则不然，他在德国馆中用了许多贵重石材。地面铺的是意大利灰华石，墙面选用了几种大理石。一般用暗绿色带花纹的大理石，主厅内的石墙特别选用缟玛瑙大理石。用了这些名贵石材，德国馆的格调便上了档次，显示典雅高贵的同时，又与传统建筑多了一层联系。

其五，德国馆东端水院的水池一角，置有一尊雕像，它不是时髦的抽象雕刻，而是一个古典的写实的女像。水面之上，大理石壁之前，在人们视线聚焦的转角处，这座传统的雕像向人们表示：古典艺术在这儿依然受到尊崇。

德国馆其他部位的用料也都非常贵重考究。玻璃墙有淡灰色的和浅绿色的，有一片还带有刻花，另一片是在玻璃夹墙内暗装灯具。浅水池的边上还衬砌黑色的玻璃砖。闪亮的镀铬钢柱精致细挺，与白色屋顶板对比衬托，在从池面反射来的光线的闪映下，楚楚动人。

德国馆里只有几个椅凳和一张小桌，再没有什么陈设。对于那几件家具，密斯精心做了设计。椅凳用镀铬钢材做支架，尺寸宽大，分量很重，上置白色的贵重皮垫，造型简洁而高贵。它们被特称为"巴塞罗那椅"，至今仍有著名家具公司当作精品小量生产，受到鉴赏家和收藏家的青睐。

这一切合起来，使德国馆这座崭新的现代建筑具有一种典雅贵重、超凡脱俗的气度。这样的既现代又古典的建筑艺术品质，使它既获得新派人士的赞美，也让老派人士折服，成为一件建筑艺术的"现代经典"之作。一位建筑评论家说，密斯创作了巴塞罗那德国馆，即使他再没有其他作品，也能够名垂建筑历史。

在巴塞罗那世博会期间，德国驻西班牙大使曾在德国馆内接待过西班牙国王与王后。可能因为这个馆内没有展品，当时并不是博览会中的参观热点，一般人来德国馆的并不多。

20世纪后期，在讨论中国文化的发展问题时，哲学家张岱年提出"综合创新"的理论。看来，密斯在20世纪20年代，在巴塞罗那世博会德国馆的建筑创作中已经意识到这个问题。他把工业与艺术、现代与古典融合在一起，推出了这座堪称现代经典的建筑作品。

1929年，巴塞罗那世博会结束后，德国馆只存在了几个月就被拆除了。大理石运回德国，钢材不要了。但是全世界学建筑的人没有忘记它，仍时时追念它。过了26年，一位年轻的西班牙建筑师博西加斯于1957年写信给住在芝加哥的密斯，提出重建巴塞罗那德国馆的问题，密斯同意了，但因经费巨大，事情搁置下来。又过了十多年，到70年代，又有两位西班牙建筑师建议重建，以纪念德国馆建成50周年，仍然未能落实。1981年，最早写信给密斯提议重建的博西加斯，当上巴塞罗那市的城市部部长，他发起创立"密斯—德国馆基金会"，向各方募集资金，决心重建德国馆。

密斯已于1969年去世。在重建过程中遇到了一系列问题。如当年的德国馆起初没有门，后来由密斯加了门，现在要不要有门？商量下来决定照初时的样子不装门，但新建的德国馆是对外开放的场所，便安装了电子监视设备。原馆的柱子外包镀铬钢片，不耐久，现在改用不锈钢材料，效果接近。原用的绿色玻璃，从仅有的黑白照片上很难确定是哪一种绿色。便找来多种绿色玻璃，在天光下拍出黑白照片，再与原来的黑白照片一一比对，选出颜色、质感、透明度最接近者使用。现在，终于有了和原作几乎一模一样的巴塞罗那德国馆，可供人们实地观摩、欣赏，不能到现场去的人也有彩色照片可看了，这是当代建筑界的善举和美事。

希特勒上台后，最后任包豪斯校长的密斯不能存身，于1937年应邀到美国，任芝加哥伊利诺伊州工学院建筑系主任，定居美国。

第九讲 | 赖特与流水别墅

赖特（Frank Lloyd Wright, 1869—1959）是 20 世纪美国最著名的建筑家，在世界上享有盛誉。他设计的许多建筑是现代建筑中的瑰宝，对现代建筑有很大影响，不过他的建筑思想和欧洲现代建筑代表人物有明显差别，他走的是一条独特的道路。

赖特于1869年出生于美国的威斯康星州，他在大学中原来学习土木工程，后来转而从事建筑。他从 19 世纪 80 年代后期就开始在芝加哥从事建筑活动，曾经在当时芝加哥学派建筑师沙利文等人的建筑事务所中工作过。赖特开始工作的时候，正是美国工业蓬勃发展、城市人口急速增长的时期。19 世纪末的芝加哥是现代摩天楼的诞生地。但是赖特对现代大城市持批判态度，他很少设计大城市的摩天楼。赖特对于建筑工业化也不感兴趣，他一生中设计最多的建筑类型是别墅和小住宅。

早期的草原式住宅

1893年，赖特开始独立操业。在最初的 10 年中，他在美国中西部的威斯康星州、伊利诺伊州和密歇根州等地设计了许多小住宅和别墅。这些住宅大都属于中产阶级，坐落在郊外，用地宽阔，环境优美，材料用的是传统的砖、木和石头，有出檐很大的坡屋顶。在这类建筑中

赖特

赖特逐渐形成了一些有特色的建筑处理手法。1902年伊利诺伊州的威立茨住宅是其代表作。

威立茨住宅建在平坦的草地上，周围是树林。平面呈十字形。十字形平面在当地民间住宅中是常用的，但赖特在平面上运用得更灵活：在门厅、起居室、餐室之间不做固定的完全的分割，使得室内空

外观

平面图

威立茨住宅

间增加了连续性；住宅形体高低错落，坡屋顶伸出很远，形成很大的挑檐，在墙面上投下大片暗影。外墙上有连续排列的窗子，增加了室内外空间的联系，这就打破了旧式住宅的封闭性。连排的窗孔、墙面上的水平饰带和勒脚及周围的短墙，房屋立面以横线为主，给人以舒展而安定的印象。1908年建的罗比住宅也是赖特众多小住宅中一个著名的例子。

　　赖特这个时期设计的住宅既有美国民间建筑的传统，又突破了封闭性。它适合于美国中西部草原地带的气候和地广人稀的特点。赖特这一时期设计的住宅建筑被称为"草原式住宅"，虽然它们并不一定建造在草原上。

　　1910年赖特到欧洲，在柏林举办建筑作品展览会，引起欧洲新派

一层平面

二层平面

平面

局部

外观

罗比住宅

建筑师的重视与欢迎。1911年，他在德国出版了建筑图集，对欧洲正在酝酿中的新建筑运动起了促进作用。

　　1915年，赖特被邀到日本设计东京的帝国饭店。这是一个层数不高的豪华旅馆，平面大体为H形，有许多内部庭院。建筑的墙面是砖砌的，但是用了大量的石刻装饰，使建筑显得复杂热闹。从建筑风格来说它是西方和日本的混合。使帝国饭店和赖特本人获得声誉的是这

住宅设计图一例

座建筑在结构上的成功。日本是多地震的地区，赖特和参与设计的工程师采取了一些新的抗震措施，庭院中的水池还考虑到它的消防功用。帝国饭店在1922年建成，次年东京就发生了大地震，大批房屋震倒了，帝国饭店经受住了考验，成了火海中的一个安全岛。

在20世纪20年代和30年代，赖特的建筑风格经常出现变化。他一度喜欢用许多图案来装饰建筑物，随后又用得很有节制；房屋的形体时而极其复杂，时而又很简单；木和砖石是他惯用的材料，但在20年代，他也将混凝土用于住宅建筑的外表，并曾多次用混凝土砌块建造小住宅。愈往后，赖特在建筑处理上也愈加灵活多样，更少拘束，他不断创造出令人意想不到的建筑空间和形体。

世界建筑珍品：流水别墅

流水别墅（Kaufmann House on the Waterfall）是20世纪世界建筑史上少数最著名的建筑杰作之一。它于1936年落成，位于美国宾夕法尼亚州匹兹堡市东南郊。那儿是丘陵地带，道路崎岖。来此参观的人先到达密林中的接待处，再转上专用道去别墅。那一带地形越来越复杂，风景也越幽深。到一个地点，一拐弯儿，从树缝间就瞥见早先在书本上熟悉但未亲见的那座名建筑。

中国人到了那里，容易想起宋代欧阳修《醉翁亭记》中的几句话："山行六七里，渐闻水声潺潺……峰回路转，有亭翼然临于泉上者，醉翁亭也。"在美国匹兹堡则是：山行数十里，渐闻水声潺潺，峰回路转，有美屋翼然临于泉上者，流水别墅也。

流水别墅所在的地点叫"熊跑"（Bear Run），这个地名的来历也许和杭州的"虎跑"类似。熊跑有溪水在小峡谷中穿流，溪谷两边怪石嶙峋，树木茂密，与北宋时滁州醉翁亭的环境相仿，也是"野芳发而幽香，佳木秀而繁阴，风霜高洁，水落而石出者，山间之四时也。朝而往，暮而归，四时之景不同，而乐亦无穷也"。

这片山林，当年是匹兹堡市富商老考夫曼的产业。大老板常让下属来这里休闲，后来他想在此给自己造一所房子，作为家庭周末度假之用。老考夫曼的儿子小考夫曼曾读赖特的传记，钦佩之余，于1934年到赖特那里拜师为徒。

赖特住在威斯康星州的一片山丘上，他的祖上是从威尔士来的移民，他以16世纪威尔士一位诗人的名字命名那个住所，称"塔里埃森"。这个塔里埃森既是赖特的住处，又是他的建筑设计事务所，跟他学建筑设计的人一边工作一边学习，所以塔里埃森也是一所特别的建筑学校。

小考夫曼将父亲老考夫曼介绍与赖特相识，两人志趣相投，成为挚友。1934年12月，老考夫曼邀赖特到熊跑商谈建造别墅的事。赖特非常喜爱那里的自然景色，踏勘一天，看中溪水从山石上跌落，形成小瀑布的地点。他回到塔里埃森后不久，写信给考夫曼，要他尽快提供那个地点的地形测绘图，要求把大岩石和直径15厘米以上的树的位置都标出来。1935年3月，地形测绘图送到了。赖特又到现场去了一次，但一直不动笔。

其实，赖特并未闲着。他脑海中正构思那未来的建筑。构思的重要一步是选择造房子的具体地点和位置。赖特这次要设计的不是城市大街上的住宅，是造在大片自然山林中的一座别墅。地域广阔，想建在哪里就在哪里，看来有极大的自由度。但造这样的建筑必须细致地考虑环境的条件与特点。中国人过去把这项工作叫"相地"，明代造园家计成十分重视相地，认为这是决定性的一步，提出"相地为先"的原则。赖特到现场踏勘，研究熊跑山石林泉的特点，即是"相地为先"。

接下来是"立意"。赖特强调别墅要与自然紧密结合，紧密到建筑与那个地点不能分离，不能改动，是专为那个特定场地量身定做的，最好做到该建筑物好像是从那个地点生长出来的。这是赖特给这个别墅建筑的立意。

经过"相地"，有了"立意"，接下来是建筑"构图"，赖特先在脑

山林深处的流水别墅

流水别墅雪景

海中构图，再画出来细致推敲。

　　老考夫曼见赖特按兵不动，有些着急了。1935年9月的一天，他决定去拜访赖特，探听究竟。赖特听说业主快到了，一言不发，坐到绘图桌旁，铺开半透明的草图纸，动手绘图。一名当年的学生回忆，赖特用3张纸，分别画出每层的平面图，在场的人无不惊奇。另一种说法是，赖特花15分钟时间勾画出第一张草图，然后独自工作，第二天早餐时，大家就看到了全套草图。几十年前的事，不同的人回忆起来总会有细节的差异。关键是经过数月的构思，赖特已打好腹稿，胸有成竹，画起来自然快了。

　　在有水流或瀑布的地方造房子，一般的做法是把建筑放在对面或旁边，让人能方便地看到水流或瀑布，叫做观景或观瀑。

　　计成在他的著作《园冶》中说"卜筑贵从水面"。醉翁亭"翼然临于泉上"，都重视建筑与水亲近，但不具体。本书作者看到一幅宋代山水画，画一座木构建筑真正立在流水之中，房子有窗帘和障壁，俨然是中国古代的"流水别墅"。中国画重写意，或许只是想像之作。无论如何，这幅画表达出中国人热爱自然，喜欢建筑与水，即人与水有亲

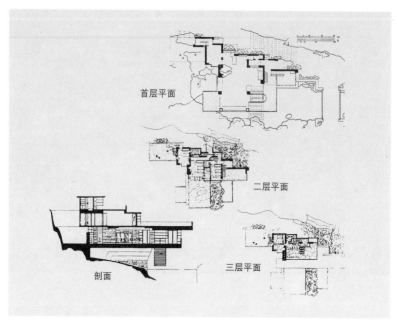

首层平面

二层平面

剖面

三层平面

流水别墅平面图

密的关系。亲水性是中国人的古老传统，在这一点上，赖特的观念、情趣与中国文化传统相通。这一点在西方现代建筑师中是少见的。让考夫曼的周末别墅有最大的亲水性是赖特的设计出发点。

赖特把建筑悬架在小瀑布的上方，从一些方向看去，水像是从建筑下面跑出来，"清泉石上流"，流到岩边跌落下去，成小瀑布。

老考夫曼到来后，赖特拿设计草图给他看，说："我希望你不仅是看那瀑布，而且伴着瀑布生活，让它成为你生活中不可分离的一部分。看着这些图纸，我想你也许会听到瀑布的声音。"

老考夫曼原来设想的是一般别墅，能观瀑就够好了，此刻看了赖特的奇思妙构，连连点头。考夫曼一家人对于房屋不建在瀑布对面而在流水上方感到吃惊，但都认可这个方案。

赖特何以能把房屋悬在溪流瀑布的上面呢？这全靠钢筋混凝土悬臂梁的悬挑能力。普通梁在两端各有一个支点，像两个人抬东西；悬臂梁则是一端固定，另一端悬空，像人伸平手臂提东西一样。前者省

初春的流水别墅

力，后者费劲。但只要在钢筋混凝土的悬臂梁里面放置足够的钢筋，就可凌空伸挑出去，承受一定的重量。赖特在设计流水别墅时充分利用了钢筋混凝土悬臂梁的长处。

流水别墅所在地点北面为峭壁，南面是溪水和小瀑布，南北宽不过12米，留出5米宽的道路后，可用之地已非常窄了。赖特在别墅底层下面建造几条墙墩，支承上面的三层楼板。三层楼板像三个盘子，里侧架在墙墩上，外侧凌空伸出去，于是，别墅的露天平台伸在半空中，

清泉石上流

溪水及瀑布从建筑下面流过。

别墅的第一层最宽大，有起居室、餐室和厨房等。起居室里侧与山体连接，左右有平台。起居室周边有大片玻璃窗，又有一个通向下面的小楼梯，人能由此下到溪流中戏水。人坐在起居室里，山林秀色尽收眼底。

第二层面积减少，向后收缩，里面主要是卧室。下层的屋顶成为它的平台。第三层面积更小，愈向后收缩，平台也小。各层平台边上都有栏墙。

流水别墅的栏墙和檐板是建筑形象中突出的横向元素，水泥面上涂着淡杏黄色油漆。据说赖特原来想把平台栏板涂成金色，但他接受老考夫曼的意见改为现在的颜色。

流水别墅的竖墙是用当地灰褐色片石砌筑的毛石墙，石片长短厚薄不一，看似凌乱，实则有序，突出水平纹理，粗中有细。几道石墙在整个建筑形象中是为数不多的竖向元素。流水别墅是世界建筑史上从未见过的建筑。呈现在人们眼前的是横向的栏墙、檐板与竖向的毛石墙体的奇特的组合，横向元素多而亮丽，是主调，毛石墙作为竖向元素，深沉、敦实、挺拔，数量虽少却十分重要，它们把房子与山体锚固在一起。在大构图中，那两道垂直的石墙像主心骨一样，集结其他成分，起着统领全局的轴心作用。

流水别墅的建筑构图中，有水平与垂直的对比，平滑与粗犷的对比，亮色与暗色的对比，高与低的对比，实与虚的对比……对比效果使建筑形象生动而不呆板。

流水别墅特别出色的地方在建筑与自然的关系。我们再拿1930年柯布设计的萨伏伊别墅与它比较。萨伏伊别墅四面被平墙板框住，

中国宋代绘画中之"流水别墅"图

紧缩成团，内部复杂而外部轮廓简单，似乎要与周围环境划清界限，你是你，我是我，界面整齐，几乎到了横眉冷对的地步。流水别墅与它相反，它伸展手脚，敞开胸怀，它与岩石连接紧密，让溪水从身底流过。多个平台左伸右突，与树林亲密接触。建筑与山石林泉犬牙交错，互相渗透，你中有我，我中有你。流水别墅与熊跑的山林水石如黄金搭档，天作之合，用计成的说法是"虽由人做，宛自天开"。

仁者乐山，智者乐水。流水别墅让人二者得兼，既乐山又乐水。

人爱自然，但自身需要保护。流水别墅的内部，有些地方，给人以安乐窝的印象，不过这个安乐窝带点儿野趣。起居室的地面铺的是片石，壁炉前露着一大块原有的岩石，楼上卧室等处也露有天然岩体，这些做法给别墅内部带来原始洞穴的情调，可谓现代的洞天福地。

流水别墅的建筑面积约有四百多平方米，平台约三百平方米。这些平台在外观上非常显著，人趴在平台上好似升到半空，山林美景围绕着你，有的还在你的脚下，这与在地面上观景很不一样。人站在别墅最高的平台上，周围美景在你脚下，会有飘然欲仙的感觉。

别墅的造价不菲，按当时的币值，老考夫曼原本打算花 3.5 万美元，但是打不住，终于花了 7.5 万美元。内部装修又花了 5 万美元。赖特向考夫曼进言："金钱就是力量，大富之人应该有大气的豪宅，这是他向世人展现身份的最好方式。"老头点头。赖特从流水别墅工程中得到 8000 美元的设计费。

老考夫曼曾有不少担心的地方。1936 年 1 月，施工图完成。老考夫曼请了匹兹堡的结构工程师审图，工程师们质疑结构的安全性，提出了 38 条意见。

赖特看了工程师的意见书很生气，大发脾气，他要考夫曼退还图纸，说他不配住这样的别墅！后来老考夫曼让步。别墅于 1936 年春破土动工，施工期间赖特 4 次来到现场。老考夫曼为安全起见，让工人偷偷地在钢筋混凝土中放入比赖特规定数量更多的钢筋。

1937 年秋天，别墅完工。

建筑拥抱自然

考夫曼一家开始在别墅中度假。完工之前这座别墅已引起广泛注意。老考夫曼接待的第一批访客中有纽约现代美术馆建筑部的主持者，他提议在美术馆里为流水别墅办一次展览。1938年1月，美术馆举办了名为《赖特在熊跑的新住宅》的展览。美国《生活》、《时代》杂志都介绍了这座史无前例的别墅，建筑专业刊物更是予以热情的关注。许多著名人物如爱因斯坦、格罗皮乌斯、菲·约翰逊等都来参观。以后每年都有成千上万的人来此参观访问，到1988年，参访者已达到一百万人。各种媒体的介绍不计其数，建筑史书无不对这座建筑加以介绍和评论。

老考夫曼过世后，流水别墅由儿子小考夫曼继承。他曾在哥伦比亚大学讲授建筑史，他家的别墅即是他研究的对象之一。1963年，小考夫曼把流水别墅捐赠给西宾夕法尼亚州文物保护协会。在捐赠仪式上他说："这样一个地方，谁也不应该据为己有。流水别墅是属于全人类的杰作，不应该是私产。多年来……流水别墅的名气日增，为世人

从山石中长出的建筑

冬天的流水别墅

所推崇，堪称现代建筑的最佳典范。它是一项公共资源，不能归个人恣情享受。"小考夫曼还说："伟大的建筑能改变人们的生活方式，也改变了人的自身。"

起居室

室内一角

楼上小卧室

流水别墅室内

像人会衰老一样，建筑物也有衰败的时候，流水别墅这种多少近乎要杂技的房子，出现毛病是不奇怪的。流水别墅建成不久，这里那里时有响声，那是各种构件、部件在磨合。下大雨的时候，房屋多处漏水，房主人忙着拿盆盆罐罐接水。事实上，挑出很远的平台很快就出现下塌的现象。老考夫曼活着的时候很感烦恼，他担心平台什么时候会垮，幸而并未发生。1956年8月，熊跑溪发洪水，大水漫过平台，渗进室内，房子进一步受损。

虽有考夫曼家的细心维护，房子的状况仍越来越糟。西宾夕法尼亚州文物保护协会接管以后，他们募集了充裕的资金进行修葺。1981年把屋顶换过。1999年，文物保护协会请各方面专家会诊流水别墅，经过抢救施工，情况有所好转。维修工程于2002年告一段落，费用达1150万美元。

工程专家说问题都出在结构方面。如果当年老考夫曼没有让工人多塞钢筋，问题会更严重，如果当年赖特听取结构工程师的意见，情形则会好一些。因为钢筋混凝土悬臂结构里加进足够的钢材，房屋不致发生大的变形。

流水别墅的英文名为Fallingwater，是赖特取的名字。当年赖特把waterfall（瀑布）一词颠倒顺序，得出这个词。日本人译为"落水庄"，国内也有人称之为"落水山庄"。那里的瀑布其实很小，只可称作"落水"或"跌水"。正因其小，人才敢住在它的上方，真是大瀑布，谁敢冒险！

流水别墅像它所处的环境一样美。它本是供私人诗意的栖身之所，但由于赖特灵感的灌注，这座建筑超越了私人财产的性质，成了人类共有的罕见的建筑艺术珍品。

常有人问，你在美国见到最好的建筑有哪些？我说很多，不过要是只提一个的话，便是流水别墅。2000年底，美国建筑师协会遴选20世纪美国建筑最佳代表作品，流水别墅也是排名第一。

一个学园与一座美术馆

1911 年，赖特在威斯康星州斯普林格林建造居住和工作的总部，他起名为"塔里埃森"（Taliesin）。1938 年起，他另在亚利桑那州一处沙漠上建立冬季总部，称为"西塔里埃森"（Taliesin West, Arizona）。

赖特那里经常有一些从世界各处去的追随者和学生，也曾有过几位中国人向他学习，已故清华大学教授汪坦是其中的一位。赖特反对正规的学校教育，他的学生和他住在一起，一边为他工作一边学习，工作包括设计、画图，也包括家事和农事活动，时不时还做些建筑和修理工作。这是以赖特为中心的半工半读的工作集体，似可称为学园。

西塔里埃森坐落在沙荒中，是一片单层的建筑群，其中包括工作室、作坊、住宅、起居室、文娱室等等。那里气候炎热，雨水稀少，西塔里埃森的建筑方式也就很特别：先用当地的石块和水泥筑成厚重的矮墙和墩子，上面用木料和帆布板遮盖，需要通风的时候，帆布板可以打开或移走。西塔里埃森的建造没有固定的规划设计，经常增添和改建。这组建筑的形象十分特别，粗糙的乱石墙、不加油饰的木料和白色的帆布板错综复杂地交织在一起，有的地方像石头堆砌的地堡，有的地方像临时的帐篷。在内部，有些角落如洞穴，有的地方开阔明亮，与沙漠荒野连通一气。这是一组不拘形式的、充满野趣的建筑群。它同当地的自然景物倒很匹配，给人的印象是建筑物本身好像沙漠里的植物，也是从那块土地中长出来的。

纽约古根海姆美术馆（Guggenheim Museum, New York）是赖特设计的在纽约的唯一的建筑。方案早就有了，但直到 1959 年 10 月才建成开幕，这时赖特已经去世。古根海姆是一个富豪，他请赖特设计这座美术馆以展出他的美术藏品。美术馆坐落在纽约第五大街上，地段面积约为五十米乘七十米，主体是一个很大的螺旋形建筑，里面是一个高约三十米的圆筒形空间，周围有盘旋而上的螺旋

大庭院

主建筑入口

台阶立石

小表演厅

半地下房舍

西塔里埃森学园

工作室外观

形坡道。圆形空间的底部直径在二十八米左右，向上逐渐加大。坡道由底下盘旋而上，美术作品就沿坡道陈列，观众循着坡道边看边上，或边看边下。大厅内的光线主要来自上面的玻璃圆顶及外墙上的条形高窗。

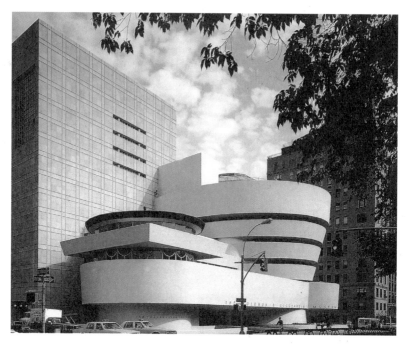

纽约古根海姆美术馆，1959 年建成。方块形建筑为 1992 年后加部分

　　这座美术馆的形体在纽约的大街上显得极特殊。那上大下小的螺旋形体，沉重封闭的外貌，不显眼的入口，异常的尺度等等，使这座建筑看来像是童话世界中的房子。如果放在开阔的自然环境中，可能十分动人，可是蜷伏在纽约的高楼大厦之间，就令人感到局促和奇怪。

　　螺旋式的美术馆是赖特的得意之笔。他说："在这里，建筑第一次表现为塑性的。人从一层流入另一层，代替了通常那种呆板的楼层重叠……处处可以看到构思和目的性的统一。"盘旋而上的坡道的确别出心裁，它让观众看到各种奇异的室内景象。可是作为展览馆来说，这种布局引起许多争论，地面是斜的，墙面也是斜的，这同挂画就有矛盾（因此开幕时陈列的绘画都去掉了边框）。人们在欣赏绘画作品的时候，常常会停顿下来，并且退后一些细细鉴赏，这在不太宽的坡道上就不方便了。美术馆开幕后，许多评论者着重指出古根海姆美术馆的

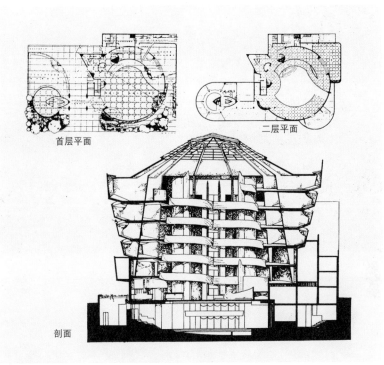

首层平面

二层平面

剖面

平面与剖面

入口

古根海姆美术馆

大厅底部

展览坡道

大厅螺旋形坡道　　　　　　坡道进口

古根海姆美术馆

古根海姆美术馆大厅天窗

建筑同美术展览的要求有冲突，建筑压过了美术。《纽约时报》评论说赖特取得了"代价惨重的胜利"，这座建筑是赖特本人的纪念碑，却不是成功的美术馆。

　　1992年，古根海姆美术馆扩建，在赖特设计的建筑后面，增加了一个10层的高楼，扩建部分由建筑师格瓦斯梅和西格尔设计。增添部分简单朴素，很有分寸，不仅没有破坏原来的建筑风格，反倒起了很好的衬托作用。

有机建筑论

赖特把自己的建筑称作有机建筑（organic architecture），有很多文章和讲演阐述他的理论。什么是有机建筑呢？下面是1953年庆祝赖特建筑活动60年的时候，他同记者的一段对话：

记者：你使用"有机"这个词，按你的意思，它和我们常说的现代建筑有什么不同吗？

赖特：非常不同。现代建筑不过是今天可以建造得起来的某种东西，或者任何东西。而有机建筑是一种由内而外的建筑，它的目标是整体性（entity）。我说的有机，和谈到屠宰店里挂的东西时的用意不是一回事。有机表示内在的（intrinsic）——哲学意义上的整体性，在这里，总体属于局部，局部属于总体；在这里，材料和目标的本质、整个活动的本质都像必然的事物一样，一清二楚。从这种本质出发，作为创造性的艺术家，你就得到了特定环境中的建筑的性格。

记者：知道你的意思了，那么你在设计一所住宅时都考虑些什么呢？

赖特：首先考虑住在里面的那个家庭的需要，这并不太容易，有时成功，有时失败。我努力使住宅具有一种协调的感觉，一种结合的感觉，让它成为环境的一部分。如果成功了（建筑师的努力），那么这所住宅除了在它所在的地点之外，不能设想放在任何别的地方。它是那个环境的一个优美的部分，它给环境增加光彩，而不是损害它。

在另一个地方，赖特说有机建筑就是"自然的建筑"（a natural architecture）。他说自然界是有机的，建筑师应该从自然中得到启示，房屋应当像植物一样，是"地面上一个基本的和谐的要素，从属于自然环境，从地里长出来，迎着太阳"。有时，赖特又说有机建筑即是真实的建筑，"对任务和地点的性质、材料的性质和所服务的人都真实的建筑"。

1931年，赖特在一次讲演中提出51条解释以说明他的有机建筑，其中包括"建筑是用结构表达观念的科学之艺术"，"建筑是人的想像力驾驭材料和技术的凯歌"，"建筑是体现在他自己的世界中的自我意识，有什么样的人，就有什么样的建筑"等等。

赖特的建筑理论本身很散漫，说法又玄虚，他的有机建筑理论像是雾中的东西，叫人不易捉摸。他总说别人不懂得他，抱怨自己为世人所误解。

但有一点是清楚的，赖特对建筑的看法同柯布和密斯等人有明显区别，有的地方还是完全对立的。柯布说："住宅是居住的机器。"赖特说："建筑应该是自然的，要成为自然的一部分。"赖特最厌恶把建筑物弄成机器般的东西。他说："好，现在椅子成了坐的机器，住宅是住的机器，人体是意志控制的工作机器，树木是出产水果的机器，植物是开花结子的机器，我还可以说，人心就是一个血泵，这不叫人骇怪吗？"柯布设计的萨伏伊别墅虽有大片的土地可用，却把房子架立在柱子上面，周围虽有很好的景色，却在屋顶上另设屋顶花园，还要用墙围起来。萨伏伊别墅以一副生硬的姿态同自然环境相对立，而赖特的流水别墅却同周围的自然密切结合。萨伏伊别墅可以放在别的地方，流水别墅则是那个特定地点的特定建筑。这两座别墅是两种不同建筑理念的产物。将两者加以比较，我们可以看出赖特有机建筑论的大致意向。

在20年代，柯布等人从建筑适应现代工业社会的条件和需要出发，抛弃传统建筑样式，形成追随汽车、轮船、厂房那样的建筑风格。赖特也反对袭用传统建筑样式，主张创造新建筑，但他的出发点不是为着工业化社会，相反，他喜爱并希望保持往昔的以农业为主的社会生活方式，这是他的有机建筑论的思想基础。

赖特的青年时代在19世纪度过，那是惠特曼和马克·吐温的时代。赖特的祖父和父辈在威斯康星州的山谷中耕种土地，他在农庄里长大，对农村和大自然有深厚的感情。他的塔里埃森就造在祖传的土地上，他在八十多岁的时候谈到这一点还兴奋地说："在塔里埃森，我这第三代人又回到了土地上，在那块土地上发展和创造美好的事物。"对祖辈和土地的眷恋之情溢于言表。

赖特的这种感情影响到他对20世纪美国社会生活方式的不满。他厌恶拜金主义、市侩哲学，也厌恶大城市。他自己不愿住在大城市里，还主张把美国首都搬到密西西比河中游去，他甚至反对把联合国总部放在纽约，主张建在人烟稀少的草原上。他是重农主义者，他的理想是城市居民每人有1英亩土地从事农业。虽然他大半生时间生活在20世纪，可是思想的很多方面仍属于19世纪。他不满意美国的现实生活，经常发出愤世嫉俗的言论，他抱怨自己长时间没有得到美国社会的重视。

在建筑方面也是这样，他看不上别人的建筑，激烈地攻击20年代的欧洲新建筑运动，认为那些人把他开了头的新建筑引入了歧途。他挖苦说，"有机建筑抽掉灵魂就成了'现代建筑'"，"绦虫钻进有机建筑的肚肠里了"。他对当代建筑一般采取否定的态度。1953年在谈到美国建筑界时他说："他们相信的每样东西我都反对，如果我对，他们就错了。"他说，世界上发生的变化对他都不起影响，"很不幸，我的工作也没有给这些变化以更多的影响。如果我的工作更好地被人理解，我本来可以对那些变化发挥有益的影响"，"我的理想确定了，我选择率直的傲慢寡合"。赖特后来虽然有了很大的名声，但他还是个落落寡合的孤独者。

赖特的思想有些方面是向后看的，他的社会理想不可能实现，他的建筑理想也不能普遍推行。他涉及的建筑领域其实很狭窄，主要是有钱人的小住宅和别墅，以及带特殊性的宗教和文化建筑。他设计的建筑绝大多数在郊区，用地宽阔，造价优裕，允许他在建筑的形体空间上充分表现他的构思和意图。大量建造的建筑类型和有关国计民生的建筑问题他很少触及。他是为少数有特殊爱好的业主服务的建筑艺术家。

但在建筑艺术领域，赖特确有其独到的方面，他比别人更早地突破了盒子式的建筑。他创造的建筑空间灵活多样，既有内外空间的交融流通，同时又具有幽静隐蔽的特色。他既运用新材料和新结构，又始终重视和发挥传统建筑材料的优点，并善于把两者结合起来。同自然环境的紧密配合则是他的建筑作品的最大特色。赖特的建筑使人觉着亲切而有深度，不像柯布的那样严峻而乖张。

在赖特的手中，小住宅和别墅这些历史悠久的建筑类型变得愈加丰富多样，他把这些建筑类型推进到一个新的水平。

赖特是20世纪建筑界的浪漫主义者和田园诗人。他的理念不能到处被采用，但却是建筑史上的一笔珍贵财富。

1959 年，赖特以 89 岁的高龄离开人世。

第十讲 | 时代大潮

建筑中的现代主义

19世纪末20世纪初在西欧几个国家出现的新的建筑理念，在20世纪20到30年代，影响渐渐扩散。特别是当出现了包豪斯那样的创新团体，出现了柯布的《走向新建筑》那样的著作，出现了萨伏伊别墅和巴塞罗那世博会德国馆那样令人耳目一新的建筑作品，被称为"新建筑运动"或"现代建筑运动"的建筑创新活动，声势更大，并逐步扩展到世界其他城市和地区，渐渐形成一股国际性的建筑潮流。

1928年，由柯布、格罗皮乌斯等发起，来自欧洲8个国家的24名新派建筑师在瑞士集会，成立了"现代建筑国际会议"（Congrés Internationaux de l'Architecture Moderne），简称CIAM，是一个论坛性质的无常设机构的组织。成立会议通过的《目标宣言》称：

> 我们特别强调此一事实，即建造活动是人类的一项基本活动，它与人类生活的演变与发展有密切的关系。我们的建筑只应该从今天的条件出发。
>
> 我们集会的意图是要将建筑置于现实的基础之上，置于经济和社会之上。因此，建筑应该从缺乏创造性的学院派的影响之下和古老的法式之下解脱出来。现代建筑观念将建筑现象同社会总

的经济状况联系起来。

CIAM 后来召开的几次会议的主题为："生存空间的最低标准"
(1929)，"居住标准与有效利用土地和资源问题"(1930)，"功能城市"
(1933)，"居住与休闲"(1937)。

1933年讨论"功能城市"问题的会议文件于10年后发表，文件指出：

今天，大多数城市处于完全混乱的状态，它们不能承担应有
的职责，不能满足居民的生理和心理需求。

自机器时代以来，这种混乱状态表明私人的利益的扩张……
城市应该在精神和物质的层面上同时保证个体的自由和集体行为
的利益。

城市形态的重组应该仅仅受人的尺度的指引。城市规划的要
点在于四项功能：居住、工作、游戏和流通。

城市规划的基本核心是居住的细胞（一个住所），将它们组织
成团，形成适当规模的居住单位。以居住单位为起点，制定居住
区、工作区、游戏区的相互关系。

要解决这些严重的任务，合理的做法是利用现代技术进步这
一资源。

该次会议是在雅典结束的，文件被称为城市规划的《雅典宪章》。
《雅典宪章》后来受到很多质疑，引起争议，因此变得愈加有名。

从1928年到1937年，CIAM 共召开5次会议。这个组织的成立表
明建筑创新已形成国际潮流，与会建筑师从国计民生的角度审视当代
建筑与城市存在的问题，表明这些建筑师对社会责任的自觉性，应该
说这是有历史进步意义的。

从新建筑运动代表人物的言论与实践，以及 CIAM 宣示的理念可
以看出，一种偏于理性的、比较符合当时实际条件与需要的建筑思潮，
至两次世界大战之间已趋于成熟。这一思潮虽然散漫，却有鲜明的时

代特色。它与20世纪前期，西方国家的各方面的现代主义意识形态，诸如现代主义哲学、现代主义文学、现代主义绘画与雕塑、现代主义音乐、现代主义戏剧等相通或对应，因而，被称为"现代主义建筑思潮"，或"建筑中的现代主义"。

它的基本点是：

一、强调建筑随时代的发展而变化，现代建筑应该同工业时代的条件和特点相适应。

二、强调建筑师要研究和解决建筑的实用功能需求和经济问题。

三、主张在建筑设计中充分运用和发挥新材料、新结构的特性。

四、主张摆脱历史上过时的建筑传统的束缚。

五、主张创造新的建筑艺术风格——现代主义。

今天看来这些观点很平常，但在八十多年前，却是经过与建筑领域的保守观念长期论争后才为多数人接受。这与当年中国白话文与文言文之争颇为相似。

论争的焦点之一，在于对新的建筑艺术的看法。现代主义建筑代表人物提出了一些新的建筑艺术和建筑美学的原则与方法。

格罗皮乌斯说："美的观念随着思想和技术的进步而改变。谁要是以为自己发现了'永恒的美'，他就一定会陷于模仿和停滞不前。""我们不能再无尽无休地复古了。建筑不前进就会死亡。""我们要求内在逻辑性的鲜明坦然。要创造从形式上可认出其功能用途的建筑。"

密斯倡导简洁的建筑处理手法和纯净的形体，反对外加的繁琐装饰，提出"少即是多"的名言。柯布则赞美基本几何形体，宣称"纯净的形体是美的形体"。

他们主张现代建筑师应吸收现代视觉艺术的新经验。格罗皮乌斯说，"现代绘画已突破古老的观念，它所提供的无数启示正等待实用领域加以利用"。柯布本人就从事抽象绘画与雕塑的创作，他的建筑作品与他的绘画和雕塑作品一脉相通。

20世纪20年代是破旧立新的时期，其情形与同时期中国发生的新文化运动相似。可以说20世纪20年代是现代建筑史上的"英雄时期"。

关于现代主义建筑，特别是20世纪20—30年代的现代建筑潮流，人们有种种不同的看法，仁者见仁，智者见智，而且时常出现激烈的论争。在"现代主义建筑"之名通行之前，这一建筑思潮与作品有过许多别的称号，诸如"功能主义"、"理性主义"、"客观主义"、"实用主义"、"国际式"等等。采用哪种名称与不同群体对它的态度有关。有的攻其一点或突出其一点，不及其余，有的仅看表面，不看其实质。

第二次世界大战之后，现代主义建筑出现了若干变种和支派，为了加以区别，有人在"现代主义建筑"之前加上"20年代"的字样，称之为"20年代现代主义建筑"，有的人则称之为"正统现代主义建筑"（orthodox modernism architecture）。

应该说明的是，建筑师讲话著文向来不严格，有很大的模糊性和随意性，不科学，也不统一。而且，现代主义建筑运动是建筑师界的自发的行为，没有统一的章程行规，更没有立法，在不同的建筑师那里，观念、言论和具体做法很不一致。即使是同一个建筑师，在不同的时段也会有不同的言论，突出不同的侧面。特别是大建筑家，不是科学家，不是律师，不是工程师，他们有浓厚的艺术家的气质，又是自由职业者。许多人讲话行事不但不严密不精确，而且往往爱讲些语不惊人死不休的、具有轰动效应的口号和警句。例如，密斯讲过"我们不管形式"的话，其实他最讲究形式。又如柯布讲"住宅是居住的机器"，实际上他从未真的把住宅当机器来设计，只是在那一时段，他赞赏机器美学，故意把建筑弄得有点儿机械的模样而已。他不是机械工程师，他是艺术家。

我们将20世纪20—30年代的现代主义建筑思潮的内容归纳为五个方面的主张，讲的是大的共性，实际上各个建筑师的个性和差异是很大的。在密斯主持的1927年斯图加特住宅展览会上，展出的全是方盒子式的住宅。但密斯自己在1929年巴塞罗那博览会上设计的两座建筑：德国丝绸工业馆非常像一个方盒子，而德国馆，绝不是方盒子。

有一段时间，许多人把现代主义建筑称为"国际式建筑"，这是美国人给起的名字，反映一种简单的表面的看法。实际上，历史上从一个地区兴起的某种建筑体系和样式都可能传播到别的地方，形成一种建筑风尚。不同的是播散的地域有大有小，有远有近而已。这种现象自古皆然，没有什么奇怪的。历史上的古典建筑、哥特建筑、文艺复兴建筑，近代的古典主义建筑何尝不是当时的"国际式"。在东方，中国唐代建筑也曾传入日本、韩国等地。

实际上，现代建筑向其他地域扩散后，由于不同的自然和文化的影响，很快就带上了地区特色。现代建筑和历史上的建筑一样，都是既有国际性又有地区性，既有整一性又有多样性。

像一切新生事物一样，早期现代主义建筑师的想法也有不成熟的甚至是空想的成分。现代主义建筑运动的参加者都是专业知识分子，他们在行的是技术和艺术，对于复杂的社会政治经济他们是不很熟悉的、看法可能是幼稚的。在20世纪20—30年代欧洲知识分子思想偏左的气氛下，他们从自己的专业，即建筑和城市建设问题出发，接触和关心社会大众的居住问题，走出了历来约束建筑师的象牙之塔，想用自己的知识和技能，帮助解决和治理与自己专业有关的社会问题和社会矛盾，提出了一些理想主义的设想和方案。他们把问题看得简单了，不能完全实现是容易理解的。

我们应该看到，这批建筑师是自古以来，历史上第一次走出象牙之塔，关心社会经济问题，考虑人民大众利益的建筑师。我们要为他们那种以天下为己任的热心肠表示敬意。

第二次世界大战爆发，世界陷入一片战火之中，现代建筑活动的重心移到了美国。

20世纪中期美国建筑文化的嬗变

美国经济发达，技术先进，思想自由，许多发明创新出在美国，然而在建筑思想和风格创新方面，却落在欧洲之后。20世纪前期，在建筑创新方面，除了一位赖特，其他就乏善可陈。而现代主义建筑全是出自欧洲，1928年CIAM成立时与会者全是欧洲建筑师，没有一个美国人。欧洲国家中最突出的是德国，格罗皮乌斯和密斯是德国人，包豪斯和斯图加特住宅展也在德国。美国的情形有别于西欧，原因在哪里？

论工业化程度、经济和科学技术水平，美国不亚于欧洲，在不少方面还占有领先地位。显然，原因不在物质方面，而在于社会文化、思想观念方面。我们拿德国和美国在20世纪20—30年代，即两次世界大战之间那个时段的状况做些比较。

第一次世界大战前的德国，工业发达，科学、文化、教育水平很高，社会秩序井然，但是第一次世界大战之后，德国变了样。发动战争的德国战败投降。德国沸腾了，人心思变。各种政治力量斗争的结果，成立了社会民主党掌权的魏玛共和国。

魏玛共和国时期，政治上相对自由，政府对新思潮、新流派比较开放，至少不去制止。这样，在这个战败国里，虽然经济困难，但思想比战胜国活跃得多。不同的派别争论激烈，大胆探索，放手试验。从舞蹈到哲学，方方面面，都有反传统举动。有报道说，"1918年之后，德国兴起跳舞热，各种舞姿竞相媲美；美舞（裸体舞）、查尔斯顿舞、身体颤动的狐步舞、探戈舞等风靡一时。灯笼裤、群众性旅游、大型商店、石膏印取的死者面型、流行歌曲、神秘术、裸体主义、广播、电视、延长了的周末、歹徒胡作非为、贿赂丑闻，等等。要把20年代所有这些多棱角的东西统一起来是不可能的。""魏玛时期的德国，不管人们怎样评判它，绝不是个无聊的国家。"

当时，"德国知识界的某些阶层比法国、英国或美国的同辈们更摇摆不定，因此更容易接受新的影响，他们在与传统决裂时表现得更激进，他们要求实验的心情更急切。""在德国的社会生活中，魏玛时期是最紧张、最富有戏剧性的时期之一，它拥有宝贵的精神财富，它的文化生活丰富多彩。德意志帝国的崩溃和魏玛共和国的建立为欧洲现代文化的发展开了绿灯。各种思潮、各种艺术流派竞相登台表演，构成魏玛共和国特有的文化场景。魏玛时期是个实验的时期，是个不安的时期，是充满尖锐斗争的时期，是人才济济的时期，是易受外来影响，同时对外国又有巨大反作用的时期。柏林取代巴黎成了欧洲的文化中心。"*

以上这些材料摘自一本关于德国文化史的译著，文字虽然不多，但已可帮助我们了解20年代德国的社会文化心理和当时的生活脉搏，正是在这样的环境中包豪斯存了14年。

魏玛共和国时期社会民主党政府的住房建设政策对新建筑也起了作用。1925年以后，德国战后的经济困难开始缓解，政府补贴低造价的国民住宅。从1927年到1931年间共建这类住宅100万户，占同时期德国住宅建筑总量的70%。格罗皮乌斯、恩斯特·梅等新派建筑师投身于这项建筑事业，他们的理想有了实现的机会。

19世纪末，美国工业跃居世界第一位。到1913年，美国的工业产品总量比英、德、法、日四国工业品的总和还多。美国的新建筑、新材料、新结构、新设备发展速度比别的地方都更快。不过，虽然物质水平很高，可是建筑艺术创作，除少数例外，总的是保守的。在这个物质水平很高的新国度，传统建筑艺术长久兴盛。19世纪末期出现的芝加哥学派，不过十年光景，就被保守的建筑潮流吞没了。1922年，芝加哥论坛报社要建一座"具有永恒美"的大厦，为此举办建筑设计竞赛。当时正在包豪斯办学的格罗皮乌斯从德国送去一个建筑方案。那时美国人倾心于古色古香的建筑方案，格氏的设计方案显露结构框架，极少装饰，美国人根本看不上眼。当时一位美国建筑教授评论格罗皮乌斯的方案，说它"刺痛美国人的眼睛"。芝加哥论坛报社建成的是一座仿哥特教堂样式的大楼。当时，美国人把欧洲出现的外形简洁的建筑讥之为"裸体建筑"（naked architecture）。可以说，到了20世纪20年代，美国占主流地位的建筑艺术观念与19世纪中期英国罗斯金的相差不远。

---

* 米尚志编译：《动荡中的繁荣——魏玛时期德国文化》，浙江人民出版社，1988年版。

芝加哥论坛报大厦（1925）

格罗皮乌斯芝加哥论坛报大厦设计方案(1922)

怎会这样呢？

问题不在物质方面，只是因为那时的美国还没出现适合现代主义建筑的社会文化条件。

美国的文化保守心理存在很久也很普遍，它表现在许多方面。19世纪末，恩格斯注意到了美国的这种情况。他于1892年写给美国工人运动活动家左尔格的一封信中对此做了分析。恩格斯写道："在这里，在这个古老的欧洲，比你们那个还没有能摆脱少年时代的年轻的国家倒是更活跃一些。……这是令人奇怪的，虽然这些也是十分自然的。……他们现在主要的是要为未来进行准备；而这一工作正如在每一个年轻的国家那样，首先是物质方面的，它会造成人们思想上某种程度的落后，使人们留恋同新民族的形成相联系的传统。……只有发生重大事变，才能有所帮助……"

恩格斯的这些话是针对当时美国工人运动状况写的，但是"思想上某种程度的落后"和"留恋同新民族的形成相联系的传统"的情况在美国的建筑文化中也表现了出来。在建筑样式和艺术方面，美国从殖民地时代就跟在欧洲宗主国的后面大搞仿古建筑。只要看一看1914年开工、1922年落成的华盛顿林肯纪念堂的仿古代希腊的建筑造型，就明白美国建筑的仿古劲头是多么强劲和持久了。

"只有发生重大事变，才能有所帮助！"

第一次世界大战德国战败，帝国崩溃，社会大动荡，这是德国人遇到的重大事变，因而德国的社会文化心理发生了重大改变。但是对于美国人的社会文化心理，第一次世界大战不起什么作用。美国是战胜国，它在大战中又发了财，事情顺顺利利，一切都那么美满，有什么可变革的！建筑艺术的老路挺好，何须创新！

然而，"重大事变"不久就临头了。

1929年，美国爆发空前严重的经济危机，称"大萧条"。这次危机破坏力大且持续时间长，经济停滞一直拖到1939年第二次世界大战爆发。为了渡过难关，总统罗斯福推行同传统的自由主义政治哲学相反的计划经济政策，这就是1933—1939年期间推行的"新政"。危机期间，大批知识分子也遭受失业的厄运，为救济失业知识分子，罗斯福推行"新政文化计划"。1934—1943年间，联邦财政部内竟设立了"绘画雕塑局"，它的任务是救济贫困的艺术家。这真是美国人先前不可想象的事。新政推行之初，美国最高法院以"新政"具有社会主义倾向而宣布其为违宪，但大难临头，还是承认它合法了。空前的经济危机和新政使美国的社会心理发生变化。

当时美国的权威杂志《民族》认为美国面临的是"1861年以来最危急的局势。……这个国家面临它在和平时期中经历过的最严重的危机"。国家生活正处于低潮。由于老办法显然都已失效，《民族》杂志恳求罗斯福"启用新的领导人物，试行新办法，走前人未走过的道路"。大萧条给美国知识分子"提供了一个对社会哲学和价值准则进行试验的机会，这些哲学和准则在很多方面与这个国家以前接受的东西是背道而驰的"。当时的美国出现了文化激进主义，许多美国人认为"这个国家刻不容缓地需要新的文艺、新的电影和剧本以便促进这些变革的实现"。这样的社会文化背景带来了从传统建筑轨道转上现代建筑之路所需的变革精神。美国人的建筑观念此时渐渐出现变化。

1950年，耶鲁大学建筑学院出版的《Rerspecta》创刊号上，刊有回顾新政时期美国建筑风尚转变的文章。其中说到"新政给富裕文化以严重打击。危机时期的供应条件使建造宏伟纪念性建筑的企图成为泡影"。又说："其实，新政是那十年当中艺术的最大保护者。但其出发点绝不是追求壮观、仪礼性，也不是为了表现国家威望和民主制度的伟大。国家向饥饿的艺术家伸出仁爱慈善之手，可它并非大手大脚的保护人。因此，很容易理解这个时候美国的建筑师和规划师能够接受从大西洋彼岸产生的一种新的建筑风格。那种建筑风格反对浪费，专注功能，那种建筑思潮宣扬技术时代的一种提法：住宅是居住的机器。"

"大萧条"时期，民间几乎不盖房子。政府为了解决失业问题，出资建造一些低造价的住宅，资金紧巴巴的，非注重功能不可，非讲节约不可。美国建筑师中也兴起所谓"新实在精神"（New objectivity），建筑观念和建筑艺术思想有了变化。1932年，纽约现代美术馆举办展览介绍欧洲新建筑，格罗皮乌斯在美国人的心目中被视为先驱，声誉大振。希特勒上台后，美国人还礼聘格氏到哈佛大学任教，让他为美国培养新一代建筑师。

芝加哥论坛报大楼采用仿哥特风格，十年后，在经济危机中建成的纽约洛克菲勒中心可就同所谓的"裸体建筑"相差无几了。经济大萧条改变了美国的社会文化心理，也转变了美国人的建筑观念。

接着第二次世界大战来临。

第二次世界大战以法西斯阵营战败告终，自由民主阵营战胜。这时建造在纽约的联合国大厦，很自然地采用了光光溜溜的现代主义建筑式样。有的政治家即使不喜欢那种形象，也不便公然反对。打败法西斯德国后，怎能把联合国组织的建筑做成希特勒喜爱的仿古风格呢！

也不能把联合国总部搞得与颟顸无能的前国际联盟总部相似！这是当时战胜国的社会心理所不能容许的。

可以说，1929年的经济大萧条和第二次世界大战是两项真正的"重大事变"，它们推动美国社会文化心理的转变，间接地也为现代主义建筑传入美国提供了思想的土壤。

大战后的一段时期，欧洲忙于恢复战争创伤。美国是世界上唯一的繁荣富裕的国家。由格罗皮乌斯、密斯等为美国培养的具有现代主义建筑素养的新一代建筑师，登上建筑舞台，大显身手。20世纪50—60年代，美国反而成了世界现代主义建筑的中心。

长期追随密斯的美国建筑师P.约翰逊，于1955年宣称："现代建筑一年比一年更优美，我们建筑的黄金时代刚刚开始。"他对现代主义建筑在美国的兴盛抱有乐观和自豪的心情。

社会心理学家说，时尚流行有三个特征：一、从众原则，二、新奇原则，三、奢侈原则。依照这三条，以纽约联合国总部大厦为代表的平头、光身、亮晶晶的幕墙大厦风行起来。首先是在美国，然后波及全世界的通都大邑。

现在许多年轻的建筑学生不喜欢光光秃秃的现代主义风格的建筑了。他们说那样的建筑冷冰冰缺乏人情味，想不通建筑师竟会设计出那种建筑来。的确，若不联系到当时的历史，不联系那个时期那些地方的社会文化心理，许多建筑现象便难以解释，难以理解。建筑也有时尚问题，要知道当年全玻璃的纽约利华大楼建成之时，群众十分喜爱，服装模特在它前面照相，大批建筑学生去参观，没有人说它冰冷无人性，只是一片叫好声，这是当时的社会心理的反映。

金属与玻璃的大楼——工业化社会的符号

1851年的伦敦水晶宫，1889年的埃菲尔铁塔，以及19世纪末期芝加哥出现的高层建筑，都是采用铁结构才建造起来的。稍后性能更好的钢取代了铁，成为高层和大跨度建筑的主要结构材料。因为钢材

远景

近景

底层空廊

SOM 建筑设计公司设计的纽约利华大楼（1952）

有很高的抗拉强度，很好的塑性和韧性，钢结构在受外力破坏作用时能吸收较多的能量，减小脆性破坏的危险。钢材又有良好的加工性能，可以焊接，或用铆钉、螺栓连接。不过有一段时间，一些国家和地区，更多地采用钢筋混凝土建造房屋结构。钢筋混凝土是在水泥、石子及沙配成的混凝土中加放钢筋而成，造价比单用钢材便宜。

20世纪50—60年代，建筑钢材有了新的进步，加上计算机的运用，各种钢结构体系日益成熟，钢结构建筑的设计、加工和安装走向一体化，缩短工期，降低了成本，钢结构的综合优势更加明显。与此同时，建筑玻璃的性能也不断改进，有了钢化玻璃、中空玻璃、涂膜玻璃等等新品种，更符合各种建筑上的要求。

以钢材为主的金属材料和玻璃两类工业制备的材料，是今天建筑中性能优良、得到广泛采用、并具有强烈时代特色的建筑材料。在当今各色各样的建筑形象中，采用金属和玻璃作外墙的幕墙大楼，以其鲜明的时代感尤为抢眼。

人们把用玻璃和金属材料做的外墙称作"幕墙"，这名称是从英语"curtain wall"翻译来的。"curtain"指帘幕，意思是这种外墙轻而薄，像窗帘幕布一样，它们不承受其他重量。早先高层建筑的外墙看来是砖或石质的，好似承重墙，其实虚有其表，只是在外表贴一层薄薄的砖面或石片，这种外墙也是挂靠在主体结构上边，本身也不承重。从不承重这一点来说，有砖、石表层的也属于幕墙，不过比较厚重。第二次世界大战后出现的金属与玻璃的幕墙为轻型幕墙，重量只有传统砖墙的1/10到1/12，因而能降低房屋主体结构和基础的造价。

幕墙有全玻璃幕墙、玻璃加金属板幕墙、玻璃加混凝土板幕墙、玻璃加石板幕墙等等。幕墙部件是在工厂中预制，运到现场安装，工业化程度高，施工速度快。幕墙建筑的视觉特征是轻盈，光亮，虚透，明朗，整洁，统一，全玻璃幕墙建筑尤其如此。幕墙用的玻璃和金属材料颜色多种多样，常见的有银色、蓝色、绿色、茶色、金色、灰色等等。其中，每个颜色大类又可细分为许多种，蓝色有深蓝、浅蓝、银蓝、宝石蓝等等。铝板、钢板也有不同颜色和质地。

匹兹堡美国铝公司大楼

　　轻、光、透、薄的幕墙大楼最先出现在美国大城市的商业区中。

　　1952年，生产洗涤用品的利华兄弟公司在纽约曼哈顿区花园大道旁，建成一座24层的公司总部。这样高度的建筑物在纽约太普通了，然而它却引起小轰动。因为施工用的脚手架一撤去，人们头一次看到四面外墙全是玻璃、通体晶莹透亮的大厦。一时间，参观者纷至沓来，旅游者、摄影师和时装模特都以它为拍照背景。

　　新颖的建筑形象引人注目，干净光亮的玻璃大楼又容易让人联想到利华洗涤产品的功效，它起了广告宣传的作用。公司经理后来说："好的建筑设计可以代替霓虹灯广告。"

　　1953年，匹兹堡市的美国铝公司在该市建造了一座30层的总部大楼。大楼的外墙皮全部是铝板，楼内的天花板、家具、散热器、各种

芝加哥内陆钢铁公司大楼

管道都是铝质的，总之，凡是可以用铝的地方绝不采用别的材料。铝板幕墙确实轻，每平方米重一百九十多公斤，而普通24厘米厚的砖墙，其重量为每平方米468公斤。1953年年底，美国又出现52座采用铝材外墙的建筑物。到1960年，采用铝材外墙板的建筑物超过一千幢，大多选用这家美国铝公司的产品。

1956年，芝加哥内陆钢铁公司董事长宣布："我们决心建造一座让钢铁和我们这个城市感到骄傲的建筑物。"他要求设计者SOM建筑公司把大楼做得像"英国裁制的极考究的服装"——这件服装的料子是不锈钢。1958年大楼落成，楼本身就是公司的产品展销台。

1958年，纽约大通曼哈顿银行在华尔街附近建成一座地上60层、地下5层的银行大楼。大楼的形体像一块方板子，宽105米，厚35米，高248米，从下到上，每一层尺寸完全一样，楼层面积都是2750平方米，总建筑面积达十一万多平方米。地下最深处是银行金库，面积有

纽约西格拉姆大厦（1954—1958）

纽约西格拉姆大厦（1954—1958）

足球场那样大，位于地下27米处的岩层中，被认为是世界上最大、最深和最坚固的金库。而这个超大型银行建筑被称为"金钱大教堂"。它采用铝和玻璃的幕墙。

美国和世界其他地方的高层建筑，从外墙的质料即可大致判断它是否第二次世界大战后建造的。凡有金属与玻璃幕墙者，大概即是战后产物。

在建筑师手中，轻质幕墙有许多不同的处理方式。拿全玻璃幕墙来说就有明框、隐框和半隐框之分。建筑师在设计时可以按照自己和业主的喜好，选择不同的做法和细部处理。纽约花园大道边上的西格拉姆大厦是一家大酿酒企业的总部，当年老板的女儿学建筑专业，她让父亲请密斯担任设计工作。密斯没有用通常的金属材料，而是选用铜。它的外墙上的金属件是用铜造的，这些铜件并不起结构作用，真正吃力的钢柱藏在后面，所以这座大厦上用的铜件其实主要起装饰作用，它给人以与众不同的高贵庄重、古色古香的印象。大厦是个简单

伊利诺伊州工学院校舍 (1955)

的方柱体，38层，高158米，直上直下，整齐划一，但细部处理十分细致考究。有评论家说西格拉姆大厦相当于汽车中的劳斯莱斯牌汽车。

西格拉姆大厦建成后以其既现代又具古典风貌的特质引起广泛的注意。它的方墩式的简约的造型一时成为仿效的榜样。有趣的是密斯虽然名气极大，但未上过大学，他在纽约承接西格拉姆大厦的建筑任务时，主管部门要他出示建筑学毕业证书，他拿不出来，好在这时密斯已是芝加哥一所大学的建筑系主任，遂得过关。

其实，在20世纪的建筑家中，密斯是最有影响的一位。早在1919年，密斯就提出了玻璃大楼的设计概念，1921年，密斯第一次画出全玻璃外墙的高层建筑方案。1922年他写道："在建造过程中，摩天楼显露出雄伟的结构体形，只有此时，巨大的钢架看起来十分壮观动人。砌上外墙以后，那作为一切艺术设计之基础的结构骨架就被无意义的琐屑形式所埋没……不要企图用旧形式来解决新问题，我们应当按照新问题本身的特性来发展新的形式。"本着这种精神，密斯持续不断地探索金属与玻璃的建筑物的造型艺术，推敲金属与玻璃建筑的构造方式和细部做法。40年代，他为伊利诺伊州工学院的校园内设计过多座单层或多层的钢与玻璃的建筑物。1948年，他设计了芝加哥湖滨大道上的两座用钢与玻璃做外墙面的公寓大楼，实现了他早年的构想。1945年，他受托为女医生范斯沃斯建别墅，他只用型钢和玻璃两种材料造了一个玻璃盒子似的房子，引起业主的不满。但许多人认为，如果不用于住人，那是一个精美的钢与玻璃的建筑小品。1962年密斯76岁时，为柏林设计一座用钢与玻璃造的典雅庄重的美术馆，这是他留下的最后一个建筑作品。

钢与玻璃是现代建筑中大量使用的材料，密斯抓住了钢结构和玻璃，也就抓住了现代建筑最重要的课题。工业越发达、钢材应用越多的地方，密斯的影响也越大。1924年，密斯在"建造方法的工业化"一文中写道，我们"必须而且能够发明一种可以工业化生产和施工的既隔声又隔热的建筑材料。它应当是轻质的，不仅能够而且必须采用工业化方法来生产。所有的建筑部件将在工厂中制造，现场的工作仅是装配，只需很少的工时。……那时新建筑就自己出现了"。密斯不仅把这些看作是技术的进步，而且认为是"时代的意志"的表现。幕墙建筑便是这一理念的例证。

在建筑审美方面，人们的喜好既有许多差异又是会改变的。50年代至70年代盛行的全玻璃的"全虚"的幕墙建筑到后来渐渐减少，兴起了虚实结合的墙面。所谓虚实结合，指的是一幢建筑物上既有玻璃幕墙部分又有用铝板或石材板的幕墙部分，前者"虚"，后者"实"，两者互相搭接，一幢建筑上有虚有实，有轻有重，造型更多变化。有人把既有玻璃又有石板的幕墙建筑形象地称为"衬衫加背心"的建筑。玻璃幕墙上无法仿效传统建筑的线脚与花饰，它带来的是全新的形象，石板幕墙则可以多少加上些传统石质建筑的纹饰。所以"衬衫加背心"的建筑除了虚实结合外，还可以处理成新旧结合的模样。

20世纪后期，世界各大城市的中心区都建造了许多轻质幕墙高层建筑物，巴黎的德方斯区，罗马的EUR新区，德国的柏林、汉堡和杜

芝加哥湖滨大道公寓（1948—1951）

范斯沃斯别墅（1945—1950）

塞尔多夫，加拿大的多伦多，巴西的里约热内卢，日本的东京，以及中国的香港都有与美国相似的高楼大厦。

　　20世纪50—60年代，世界各地轻质幕墙大楼的外形有显著的相似之处。它们大都是轮廓整齐的简单几何形体，或板式或方墩式；立面上，除了底层和顶层外，几乎全是上下左右整齐一律的几何图案。尽管颜色和细部存在差别，但大的风格是一致的。这是那个时期高层建筑的世界时尚。时尚有暂时性，时隔二三十年之后人们常常批判那种形体简单的平头建筑物，说它们呆板，冷冰冰，没有个性，缺少人性等等，因而是不美的、难看的建筑。可是当它们流行的时候，人们大都认为它们是合理的，新颖的，因而是美的、好看的建筑。在当时，如果哪一座轻质幕墙大楼不肯要平屋顶，硬要在上面加一个尖塔或尖顶，它就会被许多人视为顽固、不合理而被认为是时代的落伍者。一种时尚流行的时候，公众心理上有从众性，这是难以避免的。

柏林新美术馆（1962—1968）

纽约曼哈顿区鸟瞰（20世纪中期）

巴黎德方斯区（20世纪中期）

　　这样的高层建筑的造型时尚流行开来是多种多样的原因促成的，但密斯在其中起了很大作用，这种简洁方正的大楼风格被人们称作"密斯式"不是没有根据的。

　　今天，大企业、大公司、大银行的大楼，其重要性与历史上的宫殿、庙宇、教堂相当，那些高楼大厦的建筑艺术风格是现代建筑艺术风格的重要表现。那些轻、光、透、薄、熠熠生辉的装配式幕墙大厦表现了工业革命以来经济和技术的成就，它们传达的是工业化的信号。那些建筑可说是工业时代的建筑符号。

　　20世纪中期，中国政府要求建筑业节约钢材，长时间中民用建筑大多采用钢筋混凝土结构。实行市场经济以来，钢产量增加，我国钢产量连年居世界首位，发展钢结构的基本条件成熟。发达国家建筑用钢量为其钢产量的45%—55%，我国建筑用钢量仅占总产量的20%左右，有很大的发展空间。1998年，建设部把钢结构列为重点推广的项目。钢材不但是高强、高效能的材料，而且可以再生和循环使用，对于保护环境和实现节约型经济有益。

法兰克福银行大楼一角

　　我国的高层和大跨度建筑，如体育馆、机场大楼，已经普遍采用钢结构。1985年建成的北京长城饭店是中国第一个采用玻璃幕墙的饭店大楼。而今，我国大、中城市中金属和玻璃的幕墙大楼也如雨后春笋般出现，中国的建筑也在"变脸"。这种现象不依少数人的赞成或反对而消长，基本上也是国家工业化达到一定程度的产物和标记。

第十一讲 | 联合国大厦及其他

　　政府性建筑，包括过去的宫殿、衙署，今天的总统府、国会、各级政府机关在内，本身有复杂的使用功能。不过在建造的时候，国王们、皇帝们，总统、主席们、省长、市长们大多有一个共同点：即不把实际使用需求和造价放在首位，而是非常重视政府性建筑的外观形象，把它们看成重要的形象工程。

　　政府性建筑，除少数例外，大都位于一定地域的主要轴线上，建筑本身体形惯用左右对称、突出中央、主从有序的建筑构图，使政府建筑有稳定、庄严、居中、权威之感，以唤起一般人对当局和掌权者的敬畏和服从。中国汉朝丞相萧何为汉高祖营造皇家建筑时，提出"非壮丽无以重威"的方针，实际上古今中外的掌权者都贯彻这个方针。

　　不同时代，不同地方，政府性建筑的布置与表情也有所不同。北京故宫是封建时期君主专制国家的中央政权所在地，封闭森严达于极点。比较下来，华盛顿的美国国会及总统府（白宫）等政府性建筑比较开敞，形象比较舒缓。这里折射出封建的君主专制政体与近世民主政体性质上的差别。不过华盛顿的国会大厦与白宫仍继承古典的左右对称、突出中央的构图形式。

　　然而到 20 世纪中期，政府建筑终于出现了新的形象。

纽约联合国总部

纽约联合国总部

　　1927年,当时的国际组织"国际联盟"为建造总部征求建筑设计方案。总部建筑包括理事会、秘书处、部委办公室和一个2600座的大会堂及附属图书馆等,地址在日内瓦的湖滨。柯布与合作者提出的设

联合国总部，下部带曲线部分为大会堂

计方案，不拘泥于传统的格式，认真解决交通、内部联系、光线朝向、
音响、视线、通风、停车等实际功能问题，努力使总部成为一个便捷
有效的工作场所。柯布设计了一个灵便的非对称的建筑群，建筑个体

秘书处大楼

安理会会场

大会堂门厅

大会堂内景

联合国总部内景

具有轻巧、新颖的面貌。然而，正因为这样，柯布的方案引起了激烈的争论。革新派人士支持它，保守人士反对它。评选团内部也争执不下，便从全部377个方案中选出包括柯布方案在内的9个方案，提交国际联盟领导层裁夺。经过许多周折，最后，政治家们选出4个学院派建筑师的方案，由他们提出最后方案。

这个事件说明，到20世纪20年代，新派建筑师已开始在政府性建筑领域向传统建筑提出挑战，但无法取胜。

第二次世界大战之后，"联合国"成立。联合国接受美国国会的邀请，把总部设在美国，又接受了洛克菲勒财团捐赠的一块土地，它位于纽约东河岸边，南北长457米，东西长183米，面积8.36万平方米。

联合国总部建筑的设计的负责人是美国建筑师哈里森与阿布拉莫维兹。另外又聘请中国、法国、苏联、英国、加拿大、巴西、瑞典、比利时、澳大利亚和乌拉圭共10国的10位著名建筑师为建筑顾问。法国的是柯布，中国的是梁思成，巴西的是尼迈耶。

联合国总部分为三大块：联合国大会堂，联合国秘书处和联合国三个理事会。设计工作于1946年开始，1947年5月确定建筑方案。1948年秘书处大厦首先动工，当时预计有3500名工作人员在内办公，为了少占土地和便利各部的联系，建了一座39层的高楼。其平面为矩形，长87.48米，宽21.95米。从地面到最顶层高165.8米，直上直下，没有一点退凹和凸出，形成一个竖立着的砖块似的板片建筑。大厦主要的东西两面整个是蓝绿色玻璃幕墙，南、北两窄端为实墙，表面贴灰色大理石。地上部分为钢框架结构，楼层高3.66米，室内净空高2.89米。大厦的第6、16、28、39层为设备层。玻璃幕墙采用铝制窗框，固定在楼板边上。大厦总建筑面积约八万多平方米，其中建筑设备和服务用面积占总面积的1/4。

联合国大会堂匍匐在秘书处大厦的北侧。体形大体呈长方形，大会堂的两边是凹进的弯曲墙面，层顶也是弯曲的凹面，于是会堂的前后两端有点像矩形喇叭口。屋顶上有一个小圆包，下面即大会堂正厅。

正厅的室内装饰风格是现代派的，入口门厅不做吊顶，设备管线袒露在外。大会堂于1952年完工。

在秘书处大厦和大会堂的下方，是联合国安全理事会、经济与社会理事会及托管理事会三个部门的会场及办公室，它们面临着东河。原有的河滨路从建筑物下穿过。

总部前的空地称联合国广场，其余为绿地、停车场。广场地下有车库、印刷所等附属设施。

联合国总部是20世纪建造的世界议会性质的政治性建筑物。设计这样的建筑要解决许多复杂的功能问题。联合国总部本身有数千名工作人员，接纳大量来自世界各国各地区的代表、随员、新闻人员和参观者。代表开会时要有多种语言的同声翻译，要迅速向外界发送信息，及时印制文件。在50年代的技术条件下，一个代表每发言1小时，需要400小时的处理工作量。单是恰当地处理和组织各种各样的人流、物流、信息流，就是非常复杂的任务。古代建筑如希腊神庙和哥特式教堂，外观十分繁杂而内里空间及其功能却很单纯。这个联合国总部建筑，外形相当简单纯净，内部空间及功能却十分复杂。设想如果把联合国总部建筑的外壳揭开，就会看到它的内部相当复杂，有点像把钟表的外壳打开看到里面的机器一样。

联合国总部建筑在20世纪50年代是十分新颖的。在它之前建成的议会建筑，如英国、法国、德国和美国的议院和国会，层数不太高，都是砖石砌体结构，墙体厚重，窗孔较小。联合国总部建筑与那些老议会完全异趣，它以高、轻、光、透取胜。它的大玻璃墙是光光的，石头墙面也是光光的一片，没有任何附加的装饰与雕刻。以前的议会建筑大都整齐对称，表情端庄。现在这个世界性议会却不然，它采取错落的、灵活的、不规则的布局，给人以平易、朴素、随和及务实的印象。例如，旧的政府性建筑主要入口处常有宽阔壮观的大台阶，显得那里的人和活动高高在上。联合国总部没有大台阶，大厦虽高而入口与地面齐平，平凡得很。

当年国际联盟拒斥柯布的方案，20年后，联合国礼聘柯布为建筑

前苏联苏维埃宫设计方案（20世纪30年代）

纳粹德国的建筑（20世纪30年代）

顾问，他虽然不是联合国总部的设计负责人，但是他的建筑理念和他先前做的国联总部方案，对联合国总部建筑的影响是明显的。事情有如此大的变化，为什么呢？

并非柯布变了，是世界变了。

从20年代末到50年代初，时间很短，但第二次世界大战这一非常事件，改变了世界范围内的社会文化心理，建筑风尚也因之有了显著的改变。除了其他因素，政治因素在这期间对建筑风尚的改变，特别是对这种世界性议会建筑风格的改变，起了关键性的作用。

大家知道，德国在20年代是现代主义建筑的中心之一。但德国的右翼保守势力始终反对现代主义。1933年希特勒上台后，更敌视现代主义，包豪斯被迫解散。希特勒亲自提倡古典建筑样式，纳粹德国的政府建筑大都严肃呆板，带有肃杀之气，这是其一。其二，苏联在斯大林管理下，也极力排斥革命初期的前卫建筑思潮，提倡古典建筑样式。苏联的苏维埃宫建筑设计竞赛就是一例。其三，国际联盟当局在第二次世界大战来临之际，软弱颠预，不起作用而终至溃散。建筑样式本来与它的失败无实际联系，但在人们的感觉中，还是不免将国联当局选择保守的建筑形式、排斥现代建筑与国联领导层的因循保守、颠预无能联系起来了。

这样一来，在这个特定问题上，采用何种建筑样式便带上了政治色彩。法西斯、布尔什维克和国际联盟排斥现代建筑，美国则接纳从德国逃出的现代主义建筑代表人物，它以现代建筑的支持者自许。当第二次世界大战结束之际，现代建筑在美国大行其道之时，无法想像联合国组织会再造一个古典建筑样式的总部。即使联合国领导层中有人偏爱古典建筑，反对现代主义建筑，他也很难启齿，即便说出来也成不了气候。

像联合国总部这样大规模的复杂的建筑物包含这样那样的缺点是不足为奇的，实际上也在所难免。但有些问题是很奇怪的，例如，秘书处大厦的两片大玻璃墙正好朝东和朝西。纽约夏天气温相当高，当时就有人指出，东边有大玻璃墙，西边也同样是大玻璃墙，岂非把常识都忘了么?显然这种做法是为了形象，代价是高额的降温费。

对于联合国总部的建筑形象，落成之后毁誉参半。有人认为它是纽约最美的建筑之一，有人则感到失望。最多的批评意见是认为它的形式太抽象，不具纪念性。当时人们觉得它太新奇而产生陌生感。

无论人们怎样评价，重要的是在50年代初，联合国总部采用这样的形式，表明现代主义建筑除了在商业性实用性的建筑类型中大行其道之外，又扩大到保守性最强的政治性、纪念性建筑领域。

巴西新首都的政府建筑

联合国是国际间组织，并非真正的政府，在联合国秘书处大厦落成十年后，1960年，一个全部平地新建的、世人从所未见的、完整的政府建筑群出现在南美巴西共和国的新首都巴西利亚。

巴西自19世纪就有在内地营建新首都的倡议。1955年，政府决定建造名为巴西利亚的新首都。1957年巴西建筑师做出新首都的规划，开始营建。1960年开始迁都。

巴西利亚的布局以东西和南北两条正交的轴线为骨架。城市总平面近似一只大鸟。东西轴线是政治和纪念性轴线，最东头为政治中心。南北轴线为居住轴线。城市的东、南、北三面有人工湖环绕，湖边是高级住宅区。

巴西利亚的布局和城市设计受柯布50年代为印度昌迪加尔所做的规划设计的影响。昌迪加尔的规划理论上似乎很有道理，但实际建造和生活中暴露出不少问题，除了社会和经济方面的缺陷外，从建筑学的角度来看，最大的缺点是房屋之间的距离过大，尺度不符合人的活动规律，环境空间失常，显得空旷和冷漠，失去了人的聚居场所应有的亲切气氛。这些问题多为人们所诟病，而被视为城市规划和建设的失败之作。这些缺点，不同程度地也存在于巴西利亚的规划中。

尼迈耶承担了巴西利亚许多重要建筑物的设计。有议会大厦（1958），总统府（1958）、最高法院（1958）、总统官邸（1957）、国家

政府建筑群远眺

碗形部分分别为众议院及参议院会场，高层部分为秘书处办公楼

巴西利亚议会建筑 （1958）

夜景

近景

秘书处大楼晨景

巴西利亚议会建筑

剧院（1958）、巴西利亚大学 （1960）、外交部大厦（1962）、司法部大厦（1963）、国防部大厦（1968）、巴西利亚机场（1965）及巴西利亚教堂（1970）等。这些建筑物，由于它们的性质和地位，需要有一定的纪念性品格。尼迈耶在设计这些建筑物的时候，不重复历史上和别的地方已有的纪念性建筑造型，努力创造新的纪念性建筑形象。

议会大厦位于东西轴线的东端，即城市平面的"鸟头"部位。尼迈耶塑造的议会大厦形式非常奇特，它有一个扁平的会议楼和高耸的秘书处办公楼。扁平的会议楼正面长240米，宽80米，3层，平屋顶。屋顶上有两个锅状形体，一个正置，其下为众议院会议厅；另一个倒扣着，里面是参议院会议厅。扁平的议会楼后面是27层的秘书处办公楼，它本身又分成两个薄片，但靠得很近，中间留着"一线天"。这个双片高层办公楼以窄端与会议楼相连。

会议楼和办公楼本身都是简单的几何形体，光光溜溜，没有凸凹和装饰。这个建筑群的突出特点在于形式的对比。这里有高与矮的对比，横与竖的对比，平板与球面的对比，正放的锅形物与倒扣的锅形物的对比，一个稳定，另一个看来摇摆不定，稳态与动态也形成对比，此外还有大片实墙面与大片玻璃墙面的虚实对比。这些对比的效果是那样鲜明、强烈和直率。议会建筑没有细部可供人鉴赏，突出的只是大手笔的对比。议会周围空空旷旷。在辽阔的环境中，在热带日光强烈的照射之下，这个议会建筑显得原始、奇特、粗犷、空寂，给人以神秘感，会让人联想到古代美洲的祭台建筑。

在总统府、总统官邸和最高法院等建筑中，尼迈耶都采用长方形带周围柱廊的形式。围廊很宽大，可以遮挡直射的阳光。屋顶平而薄，柱子各有新意。那些柱子是变截面的，包含直线和曲线，造型简洁而潇洒。在外交部和司法部两座建筑物中，尼迈耶又设计了另外两种柱廊，柱子形式都有新意。古代希腊人创造的柱子形式被称为"希腊柱式"，尼迈耶为巴西利亚政府建筑物设计的这些柱子，有人称之为"尼迈耶柱式"。

尼迈耶的作品造型轻快、自由、活泼，主要使用钢筋混凝土材料，

昌迪加尔高等法院（1951—1956）

在他的手中，这种坚硬的材料柔化了，他用钢筋混凝土塑造出有抒情意味的建筑物。他为巴西利亚设计的政府建筑需要有庄严性和纪念性，这是现代主义建筑尚不擅长的领域，尼迈耶在这方面做了新的尝试。但巴西利亚的建筑，无论在巴西国内或国外，既有人赞赏，也有人指责。赞赏的人说它显示了巴西的未来，为此感到振奋；指责的人由于它们的抽象性和陌生感而觉得它们令人莫名其妙。尽管尼迈耶本人非常关心人民的命运和疾苦，但有人说他的建筑作品却脱离了普通人的审美观念和习惯。

印度旁遮普邦政府建筑

1948年印度旁遮普邦在昌迪加尔建设新首府，该邦的官员到欧洲物色设计人。经人推荐，柯布被选为新首府昌迪加尔的规划师和建筑师。1951年初，柯布的城市规划方案，融合了东方古代规整的城市格局与柯布的城市理想，以纵横正交的路网将城市划分为整齐的方块，政府区放在城市的北端。柯布继而设计了政府区中的议会楼、秘书处楼及法院等建筑物。

昌迪加尔的政府区建筑分散，政府区的建筑物，不能形成亲切的建筑环境。如相向而立的议会楼与高等法院相距达450米。最先建成

昌迪加尔议会大厦（1963）

议会大厦屋顶通气口

的是高等法院（1956），它的外形轮廓比较简单。主体之上架着透空的钢筋混凝土顶篷，顶篷长一百多米，由11个连续的拱壳组成，既可遮阳，又可让风穿过，降低建筑内的温度。大顶之下有4个楼层。法院入口有3根高大的柱墩，形成一个开敞的大门廊。第一层有门厅及8间小法庭和1间大法庭。建筑立面上有混凝土制的尺寸很大的遮阳格板。

　　整个法院建筑的外表是裸露的混凝土，上面保留着模板的印痕和水迹，墙壁上点缀着大大小小不同形状的孔洞或壁龛，有些涂着红、黄、蓝、白之类的鲜艳的颜色。怪异的体形，超乎寻常的尺度，粗糙的表面和不谐调的色块，给建筑带来了怪诞粗野的情调。虽然是新建筑，却好像经过千百年的风雨侵袭而老化了。从某些角度看去，这座建筑虽是法院，倒更像监狱。

1963年落成的议会大厦形式亦甚奇特。主体是方形建筑，正面是墩子顶着向上翻的前廊，内部有一大厅，圆形会场偏在一旁。会场顶上有个大圆锥筒，高高地凸向天空，锥顶安着斜窗。从外面看，这个圆锥筒类似发电厂的冷却塔。柯布说这个圆锥筒起拔风和进光作用。议会建筑的里里外外全是裸露的未加修饰的粗糙混凝土，形体既怪，表面又粗粝苍野，有人称这是"粗野主义"建筑。

柯布在印度设计建筑时很注意那里的热带气候，注意遮阳和通风问题，他又研究了印度的建筑古迹，如莫卧儿王朝的建筑和天文观测台，从中汲取某些建筑形体和处理手法，与自己的建筑构思和他制定的特别的"模数"结合。柯布后期的建筑观念中，机器的因素减少了，宇宙天命的观念增强了，在昌迪加尔政治中心区的广场布置和议会屋顶形象的设计中，他常常提到建筑布置与太阳和月亮的运行的关系。他不再向往工业文明，却时时流露出对古代和原始情调的崇尚。昌迪加尔的建筑作品显现了他晚年复杂的思想和心态。建筑表现所引起的联想本来是多义的、模糊的、不确定的，柯布在印度的作品更是如此。1963年昌迪加尔议会大厦落成时，当时的印度总理尼赫鲁致词说，那座建筑是"新印度之庙宇"，"第一次表现了我们的创造天才，表达出我们新近获得的自由……不再受过去传统的束缚……超越老城镇老传统的累赘"。而柯布的初衷却是努力回到东方的传统。两人的意念和理解其实非常不同。

多伦多与波士顿：两座市政府

我们再看20世纪50和60年代建造的两座市政府。

1958年，为建加拿大多伦多新的市政府，举行了国际设计竞赛。

多伦多市政府

在众多的设计方案中，芬兰建筑师莱威尔（V.Revell）与另 3 名芬兰建筑师合作的方案中选。设计工作有加拿大建筑师参与设计，使方案适合多伦多的情况。1963 年动工，1968 年完成。这个市政府下部是 3 层高的裙房，里面有市政府所属各种对外办事机构。裙房之上耸立着两个圆弧形片式大楼，一座为 25 层，高 68.6 米；另一座 31 层，高 88.4 米。两座圆弧形大楼相对而立，成围合之势，两楼向外的一面都

多伦多市政府会场

多伦多市政府门厅内景

波士顿市政府

是带有竖条的实墙面，朝内的一面开大玻璃窗。在两座大楼围合的"院子"中，有一个低矮的圆形会议厅，它有一个圆形壳体屋盖。两个弧形高楼围着一个圆形会议厅，在中国人看来，好似"二龙戏珠"。

整个市政府建筑由简单的几何形体组成，造型简洁，不加雕饰，只是突出高与低、直与曲、直面与球面、光面与阴影的交叉对比。那个"二龙戏珠"似的构图别开生面，不落俗套，使这座市政厅既庄重又活泼，既有纪念性又亲切宜人，还有几分俏皮，给人一见难忘的视觉印象。

说多伦多市政府有几分亲切，几分俏皮，那么，波士顿新市政府建筑便显得有些粗犷和严肃。

1968年建成的波士顿市政府由建筑师卡尔曼设计，是1963年设计竞赛的中标作品。它的层数不多，外观有大量的实墙面和柱墩，檐部排列着细密的垛子，窗子不大，而且凹在里面，初看像一个城堡。这种做法也被认为是"粗野主义"的表现，可能受了柯布的旁遮普邦法院、议会的影响。这个市政府整体形象虽然沉重一些，但并不让人感到沉闷，因为除了它的檐部整齐一律外，其他部分都处理得变化多端，由于立面上有许多凹凸，亮面与阴影组成生动的明暗图像，带出活泼的气象。另外，这座堡垒似的市政府又是很开放的。它的底层其实很通透，四面都有宽敞的出入口，从各个方向来的老百姓可以方便地进入市政府办事，或者就是穿过它抄近路到前面的广场上去，广场上常有商业集市。有的入口有台阶，因为那一带地面坡度不小。

采用这样的建筑造型，表明建筑师希望新型市政府既开放而又具有纪念性，应该说这一目的是实现了。波士顿是美国一个老城市，这个后建的市政府的建筑形象同周围老街区的建筑肌理有一定的呼应。

两个美国小镇政府

和中国旧日的衙门一样，外国小地方的乡镇政府先前也多是正襟危坐式。华盛顿附近的老威廉斯堡的政府建筑即是一个例子。20世纪

远观

近景

内景　　　　　　会场

美国印第安纳州哥伦布镇政府

中期以后造的就比较亲切随和而多姿多态。下面看两个例子。

美国中西部印第安纳州的小城哥伦布有个挺小的镇政府，位于一个十字路口的一角。它是一个三明治似的等腰三角形的建筑物，"三明治"的长边被咬了一口，留下弧形缺口，但缺口处有一道墙，墙上留着大洞口。镇政府的长边对着十字路口。来人走进大洞口，过一小院，再进办公楼。西方国家的建筑主体往往直接临街（例如英国首相办公的伦敦唐宁街十号，大门直接开在马路边），见到这样的大门—院子—房屋的空间层次，令我们中国人感到亲切。洞口的墙板正中留一条缝，远远看去，正立面真像中文繁体的门字。

哥伦布的镇政府建筑物虽然很小却是美国著名的SOM建筑设计公司设计的。小小的哥伦布拥有很多20世纪名建筑师的作品。原来当地有一位成功的实业家，他热爱乡梓，那里的人盖房子若聘请名建筑师做设计，他就给予资助，所以小市镇名师作品如林，引来众多参观者，竟成了一个建筑展览会。

我们再介绍美国西南部亚利桑那州沙漠地带斯科茨代尔小镇的政府建筑。那里原无人烟，19世纪末开了运河后才渐渐有了农业，现在是东部人士冬季度假的胜地。

镇上人深知政府的重要性，于1968年建了一座当地人感到骄傲的政府建筑，他们说它一有特色，二很宽阔，三有亲切感。

建筑体量其实不大，墙厚窗小，外形为白色的块体组合，这与沙漠地带印第安人的老房子近似。房子周围有水池喷泉和树木，景色很好。进门后就是一个两层高的举行会议的大堂。来开会的人自己找座位坐下，来办事的人拐上楼梯到二层。各种布置以方便为准，不讲对称和轴线。虽有各种现代设备，内部也处理成黄土建筑的模样和气氛，毫无官署派头，而是给人以非常随和、非常亲切的感觉。

从上面一些政府性建筑实例可以看出下列几点：

一、从联合国总部、巴西新议会、多伦多市政厅，以及世界其他一些20世纪建造的重要的政府性建筑来看，可以说自文艺复兴以来，政府性建筑几乎必用的对称造型，几乎离不开的希腊、罗马柱式，终于被

外观

入口

美国亚利桑那州斯科茨代尔镇政府

进门后景象

门厅兼会场

美国亚利桑那州斯科茨代尔镇政府

舍弃了，至少也是难得一见了。到20世纪50年代，现代建筑的创作方法及形式已经被用于最保守、最僵硬的政府性建筑之中。这一情况表明现代建筑已"升堂入室"，成为一种建筑时尚和世界建筑的主流。

二、同历史上的政府性建筑相比，现代的政府性建筑在创作上得到解放，在形式上获得自由。它们与居住建筑、商业建筑、文化建筑等建筑类型一样，也脱出原来僵化的建筑法式及有限的模式，呈现出多种、多样、多姿、多态的景象。

三、现代建筑的历史很短，形象新颖，它们使人有新鲜感和陌生感，但同时也会让一般人感到费解、难解，以至不解。面对联合国总部和巴西利亚议会建筑的形象，大多数人会感到困惑，不明白那些形象有怎样的意义，传达哪种情感。所以人们说那是抽象建筑，一笑置之。不能认同，没有起码的尊重，建筑就没有纪念性。现代建筑容易具有适用、有效、经济、轻快、悦目等特征，在需要某种纪念性的时候，现代建筑便难以做到。建筑的纪念性不是想有就能有的。实际上，所有的建筑除去附着于其上的写实性雕塑、文字、绘画，本身原也是"抽象的"，先前的古典与民间建筑所以具有某种含义，是在长期的发展过程中，逐渐积淀上去的，准确地说，是积淀在人的脑海中，那是约定俗成并世代传承的产物。完全新的，拒绝与传统发生任何联系的建筑，难以让人感觉它有什么纪念性。这不是现代建筑师才能大小的问题，根本上是时间未到的问题，非别图良策不可。

四、政府性建筑的变化除了反映建筑业本身的进步外，还反映着社会政治的进步。因为政府建筑的布置与形象折射出当时当地政府与人民群众的关系。与人民群众严重对立的政府，它的建筑要有严密的防卫性与威严吓人的形象。及到近代，政府与人民的关系缓和了，政府建筑的布局也松动一些，表情也轻快一些。现代民主观念普及以后，政府和人民都意识到政府建筑其实是用纳税人的钱造出来的，政府是服务型的，官员是公仆，在正常情况下，政府建筑原则上应该是对人民开放的、友善的，现代政府建筑应设计成便民和亲民的建筑，让老百姓可以自由进入，参观拍照。

第十二讲 | 现代建筑与地域性

现代建筑并非千篇一律，千人一面。

历史上一切强势的建筑样式，或建筑风格，当传播开来时，在不同地方出现会有其相同的一面，也有不同的一面。例如世界各地区的欧式古典建筑，大都既有共性，又可见到差异。中国古典建筑也是这样，本国之内基本相似，但东西南北仍有差别。

现代建筑也是这样。在20世纪20—30年代的短时段内，在西欧不大的范围中，一些建筑师的作品呈现出相似的白色、光净、立方体式的建筑形象，是很自然的现象。现代建筑传开以后，纽约、里约热内卢、上海和东京等地很快有人仿效，现代建筑的共性或国际性很突出。

然而，当现代建筑逐渐扩散到世界广大地区，特别是在距西欧较远的地方，在起初的简单模仿之后，各地区的现代建筑，会渐渐出现差异，又相似又有差别。因为自然环境不同，与传统有异，自然的与人文背景的差异会或多或少地在该地区的现代建筑中显现出来，形成全世界现代建筑大同小异的局面。

冷静的温暖：芬兰建筑师阿尔托

芬兰国土约四分之一在北极圈内，境内有大小湖泊六万多个，三

阿尔托

分之二以上的地面为森林覆盖，木材产量居欧洲第二位。历史上曾受
瑞典和俄国的长期统治。1917年争得独立，开始工业化。在这样的自
然和历史条件下，在建筑方面，芬兰既能接受西欧的新思潮，又保持
了若干民族和地区的特色。

20世纪20年代，一批年轻人接受西欧新建筑的影响，阿尔托
（Alvar Alto，1898—1976）是其中杰出的一位。1929年，30岁出头

的阿尔托参加现代建筑国际会议（CIAM）的活动，成为现代建筑运动的积极成员。让他早期出名的是一个肺结核病疗养院（1922年设计竞赛中选，1933年建成）的建筑，它以布局合理，功能需求能得到细致解决而著称。阿尔托特地让暖气送到病人脚部，因为卧床病人常感腿脚发冷，他为病房专门设计的水盆，龙头没有关紧时，滴水也无响声。这个疗养院的形象属于当时典型的"国际式"。

不久，阿尔托的建筑作品就逐渐带上了地区特点。芬兰的自然环境，特别是当地的气候和繁茂的森林作为特有的因素进入他的建筑作品。他在1934年用砖和木料建造了自己的住宅。1938年，阿尔托为一位商人建造的玛利亚别墅，入口处有白粉墙和木栏板，柱子是用皮条扎紧的木束柱，池边的木头小屋顶上铺着草皮。别墅建筑的形体和内外空间有许多曲线、曲面，柔顺灵便而少僵直感，与人体和人的活动更契合。这座别墅同柯布的萨伏伊别墅很不一样，既有现代建筑的便利，又有芬兰传统乡村住宅的情调。

到20世纪40年代，阿尔托的建筑理念也出现变化。他认为现代

帕米欧肺病疗养院

外观

内景

玛利亚别墅

主义建筑的第一阶段已经过去，新阶段的现代主义建筑应该克服初期的片面性。他写道："在过去十年中，现代主义主要是从技术的角度讲功能，重点放在建筑的经济方面。给人民提供遮蔽物要花很多钱，讲求经济是必需的，这是第一步。但是建筑涵盖人的生活的所有方面，真正功能好的建筑应该主要从人性的角度看其功能如何。我们深一步看人的生活过程，技术只是一种工具手段，不是独立自为的东西。技术万能主义创造不出真正的建筑。……不是要反对理性，在现代建筑的新阶段中，要把理性主义从技术的范围扩展到人性的、心理的层面中去。新阶段的现代主义建筑，肯定要解决人性和心理领域的问题。"

阿尔托非常注意建筑物与自然环境的契合。他提倡敬重自然而不是敬重机器。自然包括建筑所在地的气候、地形、河流湖泊、山峦树木等等。

1952年建成的珊纳特赛罗小镇中心体现了阿尔托的这些观点，是阿尔托的代表作之一。该镇是一个小岛，镇中心包括镇公所和公共图书馆，它位于松林间的坡地上。阿尔托将建筑物围成一个四合院，院子的东南和东北各有缺口，院子的地平略高于院子外面，所以入口处做了台阶，台阶本身呈不规则形状，这既与地形有关，也显得活泼俏皮，两种考虑之中显然以后者为主。因为要把那些台阶弄直排齐是不困难的，但那样做就会显得呆板僵硬，远不如现在那样潇洒多姿。

阿尔托认为房屋围成的院子如同一个港湾，院子虽是室外空间，却让人有受到庇护的安全感。镇中心的院子地平高于院外，周围房屋从院外看是两层，在院内看是一层。周围房屋下层用作商店，也可改为办公室。小院地平高，周围只有一层房屋，冬天的太阳能照进来，阴影较少。

这个小建筑群中体量最高的是镇委会会议室，它偏在东北角上，会议室在楼上，中间摆二十多张委员桌椅，周围靠墙是长木椅，供旁听者坐，镇上人可以随便来听会。

镇中心房屋的外表为红褐色砖块。在北国松林雪野之中，这种砖建筑给人特别稳健敦实之感。在整体上，墙面处理很简洁，但仔细观看，墙体有许多细致的变化，有微小的凸出和凹入，端头有钝角有锐角，面向院子的玻璃窗外有的地方加上木质细柱。这都并非出于功能的需要，从实用的角度上看可以说是多余的，它们属于形式的加工和处理。阿尔托说"人不能总是以理性和技术为出发点"，这些形式处理所费不多，但"能带给人愉快的感觉"。阿尔托对建筑物中的许多小东西，如门把手、楼梯扶手、灯具等的形式十分注意，都予以精心的设计。阿尔托的建筑作品，从大的轮廓到小的配件都精致耐看，品位很高。

关于建筑形式，阿尔托说他"愿意听凭自己的直觉来处理建筑的形式。形式是神秘的，无法界定，而好的形式能给人带来愉快的感觉。做设计的时候，社会的、人性的、经济的和技术的需求，还有人的心理因素，都纠缠在一起，它们之间互相影响和牵制，这就形成一个单靠理智不能解决的谜团。在这种情况下，我采用下述的非理性的办法：我暂时把各种需求的谜团丢在一边，忘掉它们，一心搞所谓的抽象艺术形式。我画来画去，让我的直觉自由驰骋，突然间，基本构思产生了，这是一个起点，它能将各种互相矛盾的要素和谐地联系起来"。

阿尔托设计过一个著名的用弯曲的夹层木做的椅子，他以这个椅子的设计过程说明他的设计方法："为了达到实用与卓越的美的造型结

外观

平面图

会场

珊纳特塞罗镇中心

合，人不能总是以理性和技术为出发点，也许根本不能以它们为出发点。应该给人的想像力以自由驰骋的空间。我设计弯木家具时，先画出仅仅是好看的形象，往往十年后，才转化为实用的形式。"

阿尔托生于1898年，比柯布晚11年，比密斯晚12年。他的设计态度非常认真。1939年纽约举办世界博览会，芬兰为此进行芬兰展馆的设计竞赛，阿尔托送去两个方案，他的妻子又送去第三个方案，结果3个方案都获得一等奖。

阿尔托一生做了上千个设计，建成的有两百多个。还在1955年，他就告诫说："我们时代的机械化的增长，加上人的种种行为，使我们距离真正的自然越来越远。我们修建道路损害了自然，仔细观察，可以看到我们自己的行业也同样在损害自然。"他主张在物质主义和人性主义之间寻求平衡。

阿尔托将芬兰的自然与人文特色融入自己的建筑设计中，使芬兰的现代建筑带有了地域性。他的理念和言论平实中肯，他还对早期现代主义建筑作了可贵的修正和补充。他设计的学校建筑、住宅、教堂等都富有特色和人情味。

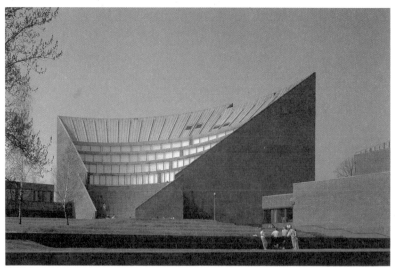

赫尔辛基工学院讲演厅（1960—1964）

某教堂内景（1957—1959）

1976年，阿尔托去世。以后，各国建筑师多次在他的家乡举行阿尔托建筑作品与思想研讨会。

理性的浪漫：巴西建筑师尼迈耶

1929年，柯布访问南美，在巴西里约热内卢等地讲演，巴西建筑界的年轻人为之倾倒。巴西曾长期是葡萄牙的殖民地，先前建筑方面占主导地位的是法国古典建筑和巴洛克建筑。1930年，巴西少壮派政治家发动政变夺得政权。新教育部长推翻原有的教育部大厦建筑方案，要年轻建筑师科斯塔（Lucio Costa）和尼迈耶（Oscar Niemeyer）等重新设计。他们请柯布当顾问，柯布在巴西与他们一起工作了一个月。1937年，他们完成教育部的新设计，教育部大厦1945年建成。

新的教育部大厦主体是17层的钢筋混凝土的板式高楼，正立面上满是遮阳板，底下有3层高的开敞部分，可以引来穿堂风。大楼下面是自由形体的会议厅等。这座建筑给巴西带来新颖而陌生的建筑样式。

此后，方方正正的体块、光洁的墙面、整齐规则的遮阳板在巴西一度流行开来。

巴西在南半球，南美不同于西欧，在巴西现代建筑上，灵活多变、弯曲自如的造型特点渐渐明显，体现出拉丁美洲人民热情奔放的性格和爱好。尼迈耶与科斯塔等合作设计的纽约1939年世界博览会巴西馆是一个例子。

那是一座小巧的曲尺形两层小楼。底层露出支柱，其间有蜿蜒曲弯的墙板。巴西馆的正面伸出一条弯曲的坡道，将参观者导向二层主要展厅。墙上的遮阳格板使人一望而知是巴西的建筑。后面庭院里有弯曲的水池和热带花木。这座小型展览馆的特点是空间流动，曲线与直线、曲面与直面交织在一起，互相映衬，稳重而灵巧，朴素而活泼，是一个前所未见的、清新优美而逗人喜爱的展览建筑。

尼迈耶设计的餐馆和赌场建筑也都用了自由弯曲的、富有动感的形体。1943年建成的潘浦哈的小教堂也是尼迈耶的作品。教堂采用的并联的薄壳结构，在当时还是很少见的。

巴西教育部大厦

餐馆（1943）

纽约世界博览会巴西馆（1939）

尼迈耶说："我们巴西建筑师，像所有当代建筑师一样受到过柯布这位当代建筑大师的影响，但几年后就出现了另一种明显的趋向，我于1940年在潘浦哈的建筑中有更自由的表现。……曲线搞得很自由，跨度弄得最大，混凝土工程师也卷入自由形式的创造工作中来……发展了一种新的建筑风格，主要是由于我们的气候、习俗和感情与别处不同。"

巴西接受了西欧20年代现代建筑，接着又超越了它。巴西建筑师在作品中把现代建筑技术与功能同拉丁美洲人民热情奔放的个性和情感结合起来，创作出既理智又浪漫、有地域特点的现代建筑。格罗皮乌斯在谈到尼迈耶的建筑作品的时候曾说："他像一只天堂鸟。"就是指其作品有一种轻快、自由、流畅的特征。我们或许可以称之为巴西的"现代巴洛克建筑"，人们对巴洛克建筑的喜好渗入现代建筑中了。这种"现代巴洛克建筑"带有现代主义建筑的普遍性，又带有拉丁美洲环境赋予的特殊性。它们是建筑，但让人联想到探戈舞、桑巴舞的流畅欢快的动作，说到底，反映出拉丁美洲人民的热情浪漫的性格与气质。

1942年，纽约现代美术馆出版《巴西建筑》一书，向世界介绍别

总统府外观　　　　　　　　　　　　总统府近景

外交部

外交部前水池与雕塑　　　　　　　司法部前水池

巴西利亚政府建筑（1957—1963）

具特色的巴西现代建筑，引起广泛的注意。

关注地域性

前面介绍的是现代建筑带上地域性的较早的例子。越往后，地域性问题越加受到重视。可以看到有的建筑师在本国之外设计新建筑物时，有意使之带上当地特征的情况。日裔美国建筑师雅马萨奇在这方面有突出的例子。

1959年，雅马萨奇受委托设计两座海外的建筑，其一是1959年印度国际农业展览会中的美国馆，另一个是沙特阿拉伯达兰机场候机楼。两座建筑都是美国出资建造，由美国官方选聘建筑师。雅马萨奇之所以被选中，同他主张尊重历史和尊重东方文化有关。他努力探索将现代建筑与地区传统文化结合的路子。

当时，美国政府想在展馆建筑上胜过苏联人，雅马萨奇的想法则是让美国馆具有对印度人民亲切友善的姿态，不搞自我炫耀。他根据地形狭窄不整的条件，将展馆化整为零，做成多幢单层展厅，形成建筑与院子交替变化空间序列。入口处有一片水池，观众先走上水面的曲廊，再进入一系列的展厅，参观结束时，观众在出口处又走上一道水上曲桥，然后离去。

在首尾两处水面的曲桥上立有高架，架子顶上安置着涂金的葱头形圆穹顶，一个连一个，两处水院共有32个金顶。这些饱满的洋葱头形圆顶在阳光下金光灿灿，十分耀眼。关键在于这些金顶不只是美丽，而且是印度人民熟悉的一种建筑符号。

历史上印度建立过伊斯兰王国。莫卧儿王朝时期，印度人民建造了世界建筑史上最重要的瑰宝之一——泰姬陵。雅马萨奇设计的葱头形穹顶就是从泰姬陵上借取来的形式元素。作为印度传统文化的符号或象征，加到水面曲廊顶上，人们一下子就想起泰姬陵，一下子就想到印度传统文化，一下子就意识到这是在印度国土上的展览会。而金穹顶出现在美国馆上，分明表达出展出国对东道国的尊

印度国际农业展览会美国馆一角

重和善意。

  沙特阿拉伯达兰机场候机楼1961年落成,它是美国政府为取得某基地土地使用权而出资兴建的。四十多年前,沙特国内航空尚不发达,达兰机场主要是国际航线的中转站,但国王要求建筑处理上应给国内航空业务和国际航空业务同等的重视,这是出自民族感情的要求。

印度泰姬陵

　　航空站完全是现代的建筑类型，须采用现代的材料和技术。雅马萨奇认为在阿拉伯世界建造的房屋，在采用新材料新技术解决新功能的同时，不应无视当地自然和人文环境的特点，要努力使建在那里的现代建筑带有当地的特征。怎么做呢？

　　雅马萨奇采用了一种独特的结构体系：一根钢筋混凝土柱子，上端分为四个向上的斜叉，上面是方漏斗似的顶板，这个结构单元有些像方形的喇叭花。将许多这样的结构单元拼连起来，就成了有柱子有屋顶的候机厅。

　　用钢筋混凝土造的候机厅是同当地传统建筑非常不同的"洋"建筑，如何使它具有阿拉伯特征？

　　雅马萨奇的做法很巧，他在设计结构单元的形式时已经考虑好了：相邻的柱子与斜叉合起来是一个拱门，结构单元的柱子和斜叉的边缘都加以处理，使它们对合起来正是一个有独特轮廓的伊斯兰式拱门，周边的拱门有带阿拉伯图案的墙板。

　　伊斯兰式拱券和阿拉伯式装饰带来阿拉伯联想。这种画龙点睛式的手法，使这座现代建筑具有了明显的阿拉伯风格。喷气式飞机取代

外观

近景

候机厅祷告台

沙特阿拉伯机场候机厅

了神话中的飞毯，候机楼有阿拉伯宫殿的遗风。这座候机楼落成后，沙特国王认为它是到那时为止唯一有阿拉伯特色的新建筑，候机楼的形象印到该国纸币上去了。

20世纪80年代，丹麦建筑师拉尔森（Henning Larsen）为沙特阿拉伯设计的外交部大厦是又一个带地域特征的例子。沙特当局要求大厦成为外宾到达该国的"大门"，除了办公外还要包括典礼用的大

外观

入口

大厅

沙特阿拉伯外交部大厦

空间，并显示沙特阿拉伯在伊斯兰世界的中心地位。建筑师拉尔森按
当地传统将办公室布置在3个庭院周围。接待大厅空间高大，很有气
势。大厦采用框架结构，功能、设备都很现代化，主要入口两旁有圆
弧形的墙体，墙面是石板，开着小而窄的窗孔，外观厚实封闭，造型
使人想起那一地区过去的土筑城堡，显出明显的阿拉伯国家的地域文
化特征。

发展中国家的追求

    20世纪，许多发展中国家的建筑师掌握了西方国家的现代建筑技术，便自觉地努力使本国的现代建筑具有本地区的特征。巴西以外，印度、墨西哥和中国等都出现了具有民族性和地域性的现代建筑。

    近百年中，中国建筑师一直为使新建筑具有中国的地域性和民族特征而努力。1929年建成的南京中山陵是一个著名的也是十分成功的例子。它的设计者是较早留学美国的吕彦直建筑师，他在有外籍建筑师参加的设计竞赛中获选，建造过程中辛勤工作，建成这座有中国气派的新型陵墓。但吕彦直在陵墓竣工前3个月病故，英年早逝，死时年仅35岁。

    在现代建筑物上建造传统屋顶虽然能很好地显示中国民族性，但问题是增加建造费用，因而这种做法难以为继，屡次止歇，但又再三出现。1954年遭到批判，然而到国庆十周年时又造了许多带大屋顶的建筑，如北京农业展览馆、中国美术馆、民族文化宫等。屡起屡伏、又屡伏屡起的"大屋顶情结"何以这般顽强呢！归根结底，这反映着中国人希冀造出有中国特征的现代建筑的愿望。

    无论什么地区，只要有了一定程度的现代经济和技术，生活发生

外景

南京中山陵

祭堂

张镈设计的北京民族文化宫（1959）

张镈设计的北京民族文化宫（1959）

了变化，盖房子的事情，除个别例外，要完全回到过去不大可能。只能在新的条件下，有选择地借鉴和吸收过去建筑中有益的经验和成分，适当地用于新建筑中，这是一项艰辛的创造性工作。

当今世界发展总的趋势是全球化，又是多元化。最初的现代性只有西方现代性一家，现在已出现多种现代性，现代性本身是多元的，即多元现代性。建筑也是这样，现代建筑也是多元的。20世纪前期，西欧工业先进地区曾是建筑改革发展的源头，到20世纪后期，许多原来的边缘地带也发展繁荣起来，世界不再只有一两个中心，而是有更多活跃的有影响的地区。各国各地区的现代建筑既有共同性，又有差别性。当然，由于世界经济、科学、技术、文化、信息的迅速而广泛的交流，共同性增加，差别性会减少。

建筑的地域性还表现在建筑的方方面面。不同地区的地理、气候、资源、经济、技术、历史、文化、政治、信仰、生活习俗不一样，在建筑的功能要求、空间布局、材料技术、设施类型诸方面都存在地域性的差异。将物质方面的及隐性的差异包括进来，现代建筑的地域性问题更不可忽视。

第十三讲 | 混沌之维——朗香教堂

1955年,柯布创作的朗香教堂(The Pilgrimage Chapel of Notre Dame du Haut at Ronchamp) 落成, 立即在全世界建筑界引起轰动。为什么这个山中小教堂, 其实是小礼拜堂, 如此引人注目呢?

柯布是当年现代主义建筑的著名旗手,第一次世界大战后他提倡理性,号召建筑师向工程师学习,从汽车、轮船、飞机的设计制造中获取启示。这样一位人物怎么又创作出朗香教堂这样怪模怪样的建筑来了呢? 谁能说朗香教堂还是理性的产物?

朗香教堂正面

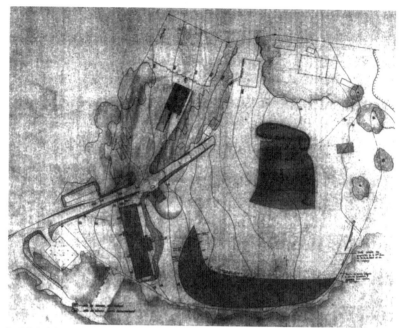

朗香教堂总布置图

如果不是,那又是什么呢?是什么样的背景和思想促成了那个朗香教堂?大家都说建筑创作要有灵感,柯布创作朗香教堂的灵感从哪里来的呢?

朗香教堂何以给人强烈的印象

不管你喜欢还是不喜欢,不管你信教还是不信教,也不论你见到了实物还是只看到照片或影片,朗香教堂的形象都会令你产生强烈的、深刻的,从而是难忘的印象。

在这里,教堂的规模、技术和经济问题,以及作为一个宗教设施它合用到什么程度等等都不重要,也与我们无关。在这里,重要的是建筑造型的视觉效果和审美价值。

大家都有这样的经验,平日我们看建筑,有的眼睛一扫而过,留不下什么印象;有的眼睛会多停一会儿,留下多一点儿印象,差别就

朗香教堂主入口

在于有的建筑能"抓人",有的"抓不住"人。朗香教堂属于能抓人的建筑,而且特别能抓。为什么呢?

　　这是由于朗香教堂让人觉得陌生,令人产生陌生感。我们从日常生活中已经形成了一定的关于房屋是什么样子的概念。如果直接或间接见过一些基督教堂的人,心目中又有基督教堂大致是什么样子的概念。我们观看一座建筑物的时候总是不自觉地将眼前所见同已有的概念作比较。如果一致，就一带而过，不再注意；如果发现有差异，就要检验、鉴别，注意力就被调动起来了。

朗香教堂像人们常见的房屋吗？不像。像人们习见的基督教堂吗？也不像。它太"离谱"了，因此格外引人注意。

20世纪初，俄国文学研究中的"形式主义学派"对文学作品中的"陌生化"做过专门研究。他们说，文学的语言、诗的语言同普通语言相比，不仅制造陌生感，而且本身就是陌生的。诗歌的目的就是要颠倒习惯的过程，使我们已经习惯的东西"陌生化"，"创造性地损坏"习以为常的、标准的东西，以便"把一种新的、童稚的、生机盎然的前景灌输给我们"。

从文学中观察到的这些原理，在建筑和其他造型艺术门类中也大体适用。陌生化是对约定俗成的突破或超越。当然，陌生化是相对的。百分之百的陌生化，全然摆脱人们熟知的形象，会使作品完全变成另外一种东西，也就达不到预期的效果。陌生化有一个程度适当的问题。

柯布在朗香教堂的形象处理中最大限度地利用了"陌生化"的效果。它同建筑史书上著名的宗教建筑都不一样。同时，朗香的形象也还有人们熟悉的地方。那屋顶仍在通常放屋顶的地方；门和窗尽管不一般，但仍然叫人大体猜得出那是门和窗，它们是陌生化的屋顶和门、窗，正在所谓的似与不似之间。最大限度然而又是适当的陌生化处理，是朗香教堂一下子把人抓住的第一关键。

朗香教堂引人之处又在于它有一个复杂的形象结构。20世纪初期，柯布和他的现代主义同道们提倡建筑形象的简化、净化。柯布本人与美术界的立体主义派来相互呼应，他在建筑界大声赞美方块、圆形、矩形、圆锥体、球体等简单几何形体的审美价值。20世纪20年代和稍后一段时期，勒氏设计的房屋即使内部相当复杂，外形也总是处理得光光净净，简简单单。萨伏伊别墅即是一例，人们很难找出一个比它更简单光溜的建筑名作了。

　　然而，在朗香，柯布放弃了过去的追求，走向简化的反面——复杂。试看朗香教堂的立面处理：那么一点的小教堂，四个立面都不相同，也不相似。初次看它的人，如果单看一面，绝想不出其他三面是什么模样,看了两面,还是想像不出第三面第四面的长相,四个立面,各有千秋,真是极尽变化之能事。这种做法与萨伏伊别墅几乎不可同日而语。那些窗洞形式,也是不怕变化,只怕单一。再看教堂的平面,那些曲弯的墙线,和由它们组成的室内空间,也都复杂多变。当年勒氏很重视设计中的控制线和法线,现在都甩开了,平面图上寻不出什么规律,立面上也看不出什么章法。如果一定说有规律,那也是太复杂的规律。萨伏伊别墅让人想到古典力学,想到欧几里得几何学。朗香教堂则使人想到近代力学、非欧几何。总之,就复杂性而言,今非昔比。

然而有一点要指出,朗香教堂的复杂性与中世纪哥特式教堂不同。哥特式的复杂在细部,那细部处理达到了繁琐的程度,而总的布局结构是简单的、类同的、容易查清的。朗香的复杂性相反,是结构性的复杂,而其细部,无论是墙面还是屋檐,外观还是内里,其实仍然相当简洁。

朗香教堂有一个复杂结构,而复杂结构比之简单结构更符合现在人们的审美心理。如果说萨伏伊别墅当初是新颖的,有人喝彩,纽约联合国总部大厦当年也是新颖的,有人叫好,那么,再拿出类似的货色,就不会受到广泛的欢迎。简单整齐的东西,容易让人明白的东西,现在被看成白开水一杯,失去吸引力。简单和少联系在一起,密斯坚持"少即是多"。后来,美国建筑师文丘里宣称"少不是多","少是枯燥",把密斯给否了。语云"此一时也,彼一时也",简洁过后,便流行复杂。

这是就社会审美心态的变迁而言。格式塔心理学家在学理上也有解释。他们研究证明,格式塔,即图形,有简单和复杂之分。人对简单格式塔的知觉和组织比较容易,从而不费力地得到轻松、舒适之感,但这种感觉也就比较浅淡。视知觉对复杂的格式塔的感知和组织比较困难,它们唤起一种紧张感,需要进行积极的知觉活动。可是一旦完成之后,紧张感消失,人会得到更多的审美满足。所以简单格式塔平淡如水,复杂格式塔浓酽如茶如酒。朗香教堂的复杂形象就有这

朗香教堂大门　　　　　　　　　　　　　　　　　　　　　　朗香教堂布教台

样的效果。

　　对于朗香教堂的形象，人们观感不一。概括起来，没有什么人认为它优美、秀雅、高贵、典雅、崇高，多数人说它怪诞。近代美学家认为怪诞也是美学的范畴之一，朗香教堂可以归入怪诞一类。

　　怪诞就是反常，超越常规，超越常理，以至超越理性。对于朗香教堂，用建筑的常理常规，无论是结构学、构造学、功能需要、经济道理、建筑艺术的已有规律，都难以解释，都说不清楚。面对那造型，一种匪夷所思、莫名其妙的感想立即产生。为什么？因为它的建筑形象太怪诞了。

　　朗香教堂的怪诞与它的原始风貌有关。它兴建于20世纪中叶，可是除了那个金属门扇外，几乎再没有什么现代文明的痕迹了。那粗粝敦实的体块，混沌的形象，像岩石般沉重地屹立在群山之中的小山包上。"水令人远，石令人古"，它不但超越现代建筑史、近代建筑史，而且超越文艺复兴和中世纪建筑史，似乎比古罗马和古希腊建筑还要早,……它很像远古时代巨石建筑的一种。"白云千载空悠悠",朗香教堂不仅是"凝固的音乐",甚至是"凝固的时间",时间都被它打乱了,这个怪诞的建筑!

由此又生出神秘性。朗香教堂那沉重、奇崛的体块组合里面似乎蕴藏着一些奇怪的力。它们互相拉扯,互相顶撑,互相叫劲。力要迸发,又没有迸发出来,正在挣扎,正在扭曲,正在痉挛。引而不发,让人揪心。

这些都不易理解,甚至不可理解。谁造出这样的建筑!是现代法国人柯布,可是这个建筑又不像人造的,不像20世纪文明国度里的人造的。造它的人是不是超人?或者,是按超人的启示造出来的!超人是谁?当然是上帝,在这个教堂里向上帝祈祷,多么好啊!

这都是猜测,是揣摩,是冥想,没法确定。许多建筑物,即使单从外观上看,也能大体明白它们的性质和大致的用途。北京的毛主席纪念堂、华盛顿的美国国会大厦、各处的饭店、商场、车站、住宅……都比较清楚。另外一些建筑物就不那么清楚了,如巴黎蓬皮杜中心、悉尼歌剧院等等,需要揣测,可以有多种联想。因为它们在我们心中引出的意象是不明确的,有多义性,不同的观看者可以有不同的联想。

朗香教堂的形象就是这样的,有人曾用简图显示朗香教堂可能引起的5种联想,或者称做5种隐喻,它们是:合拢的双手、浮水的鸭子、一艘航空母舰、一种修女的帽子,最后是攀肩并立的两个修士。美国的斯卡里教授又说朗香教堂能让人联想起一口大钟、一架起飞中的飞机、意大利撒丁岛上的某个圣所、一个用飞机机翼覆盖的洞穴,它指向天空,实体在崩裂,在飞升……一座小教堂能引出这么多(或更多)的联想,太妙了。而这些联想、意象、隐喻没有一个是清楚肯定的,它们在人的脑海中模模糊糊,闪烁不定,还会合并、叠加、转化。所以我们在审视朗香教堂时,会觉得它难于分析,无从追究,没法用清晰的语言表达我们心中的复杂体验。

这不是缺陷。朗香教堂与别的一看就明白的建筑物的区别正如诗与散文的区别一样。写散文用逻辑性推理的语言,每个词都有确切的

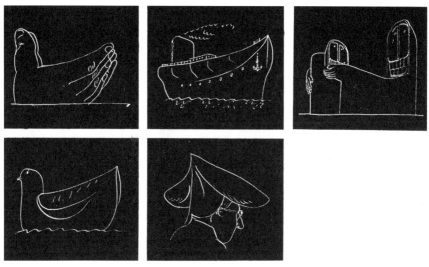

关于朗香教堂的几种联想

含义，语法结构严谨规范。而诗的语法结构是不严谨的，不规范的，语义是模糊的。"感时花溅泪，恨别鸟惊心"，能用逻辑推理去分析吗？"秋水清无力，寒山暮多思"，能在脑海中固定出一个确定的意象吗？相对于日常理性，模糊不定、多义含混更贴近某些时候、某些情景下人的情趣和心理上的复杂体验，更能触动许多人的内心世界。

《老子》中有这样的话：

道之为物，惟恍惟惚。

惚兮恍兮，其中有象。

恍兮惚兮，其中有物。

窈兮冥兮，其中有精。

其精甚真，其中有信。

这些话不是专门针对美学问题，然而也与艺术和人的审美经验有关。在艺术和审美活动中，人们能在实在与非实在、具象与非具象、确定与非确定的形象中得到超越日常感知活动的"恍惚"，感受到"其中有象","其中有物","其中有精","其中有信"。朗香教堂作为一个艺术形象，正是一种窈兮冥兮的恍惚之象，它体现的是一种恍惚之美。20世纪中期的一个建筑作品越出欧洲古典美学的轨道而同中国古老的美学精神合拍，是值得探讨的有意思的现象。

总之，陌生、惊奇、突兀、复杂、怪诞、奇崛、神秘、朦胧、恍惚、变化多端、起伏跨度很大的艺术形象，其中也包括建筑形象，在今天更能引人注目，令人思索，耐人寻味，予人刺激和触发人的复杂心理体验。当代有越来越多的人具有这样的审美心境和审美要求，朗香教堂的建筑形象满足这样的审美期望，于是在这些人中就被视为有深度，有力度，有广度，有烈度，从而被看作是有深意、有魅力的建筑艺术精品。

从建筑艺术的角度看，朗香教堂是建筑中的诗作，属于朦胧诗派。

朗香教堂是如何构思出来的

柯布生前说了和写了不少关于朗香教堂的话语，然而就是他本人也不能把自己的创作过程讲得很清楚。在朗香教堂建成几年后，柯布在朗香，还很感叹地问自己："可是，我是从哪儿想出这一切来的呢?"柯布不是故弄玄虚，也不是卖关子。艺术创作至今仍是难以说清的问题。柯布去世后，留下大量的笔记本、速写本、草图、随意勾画和注写的纸片，他平素收集的剪报、来往信函等等，这些资料由几个学术机构保管起来，勒·柯布西耶基金会收藏最为集中。一些学者在那些机构里进行长年的整理、发掘和研究，陆续提出了很有价值的报告。一些曾经为柯布工作的人也写了不少回忆文章。

关于自己通常的创作方法，柯布有下面一段叙述：

> 一项任务定下来，我的习惯是把它存在脑子里，几个月一笔也不画。人的大脑有独立性，那是一个匣子，尽可能往里面存入与问题有关的大量资料信息，让其在里面游动、煨煮、发酵。之

朗香教堂东南角

朗香教堂内景

朗香教堂平面图

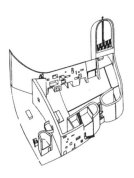

朗香教堂内部空间示意图

后，到某一天，咯噔一下，内在的自然的创作过程完成。你抓过一支铅笔、一根炭条、一些色笔（颜色很关键），在纸上画来画去，想法出来了。

这段话讲的是动笔之前，要做许多准备工作，在脑子里暗中酝酿。

创作朗香教堂时，在动笔之前柯布同教会人员谈过话，深入了解天主教的仪式和活动，了解信徒到该地"朝山进香"的历史传统，探讨宗教艺术的方方面面。柯布专门找来有关朗香地方的书籍，仔细阅读，并做摘记。大量的信息输进脑海。

一段时间后，柯布第一次去到布勒芒山区现场时，他已经形成某种想法了。勒氏说他要把朗香教堂做成一个"形式领域的听觉器件(acoustic componentin the domain of form)，它应该像（人的）听觉器官一样的柔软、微妙、精确和不容改变"。

第一次到现场，勒氏在山头上画了些极简单的速写，记下他对那个场所的认识。写了这些字句："朗香？与场所连成一气，置身于场所

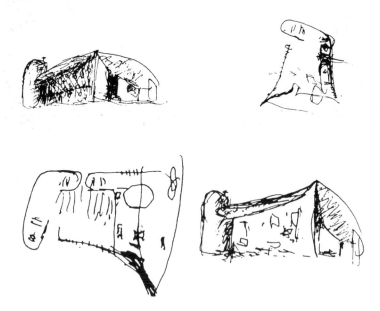

柯布的设计草图

之中，对场所的修辞，对场所说话。"在另一场合，他解释说："在小山头上，我仔细画下四个方向的天际线，……用建筑激发音响效果——形式领域的声学。"

把教堂建筑视作声学器件，使之与所在场所沟通，信徒来教堂是为了与上帝沟通，声学器件象征人与上帝声息相通的渠道和关键。可以说这是柯布设计朗香教堂的建筑立意，一个别开生面的奇妙立意。

从1950年5月到11月是形成具体方案的第一阶段。现在发现的最早的一张草图画有两条向外张开的凹曲线，一条面朝南，教堂大门即在这一面，像是接纳信徒，另一条面朝东，面对在空场上参加露天仪式的信众。北面和西面两条直线，与曲线围合成教堂的内部空间。

另一幅画在速写本上的草图显示两样东西。一是东立面，上面有鼓鼓地挑出的屋檐，檐下是露天仪式中唱诗班的位置，右面有一根柱子，柱子上有神父的讲经台。这个东立面布置得如同露天剧场的台口。朗香教堂最重大的宗教活动是一年两次信徒进山朝拜圣母像的传统活动，人数过万，宗教仪式和中世纪传下来的宗教剧演出就在东面露天进行。草图只有寥寥数笔，但已给出了教堂东立面的基本形象。此后，其他一些草图进一步明确教堂的平面形状，北、西两道直墙的端头分别向内卷进，形成三个半分隔的小祷告室，它们的上部突出屋顶，成为朗香教堂的三个高塔。有一张草图勾出教堂东、南两面的透视效果。整个教堂的体形渐渐周全了。然后把初步方案图送给天主教宗教艺术事务委员会审查。委员会只提了些有关细节的意见。

随即进入推敲和确定方案的阶段。他们做了模型——为推敲设计而做的模型，一个是石膏模型，另一个用铁丝和纸扎成。对教堂规模尺寸做了压缩调整。勒氏说要把建筑上的线条做得具有张力感，"像琴弦一样！"整个体形空间变得愈加紧凑有劲。把建成的实物同早先的草图相比，确实越改越好了。

我们回到柯布自己提的问题：他是从哪儿想出这一切来的呢？这个问题也正是我们极为关心的问题之一。是天上掉下来的吗？是梦里所见的吗？是灵机一动，无中生有出现的吗？研究人员D·保利经过多年的研究，解开了朗香教堂形象来源之谜。保利说柯布是有灵感的建筑师，但灵感不是凭空而来，灵感也有来源，源泉是柯布毕生广泛收集、储存在脑海中的巨量资料信息。

柯布讲过一段往事：1947年，他在纽约长岛的沙滩上找到一只空的海蟹壳，发现它的薄壳竟是那样坚固，柯布站上去壳都不破，他把这只蟹壳带回法国，同他收集的许多"诗意的物品"放到一起。正是这个蟹壳启发出朗香教堂的屋顶形象。保利在一本勒氏自己题名"朗香创作"的卷宗中发现勒氏写的字句："厚墙，一只蟹壳，设计圆满了，如此合乎静力学，引进蟹壳，放在笨拙而有用的厚墙上。"朗香教堂的屋盖由两层薄薄的钢筋混凝土板合成，中间的空当有两道支撑隔板。柯布的一幅草图表示这种做法仿自飞机机翼的结构。朗香教堂那奇特的大屋盖原来同螃蟹与飞机有关。

朗香教堂有3个竖塔，上端开着侧高窗，天光从窗孔进去，循着井筒的曲面折射下去，照亮底下的小祷告室，光线神秘柔和。不过，柯布采用这种方法也从古代建筑中得到启发。1911年，他参观古罗马建筑，发现一座岩石中挖出的祭殿的光线，是由管道把上面的天光引进去的。柯布当时画下这特殊的采光方式，称之为"采光井"。几十年以后，在朗香教堂的设计中，他有意识地运用这种方式。在"朗香创作"卷宗里，在一幅草图旁边柯布写道："一种采光！余1911年在蒂沃里古罗马石窟中见到此式——朗香无石窟，乃一山包。"

朗香教堂的墙面处理和南立面上的窗孔开法，据认为同柯布1931年在北非所见的民居有关。他注意到摩扎比人在厚墙上开窗极有节制，窗口朝外面扩大，形成深凹的八字形，自内向外视野扩大，自外边射进室内的光线又能分散开来。

朗香教堂的屋顶，东南最高，向上纵起，其余部分东高西低，造成东南两面的轩昂气势，这个坡度很大的屋顶也有收集雨水的功能。屋面雨水全都流向西面的一个水口，经过伸出的一个泄水管注入地面的水池。研究者发现，那个造型奇特的泄水管也有其来历。1945年，柯布在美国旅行时经过一个水库，他当时把大坝上的泄水口速写下来。朗香教堂屋顶的泄水管同那个美国水利工程的泄水口相当类似。*

这些情况说明像柯布这样的世界大师，其看似神来之笔的构思草图，原来也都有其来历。当然，如果我们对一个建筑师的作品的一点一滴都要生硬地、牵强附会地考证其来源根据是没有意义的事情。建筑创作和文学、美术等一切创作一样，过程极其复杂，一个好的构思像闪电般显现，如灵感的迸发，难以分析甚至难以描述。重要的是从朗香教堂的创作，我们可以看到那是在怎样的深广厚实的信息资料积蓄之上的灵感迸发。

从柯布创作朗香教堂的例子，还可以看到一个建筑师脑中贮存的信息量同他的创作水平有密切的关系。从信息科学的角度看，建筑创作中的"意"属于理论信息，同建筑有关的"象"属于图像信息。建筑创作中的"立意"，是对理论信息的提取和加工。脑子中贮存的理论信息多，意味着思想水平高，立意才可能高妙。有了一定的立意，创作者接着向脑子中贮存的图像信息检索，提取有用的形象素材，素材不够，就去收集补充新的图像信息（看资料），经过筛选、融会，得到初步合于立意的图像，于是下笔，心中的意象见诸纸上，形成直观可感的形象，一种雏形方案产生了。然后加以校正，反复操作，直至满意的形象出现。

我们的脑子在创作中能将多个原有形象信息——母体形象信息，或是它们的局部要素，加以处理，重新组合，重新编排，产生新的形象——子体形象信息。人类的创造方法多种多样，信息杂交也是其中重要的一个途径。朗香教堂的形象塑造在很大程度上采用了这种方式。

我们不可能详细讨论建筑创作方法和机制的各个方面，只是想指出，朗香教堂的创作，同柯布毕生花大力气收集、存储同建筑有关的大量信息——理论信息与图像信息有直接关系。作品的创造性与信息量成正比。

柯布告诉人们，建筑师收集和存贮图像信息最重要的也是最有效

---

* 见 H.A.Brooks, *Le Corbusier*, Princeton University Press, 1987。

的方法是动手画。他说："为了把我看到的变为自己的，变成自己的历史的一部分，看的时候，应该把看到的画下来。一旦通过铅笔的劳作，事物就内化了，它一辈子留在你的心里，写在那儿，铭刻在那儿。要自己亲手画。跟踪那些轮廓线，填实那空当，细察那些体量等等，这些是观看时最重要的，也许可以这样说，如此才够格去观察，才够格去发现，……只有这样，才能创造。你全身心投入，你有所发现，有所创造，中心是投入。"柯布常讲他一生都在进行"长久耐心的求索"。朗香教堂最初的有决定性的草图确是刹那间画出来的，然而刹那间的灵感迸发，是他"长久耐心的求索"的结晶。

从走向新建筑到走向朗香

1923年，柯布的《走向新建筑》出版，他大声疾呼："一个伟大的时代开始了，这个时代存在一种新精神。"

什么新精神？柯布首先看到了工业化带来的精神，他对工业化带来的事物都大加赞赏："我们的现代生活，……曾经创造了自己的东西：衣服、自来水笔、自动铅笔、打字机、电话，那些优美的办公室家具，厚玻璃板、箱子、安全剃刀……"勒氏不仅仅看到机器和机器产品的优越性能，而且将机器提升到道德、情感和美学的高度。他写道："每个现代人都有机械观念，这种对机械的感受是客观存在而且被我们的日常活动所证明。它是一种尊敬，一种感激，一种赞赏。"这些话语透露出来的是对工业化时代的兴奋与满意，态度非常乐观。他在建筑师界鼓吹改革创新，在理论和实践两方面都走在最前列，成为现代建筑运动公认的最有影响的旗手之一。

第二次世界大战结束后，现代建筑潮流大盛于美国。并遍及全世界。人们预期柯布在战后的建筑舞台上将沿着《走向新建筑》的路子，继续领导世界建筑新潮流。

出乎一般人预料，他却显示了另一条建筑创作路径。

战后初期他设计的马赛公寓大楼造型壮实、粗粝、古拙，直至带有几分原始情调，与同时期纽约的新建大楼形成强烈的对照。马赛公寓被认为是"粗野主义"（Brutalism）的代表作。其后他在印度设计的一些作品，也都呈现出笨重而粗犷的面貌。尽管新作品与他战前风格并非绝无联系，然而变化却是显著的。

20世纪20年代，大多数美国人对欧洲兴起的现代建筑很不买账，坚持使用"厚重的墙"。曾几何时，到了50年代，美国大城市兴起"薄薄一片玻璃"的超高层建筑之风，柯布自己反倒喜爱起"厚重的墙"，及至推出朗香教堂那样沉重的建筑形象。

古往今来，中外大艺术家在自己的艺术生涯中常常进行艺术上的"变法"。如果柯布在第一次世界大战后的道路可以称为"走向新建筑"的话，那么，第二次世界大战之后，他的创作道路不妨称为"走向朗香"。前后两个"走向"表示柯布作为一位建筑艺术家，实现了一次重大的"变法"。

概括地说，可以认为柯布从当年的崇尚机器美学转而赞赏手工劳作之美，从显示现代化派头转而追求古风和原始情调，从主张清晰表达转而爱好混沌模糊，从明朗走向神秘，从有序转向无序，从常态转向超常，从瞻前转而顾后，从理性主导转向非理性主导。这些显然是十分重大的风格变化、美学观念的变化和艺术价值观的变化。

20世纪初，就有对于西方社会持怀疑和悲观看法的人，就在柯布写作《走向新建筑》的同时，德国人斯本格勒（Oswald Spengler，1880—1936）写出了著名的《西方的没落》一书。这样的人多是一些哲学家、历史学家。而大多数技术知识分子，受着工业化胜利的鼓舞，抱着科学技术决定论的观点，对工业化、科学技术、理性主义抱有信心，对西方社会的未来持乐观态度。柯布属于后一种人。

20世纪30年代后期，欧洲阴云密布，不少现代建筑运动的代表人物移居美国。第二次世界大战期间，法国沦陷，勒氏蛰居法国乡间。格罗皮乌斯、密斯等活跃于美国大都市和高等学府的时候，勒氏却亲睹战祸之惨烈，朝夕与乡民、手工业者和其他下层人士为伍，真的是到民间去了。

第二次世界大战结束之后，他回到世界建筑舞台上来，依然是世界级大建筑师。然而，这位大师的心灵深处发生了深刻的微妙的变化。

1956年9月，柯布在《勒氏全集：1952—1957》的引言中写了这样一段话：

> 我非常明白，我们已经到了机器文明的无政府时刻，有洞察力的人太少了。老有那么一些人出来高声宣布：明天——明天早晨——12个小时之后，一切都会上轨道。……在杂技演出中，人们屏声息气地注视着走钢丝的人，看他冒险地跃向终点，真不知道他是不是每天都练习这个动作。如果他每天练功，他必定过不上轻松的日子。他得关心一件事：达到终点，达到被迫要达到的钢丝绳的终点。人们过日子也都是这样，一天24小时，劳劳碌碌，同样存在危险。

同32年前相比，柯布换了一种心境，原来的确信变成怀疑。今天的日子很不好过，明天的世界究竟如何，他觉得很不确定，没法把握。更早一点，在1953年3月，他还说过更消极、更悲观的话：

> 哪扇窗子开向未来?它还没有被设计出来呢！谁也打不开这窗子。现代天边乌云翻滚，谁也说不清明天将带来什么。一百多年来，游戏的材料具备了吗？这游戏是什么?游戏的规则又在哪儿?*

柯布心境的改变，从信心十足到丧失信心是可以理解的。回想一下《走向新建筑》出版以后的那段日子吧。柯布的重要方案屡被排斥；他还没有盖出更多的房子，1929年世界经济大萧条就降临了；1933年希特勒上台，法西斯魔影笼罩欧洲，人心惶惶；1937年德国开始侵略别国，闪电战，俯冲轰炸机，集中营，犹太人被推入焚尸炉。千百万

---

* Le Corbusier, *Œuvre Complète*, Publieé Par W.Boesiger 1962 Edition Girsberger Zurich.

柯布1953年的雕塑作品

生灵涂炭，无数建筑化为灰烬，城市满目疮痍。文明的欧洲中心地带，相隔20年掀起两次空前的屠杀。人性在哪里？理性在哪里？工业、科学、技术起什么作用？人类的希望在哪里？柯布目睹惨祸，无可逃避，无法逍遥，也无法解释，过去的信念不得不破碎了！

柯布早先颂扬理性，战后他不再称颂理性，相反，更多地显露出非理性、反理性的倾向。在战后时期的作品中他常常应用他独创的"模数"(Modulor)。柯布将一个人的身高按黄金分割律不断分割下去，得出一系列奇特的数字，将之用于建筑设计之中，这套奇特的模数制建立在一种信念上，即要将人体与房子联系起来的信念之上，看似精确有理，实则无效，除了勒氏自己，无人采用过"模数"。这套"模数"，带有神秘信仰的色彩，它出现在大战时期而不是20年代不是偶然的。

柯布一生从事绘画，绘画反映着他的思想变化。柯布战前的绘画同立体主义画派相似，题材多为几何形体、玻璃器皿之类，后来又有人体器官入画，再往后，题材愈见多样，形象益加奇怪，而含意更为诡谲。

1947—1953年间，柯布画了一系列图画，有的配了诗，1953年结集出版，题名《直角之诗》(Le Poeme de L'Angle Droit)。这本诗配画的"最深邃的品质"反映着他后期思想深处的某种信仰。

这本书印数有限，只有200册。在书的扉页上，柯布将他的19幅图画缩小，组成一个图案，上下分为7层，左右对称。最上一层排着5幅图，往下依次为3、5、1、3、1、1幅。柯布把这个图案称为Iconostase，这个词原指东正教神龛前悬挂的神幡。这个"神幡"的7层各有含义，由上到下依次代表：（1）环境—绿色，（2）精神—蓝色，（3）肉体—紫色，（4）融合—红色，（5）品德—无色，（6）奉献—黄色，（7）器具—紫蓝色，采用7这个数目，因为它被认为是魔数。

"神幡"的19幅图画内容有公牛、月亮女神、怪鸟、山羊头、羊角、新月、独角兽、神鹰、半牛半人、巨手、平卧女像、哲人之石、石人头、天上的黄道带和多种星宿，还有古希腊人信奉的赫耳墨斯神及古罗马人信奉的墨丘利神等。

《直角之诗》之一页

有学者指出，这些图画内容与古代神话和炼金术有关。柯布画这些题材经过深沉的思索，处处有他的用意，显示出他后期的观念和信仰。

后期的柯布相信天上的星宿同地上人间的命运有关，他画中的摩羯星、金牛座、白羊座、天秤座等各有独特的意义。其他的图像有的象征善与恶，有的代表生与死、四时更迭、祸福转化、平衡太和，还有物质变精神，精神变物质，一种事物转化为另一种事物以及返老还童、奉献礼拜等等。在这一切之中，柯布不是旁观描述者，他参与其中，画中的"哲人之石"代表他自己。在画上，乌鸦也是勒氏自己的象征。

这本诗配画表明他后期笃信魔力和魔法的存在，人间事物和过程受宇宙苍天的支配，事物本性能够转化相反相成的对立两极有同等重要性。

他配写的诗充满神秘主义的观念，如：

> 面孔朝向苍天，
> 思索不可言传的空间，
> 自古迄今，
> 无法把握。
> 水流停止入海的地方，
> 出现地平面，
> 微小的水滴是海的女儿，
> 它们又是水汽的母亲。

> 一切都变异，
> 一切都转换，
> 变化至高无上，
> 映现在
> 幸福的层面上。

睡眠之深洞，

是宽厚的庇护所，

生命的一半在夜间。

睡眠的博览会，

那儿的储藏室之夜

丰富无比，

女人走过，

我睡着了，

啊，原谅我吧。

　　学者们又指出，柯布后期的神秘观念的一个来源是古代宗教，其中有公元3—4世纪流行的摩尼教，中世纪基督教的卡德尔教派，公元11—13世纪在法国南部流行的阿尔比教派。有研究者指出柯布母亲的家族曾秘密信奉阿尔比教。

　　柯布后期的这些信念和信仰多多少少会渗透到他的建筑活动中来。在建造马赛公寓的时候，他曾坚持把开工日期定在1947年的10月14日。后来又坚持把竣工日期定于1953年的10月14日。有人指出这里包含着一种对月亮的信仰。10月份是勒氏自己出生的月份，按古代炼金术的历法，月亮周期为28天，取中得14，开工日和竣工日相距6年之久，都在10月14日。

　　朗香教堂设计与修建的日子和柯布创作《直角之诗》在同一时期，论者认为两者之间存在某种联系。例如，教堂的朝向与天象有关，露天布道台朝向东方，应的是黄道十二宫中的白羊座。白羊座主宰春天。东向代表"春天"，南向代表"冬天"，于是教堂东南角表示"冬天"与"春天"的转折。向上冲起的屋顶尖角象征摩羯座的独角兽，又是象征丰收的羊角。教堂西边的贮水池中有3个石块，象征人类初始的父、母、子。

　　这些非常具体的描述不免令人觉得有些牵强。不过，柯布后期具有"天人感应"的思想是确实的。他在谈到印度旁遮普邦的昌迪加尔

柯布墓地

行政区规划时说，纽约、伦敦、巴黎等大城市在"机器时代"被损坏了，而自己在规划昌迪加尔时找到一条新路子，就是让建筑规划"反映人与宇宙的联系，同数字学、同历法、同太阳—光、影、热都建立关系。人与宇宙的联系是我的作品的主题，我认为应该让这种联系控制建筑与城市规划"。

1965年8月27日，柯布在法国南部马丹角游泳时去世。一说是他游泳时心脏病发作致死，另一说是他故意要离开人世。曾在柯布事务所工作多年的索尔当说，死前数星期，柯布曾同他会面，当时柯布对他讲："亲爱的索尔当呀，面对太阳在水中游泳而死，该多么好啊！"有学者认为柯布在地中海中自尽可能同阿尔比教派的观念有关。这个教派传统上认为自尽是神圣的美德，人的精神由此离开物质可以超升。前面提到法国存在主义哲学家加缪对自杀作高度评价，可谓无独有偶，古今略同。

再 领 风 骚

朗香教堂落成之时，西方建筑界赞颂之声不绝于耳。可是有一个人写文章就这座建筑提出了"理性主义危机"的问题。文章登在英国《建筑评论》1956年3月号上，作者是后来颇有名气的英国建筑师斯特林。他说无法用现代主义建筑的理性原则去评论这个教堂建筑，又说："考虑朗香教堂是欧洲最伟大的建筑师的作品，应该思考这座建筑是否会影响现代建筑的进程？"

1955年，美国的P.约翰逊对那时的现代主义建筑的前景抱十分乐观的看法，他说："现代建筑一年比一年更优美，我们建筑的黄金时代刚刚开始。它的缔造者们都还健在，这种风格也还只经历了三十年。"约翰逊的估计代表了当时建筑界多数人的观点。今天来看，当时年轻的斯特林看得比别人深远一些，已经隐隐然带有几分"忧患意识"。

朗香教堂确实有违柯布早先提倡的理性原则，由此可以称之为非理性主义或反理性主义建筑。不过细究起来，建筑创作中的理性和非理性或反理性的界限实在很难细分。每个著名的重要的建筑都包含这两方面的成分，即有理性，又有非理性的成分，甚至可以说缺一不可，就具体的建筑物来说只有偏于这一方或那一方之别。

战后时期存在主义在世界许多地区广为流传，有的学者认为产生了"存在主义的时代精神"。在一段时期中存在主义对战后西方文学艺术的影响很深，事实上，萨特，加缪等人自己写了不少戏剧和小说，形成了存在主义的文艺浪潮。从世界是荒谬的这个基本观点出发，存在主义的文学艺术作品着重表现荒诞、混乱、不连贯性、无意义性、虚无、冲突、无序等等，这些也是存在主义文学艺术作品的表现方法和存在主义美学的特征。

朗香教堂是一个实际限制少（使用功能、结构、设备、造价），创作自由度大，表意性很强的建筑。第二次世界大战后的柯布，出于他思想上与存在主义思想上的相通，加上他在建筑艺术表现方面的娴熟技艺，终于通过建筑的体形、空间、颜色、质地的调配处置，用一个特殊的抽象形体，间接地、模糊地然而又是深刻强烈地表达出与存在主义观念相通的情绪、情结、心境和意象。按照克莱夫·贝尔关于艺术是"有意味的形式"的说法，朗香教堂的意味是存在主义的意味。它是一座具有存在主义意味的建筑。

20世纪后半期，批判、修正和背离20年代现代主义建筑的思潮渐渐占了上风，建筑风格也一再变化。我们回过头去，看到的是在大多数人还没有动作的50年代初，恰恰是当年倡导现代主义建筑的旗手柯布率先实现观念的转变，扬弃现代主义，改变了自己原来的建筑风格。P.约翰逊在1978年说："整个世界的思想意识都发生了微妙的变化，我们落在最后面，建筑师向来都是赶最末一节车厢。"这番话大体上是对的，但凡事都有例外，柯布与众不同，他早早地就登上了新的列车，开始了新的旅程。

第十四讲 | 纽约世界贸易中心与雅马萨奇

　　2001年，美国东部时间9月11日，星期二，一个初秋的早晨，纽约万里无云，风和日丽，人们开始上班。一架飞机在纽约曼哈顿区上空降低高度，在密集的高楼大厦上面呼啸而过。飞行管制中心听到飞机上一位空姐的喊声："我的上帝！我看到了河水和楼房……哦，上帝！"飞机迅即从雷达屏幕上消失了。

　　纽约世界贸易中心有南北两座高楼。8点45分，巨大的波音767飞机以时速630公里的速度撞破北楼第96层的北墙面，冲进楼内。燃油喷泻出来，立即引起爆炸。在撞击点附近的人立即毙命，在喷薄的烈焰中刹那间蒸发得无影无踪。楼梯间破坏了，待在96层以上的人全部没有逃生的机会。北楼遭攻击18分钟后，另一架被劫持的波音767飞机，于9点03分冲进南楼的第81层，也立即引发大火和爆炸。中心地区浓烟滚滚，爆裂倒塌声不断，建筑物的碎块、玻璃杂物、幸存者和死者躯体四处抛撒。南楼先坍塌，北楼接着垮了。在那个初秋的早晨，纽约世界贸易中心两座亮丽的110层大楼消失了，留下120万吨重的残体碎片。

　　2002年1月5日，纽约市政府宣布"9·11事件"世贸大厦的遇难人数为2895人。第一架被劫持飞机中死亡92人，第二架死亡65人。为了救援大楼中的人，纽约有343名消防员和警察献出了生命，纽约市消防局领导层的人员大部分遇难。

世界贸易中心怎样建造起来的

　　1962年的一天，日裔美国建筑师雅马萨奇（Minoru Yamasaki，1912—1986）收到纽约市—新泽西州港务局寄给他的一封信，询问他可愿承担一项建筑设计任务，那个建筑项目预定投资额为2.8亿美元。雅马萨奇的第一个反应是款额巨大，询问是否款数多写了一个零。对方回答无误后，雅马萨奇继而又想工程规模那样大，自己的事务所很小，美国有那么多大建筑事务所，人员多达数百名，怎么没去找他们呢？

　　纽约市与新泽西州隔河相望，合设一个港务局，它们早就计划在纽约建造一个综合性的世界贸易中心，以振兴纽约州和新泽西州的外贸事业。中心里面将有美国和世界各国的进出口公司、轮船公司、货运公司、报关行、保险公司、银行以及商品检验人员、经纪人等租用的营业和办公房间。各行各业的商贸人员将能在这里方便地获取信息，面对面地商谈业务，迅速交易。中心里还有多种服务设施如购物中心、

纽约世界贸易中心（1962—1976）

旅馆、餐馆等等。中心里工作的人员超过3.5万名，加上来此办事、购物、参观的人，每天要容纳近10万人活动，建筑面积总共达120万平方米。

港务局方面在物色建筑师时十分慎重，他们已对四十多家建筑事务所做了深入调查，详细比较，最后才决定聘雅马萨奇为总建筑师。

雅马萨奇用了一年时间进行调查研究和准备方案。前后共提出一百多个方案，雅马萨奇说他们做到第40个方案时思考已经成熟，其后的60多个方案是为了验证和比较而做的。

世界贸易中心位于纽约市曼哈顿岛南端西边，在赫德逊河岸上。这一带是纽约市最初发展的地点，著名的华尔街就在近旁。中心用地面积为7.6万平方米，由原来14块小街区合并而成。原有房屋没有保存价值，全被拆除。雅马萨奇在这块略成方形的地段中布置了6幢房屋，最高的两幢各为110层，其余有两座9层高层建筑，一座海关大楼和一座旅馆。楼房沿边布置，中心留作广场。

世界上原来最高的摩天楼是纽约的帝国州大厦，主体85层，加上顶部的塔楼共102层。是20世纪30年代完成的。以后，它的高度一直没有被超过，直到雅马萨奇设计的这两座110层的世贸中心大楼建成。在1961年，有人为世界贸易中心制定过72层的方案，雅马萨奇接手以后，认为世界贸易中心的"基本问题……是寻找一个美丽动人的形式和轮廓线，既适合下曼哈顿区的景观，又符合世界贸易中心的重要地位"。

雅马萨奇和他的助手为了确定未来大楼的高度，反复去观察帝国州大厦的视觉效果，结论是再增加些高度并无问题。对普通人来说，40层和100层没有很大差别，关键在于建筑的细部尺度，尤其是靠近人的底部的尺度，如果与人体和人的视觉经验有所联系，就不至于使人感到自己如同蚂蚁，如果大楼下部做得空灵一些，也不会产生对人的压迫感。另外，还要设法提供让人能看见建筑物全貌的角度和位置。雅马萨奇说，人既然能够建造摩天楼，人也能理解摩天楼。

纽约曼哈顿岛南部，即下曼哈顿区，三面环水，高楼林立，一幢

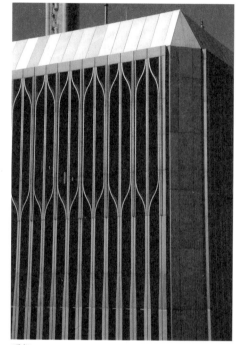

墙面　　　　　　　　顶部

纽约世界贸易中心

紧接一幢，远处看去，那里的高楼大厦好似一片水上丛林，是美国城市的奇特景观之一，有人厌恶那杂乱无章的景象，另一些人又非常喜爱它。雅马萨奇属于后一种人。他认为曼哈顿还可以再建高楼，他说当年纽约建造渥尔沃斯大楼、洛克菲勒中心、克莱斯勒大厦以及帝国州大厦时，每次都打破原有的轮廓线，每次都遭到许多人的抨击，但后来人们却喜欢上这些大楼和新的天际轮廓线。雅马萨奇指出，从20世纪30年代经济大萧条时期到60年代，很长的时期中，纽约没有出现破纪录的高楼，人们的观念也僵化了。他认为城市本不是静态的实体，城市应该是动态的，那才表现出生气。他认为"新建筑连续出现才使得曼哈顿成为有独特性的令人兴奋的城市中心"。他也预料世界贸易中心的110层大楼不会长久保持"世界最高"的称号。实际上纽约世界贸易中心建成一年后，芝加哥的西尔斯大厦在高度上就超过了纽约世界贸易中心，尽管它的层数也是110层。

　　世界贸易中心两幢110层的高楼体形完全一样。它们的平面都是同样大的正方形，每边长63.5m，地面以上高435m（一说405m或412m）。如果把两楼合起来，做成一个层数更多的，例如150层的大楼，在技术上完全办得到，但雅马萨奇做了两幢一模一样的大楼，两者不远不近地并肩而立，楼的高度与宽度之比都是7比1，从下而上笔直挺立，没有变化。这两座楼成双成对，若即若离，好似亭亭玉立的一对双胞胎姐妹。这样的"姊妹楼"的构思是不是透露出东方人的审美情趣呢？

　　世界贸易中心110层大楼的结构有许多创新之处。20世纪50—60年代，高层建筑的趋势是外墙不承重，所以称为幕墙。那些年美国幕墙大楼上的玻璃窗愈来愈大，有些看起来就像全用玻璃造成的大楼。但雅马萨奇设计的世界贸易中心双塔楼与它们都不相同，他采用外墙承重的方式，不过与早先的承重外墙不一样，世界贸易中心的外墙排列着很密的柱子，每根柱子宽45.7厘米，相邻两根柱子距离只有55.8厘米。钢柱包裹着防火材料，表面为铝板。密集的外柱连同每一层的横梁，构成密密的栅栏，四面合起来等于是竖立的带有许多细缝隙（大楼的窄窗）的高大的钢制的方形管筒。大楼内的中心部分，由下到上，也是用钢结构做成的管筒，里面安设电梯、楼梯、设备管道和服务房间等等。内外管筒之间，每一层都用钢桁架连接，各层的楼板即由钢桁架支承。世界贸易中心大楼这样的结构体系被称为"管中管"式的"套筒结构"（tube in tube），它能抵抗巨大的水平推力，这一点对超高层建筑物来说有决定性意义，因为超高层建筑要抵抗强大的风力。世贸中心的结构体系比纽约帝国州大厦那样的老式摩天楼更坚固、更轻、更柔韧、更有效。拿用钢量来比较，20世纪30年代造的纽约帝国州大厦每平方米用钢量为207公斤，20世纪60年代造的纽约曼哈顿大通银行大楼（60层）为220公斤，世界贸易中心大楼层数比它们多而用钢量为178公斤。

　　世界贸易中心规模庞大，层数增多，上下交通是一个大问题。如果采用一般的电梯布置方式，电梯井的数目很多，占去空间太大。为此，世贸中心大楼在高程上划分为3个区段，将第44层和第78层辟为电梯转乘之处，称为空中大厅。大楼中有一些电梯从底层分别直达第110层、第78层和第44层。其余的电梯分别行驶于3个区段之内。所以在世界贸易中心大楼，从底层到第44层、第78层及第110层可以乘直达电梯一次到达，去44层以上的其他各层的人，需要换一次电梯。如要去第88层的人，先在底层乘快速电梯到第78层空中大厅，在那里换乘区内电梯到达第88层。这种方式可能对初次去的人多一点点麻烦，但是由于在一部分电梯井筒中同时容纳3个电梯分段行驶，因而节省了电梯井的数目，减少投资，而且快速直达电梯可以节省时间。即便这样每个大楼都装有100部电梯。

为了减少人们在高层建筑上容易产生的恐高症，雅马萨奇一贯主张在高层建筑上开窄窗。世界贸易中心大楼外墙上开细窄窗子的做法，使外墙的玻璃面积只占表面总面积的30%，远低于当时的大玻璃或全玻璃高层建筑。因为柱子很密，窗子极窄，所以在世贸中心大楼上的人，没有"高处恐惧"感。由于玻璃窗不大，在世界贸易中心高层办公室中，人们时常感觉不出已经置身于距地二三百米的半空之中。

世界贸易中心大楼的柱子，窗下墙以及其他表面都覆以特制的银色的铝板。由于玻璃面积比率小，而且窄窗后凹，所以从外部望去，玻璃的印象很不突出，看过去最显著的是一道道向上的密集的银色柱线。从稍微斜一点的角度看过去，甚至完全看不到玻璃面，大楼好像是全金属的。阴云天气，两座大楼呈现为银灰色，色调谦和；太阳光下，洁白鲜亮，熠熠闪光；黄昏夕照之下，两座大楼随着彩霞的色彩，慢慢转换光色；而从赫德逊河上望去，直如神话中的琼楼玉宇，引人遐思，惊叹20世纪人类的建筑本领达到了怎样的高度！

人们对纽约世界贸易中心有不同的评价。有人赞美它是商业活动的一大成功，但也有人认为那两座110层的摩天楼是"摩天地狱"。对于这样一个庞大的建筑项目，人们从不同角度给予不同的和相反的评价是很自然的。不论怎样，雅马萨奇作为一名建筑师，能够被挑选出

世界贸易中心墙面

来担任如此巨大，如此显要的建筑项目的总建筑师，是他个人的一项殊荣，表示着他的建筑生涯的成功，表示着他得到社会公众的承认。

　　两座110层的大楼1966年开工，1971年12月北楼扣顶， 1972年

7月南楼扣顶。每楼施工时间为24个月。它们屹立在世界大都会纽约的南头，西面是赫德逊河。在"9·11事件"前，它们是纽约市最高的建筑。芝加哥的西尔斯大厦虽然比它们稍稍高一点，但是从地点位置看，从担负的任务看，以及从建筑本身的形象看，人们认为纽约世界贸易中心的双塔比芝加哥西尔斯大楼更胜一筹。

在纽约曼哈顿岛上数不清的高楼大厦之中，这两个方形塔楼不但是最高的，而且由于造型特殊，明丽秀雅，是纽约市一处令人一见难忘、留下愉悦印象的非常成功的标志建筑。

建筑师雅马萨奇

雅马萨奇并非名声很大的世界顶级建筑师，而美国有许多著名的建筑师和显赫的设计公司，当时的港务局业主何以会看中他，把投资巨大、十分重要的建筑项目交给他来做呢？

原因在于，虽然雅马萨奇在美国建筑师圈子中不是名声最响的，但他的建筑作品当时却受到了社会公众的欢迎。不少公司的董事长、大学校长、教会负责人以及国务院有关机构的领导却对雅马萨奇设计的建筑有好感。美国之音请他做广播讲演,《时代》周刊发表专文介绍他,雅马萨奇的母校赠他最佳校友称号,美国艺术和科学院选他为院士。社会公众欢迎他的建筑风格,建筑师界则有人讥讽他向群众口味投降。1959年他做西雅图世界博览会美国联邦科学馆设计,他的方案遭到建筑师界的反对,《时代》周刊说,"幸而公众舆论支持才得建成"。

雅马萨奇于1912年出生于美国西北部海港城市西雅图。父母是从日本到美国的移民。第二代日裔美国人有个专门的称号,叫niesai——"二世"。他的日文姓名为山崎实,英文姓名为Minoru Yamasaki,中文音译全名为米诺儒·雅马萨奇。

雅马萨奇虽然生在美国,长在美国,可是作为"二世",仍有机会接受日本文化的熏陶。

雅马萨奇建立自己的建筑事务所后,完成的第一个大型建筑物是密苏里州圣路易市机场候机楼。它于1951年开始设计,1956年落成,是战后时期较早的新型候机楼之一。圣路易机场候机楼有3个相连的大型钢筋混凝土十字形拱壳。结构本身的曲面给候机楼带来优美动人的韵味。这座建筑让雅马萨奇在美国建筑界有了一点名声。

雅马萨奇本来可以在开了个好头的道路上照直走下去,可是他不久产生了新的念头。他感到现代主义建筑思想有缺点。1955年,雅马萨奇在美国《建筑实录》上发表文章,指出:"现在存在的问题是:过分夸大建筑的重要的基本性质,如功能、经济和独创性;过分尊重建筑界的大师名人;过分轻视历史。"雅马萨奇把问题归结为四大谬误:功能谬误、经济谬误、创新谬误以及英雄崇拜谬误。

一、功能问题。雅马萨奇认为适用坚固当然是认真建造房屋(building)的先决要求,然而只考虑功能,只满足使用功能,还不能算是有了建筑(architecture)。他认为只有当"人将他追求的高尚品格注入他建造的环境中去,反过来使自己在追求愉悦的过程中得到鼓舞,这才是建筑",他说:功能上可行的方案为数颇多,而使人动心的建筑设计方案却很难得。

二、经济问题。雅马萨奇承认建筑师有责任在社会经济的总格局之内进行工作，"然而以经济性为借口支持差的和缺乏想像力的建筑无疑是不负责任的罪过"。他拿日本传统建筑用木头和纸为材料也造出过优良的建筑作例证，说明精神格调高的建筑并不一定非用贵重材料。

三、创新问题。雅马萨奇说他不反对创新和独创，但反对无节制的为新而新的倾向。例如拒绝使用某种旧有材料，"仅仅因为过去已经使用过"。

四、"英雄崇拜"。雅马萨奇承认柯布西耶、密斯等现代建筑大师的贡献与成就，然而反对跟在大师后面学步。"如果永远停留在他们的建筑思想的轨道里，建筑的未来就被限死了"。

在如何对待建筑历史遗产的问题上，他说："过去几十年，建筑创作的趋势是避开历史和传统，企图创立全新的建筑风格。我到各地旅行之后，彻底相信建筑和人类其他努力一样，应该也能够以过去创造的经过思考的精致建筑和城市为参考。如此方能创造出令人满意的现代环境。"

雅马萨奇对意大利文艺复兴时代留下的建筑和城市十分推崇。讲到罗马，他说："我在那些窄巷和广场上徘徊，追想当年文艺复兴时期的盛况，那些欢快的建筑形象使我惊喜不已。建筑处理雍容华贵，尽善尽美，石料的颜色，水的嬉戏，空间的穿插，把罗马变成一个快乐的、令人神往的生活场所。"

他将文艺复兴城市与现代城市加以比较以后指出："有一条根本的原理，文艺复兴时代的人民和建筑师很理解，而我们才开始学习，这原理是：城市和建筑是一种环境，人的大部分时间在其中度过。我们要实现幸福生活的梦想，这个环境起着重要的综合性的作用。""在威尼斯的街巷中可以听到有人引吭高歌，而我们城市街道上的音乐则是卡车和汽车的轰响。"

在印度，雅马萨奇为泰姬陵的建筑和环境所倾倒，他用热情洋溢的语调赞颂它："泰姬陵是个受控制的环境。围墙、建筑物和河流把城市景象屏蔽掉。脱离阿格拉城的酷热多尘的街道和人群，走进陵园的第一道门，就望到在灿烂阳光中挺立的泰姬陵，令人激动。我在那里坐了好几个钟头，寻思有什么可以加以改动的地方，但我的结论是既不能添上点什么，也不能减去什么。白色穹隆顶和尖塔形成的轮廓线，衬映在蓝色天空中，十全十美。我们真需要有这一类的处理，以克服长方形体和平屋顶的单调性。就建筑的比例、优美的细部、观念的卓越来说，我认为它是无与伦比的。"

作为一个日本血统的人，雅马萨奇感受最深的还是日本的传统建筑。日本传统是他的建筑美学思想的一个重要根源。

1933年，青年雅马萨奇在日本老家的田庄上体验了真正的日本人生活。雅马萨奇后来回忆说："那个夏天是难忘的，日本人的整洁、精细和日本人家庭的亲情给了我深刻的印象。"他发现他家老屋中日常只摆放很少几件艺术品，大量的收藏物存放在库房中。但随着季节的变换，主人的不同需要，不时地从库中取出轮换。这种做法时时给人以新鲜感，又在简省的背景中突出了珍品的意义。雅马萨奇说美国人一般的做法是把自己的收藏一股脑陈列在客厅里，显示其收藏之丰富。

他描述日本神庙建筑给他的印象："我从城市街道的喧哗骚乱之中走进一所日本寺院，感到惊喜万分。""你到寺庙门口，脱去鞋子，在昏暗的庙堂中穿行。远处有一点亮光，你朝着亮光走去，发现那是花园中的一片卵石铺地，红色石子耙梳成美丽的图案。好一片和平景象，你在那里停留片刻，心旷神怡。走出幽暗的大殿，又来到另一处院落，佳树名花点缀其中，枫树衬映着蓝天，真是美极了。再过片刻，你又转入另一个院子，有水池，有蝴蝶花，有石头，你多么欣喜呀！……从城市的喧嚣转入寺院围墙里的寂静是一种伟大的解脱。……人们的激动心情转化为内在的平衡。"

雅马萨奇描述他在一个日本餐馆中的感受："那家餐馆在街道旁边，外面是一道精巧的木栅栏墙，是日本城市建筑的典型立面。只有走进大门以后才觉出那是一个特别的地方，和平与愉悦混合的感觉立刻把你笼罩起来。脱去鞋子，在铺席的地板上安静地走进低矮的门厅，转过身，经过一小段幽暗的过道，进到一间令人叫绝的可爱的房间，那里的每一样东西：建筑布置，家具，窗外景色等等，对我说来都奇妙异常。在墙角，带框套的壁龛使精美的插花更显得突出，在糊纸扯窗的柔和光线下格外动人。壁龛里挂一幅山水立轴……龛前的矮桌是房间内惟一的家具。看到这样的房间，不能不为我们在美国忍受的杂乱无章叹气。""这是一个温暖的五月夜晚。朋友推开墙壁下部的扯窗，我们见到的竟是一个一米多宽的小小花园，石头、苔藓、树枝，配合优美。我又惊又喜，能在这么小的空间里获得如此精美的视觉愉悦，在我是全新的神奇的体验。"

雅马萨奇说："日本最好的传统建筑在运用视觉惊喜的效果达到最高水平。在一些宫殿和寺院中，你在惊喜之余，甚而不敢相信依靠建筑手段竟能产生如此强烈的惊悦之情。"

雅马萨奇概括日本传统建筑的特点是：对自然的关注，对材料性能的透彻了解，精致的细部处理，精细的建造工艺，令人感到亲切的尺度，使人产生惊喜效果的室内外环境。而雅马萨奇最看重的是日本传统建筑给人的宁静感和愉悦感。

20世纪50年代，他已指出美国建筑的状况不合他的理想。除现代主义的那些谬误外，还有无政府主义式的混乱。"各种各样的观点正在涌现，乱七八糟地充斥在我们城市的街道上。建筑设计的实验洪流带出形形色色异想天开的造型，多数是毫无道理的。他们一个赛一个，如果集中在一起——如同在迈阿密海滩或布鲁塞尔世界博览会中那样——只能造成完全的混乱。"

雅马萨奇说："我们需要的建筑除了结构稳定性、实用性和与社会经济体制协调以外，还需要具备一些基本品质。"雅马萨奇所谓的"基本品质"，指从人的精神需要的角度，对建筑创作提出的要求。雅马萨奇说，我们珍视哪些人性品质，我们就要求建筑也具备哪些精神品质。雅马萨奇说，"在人性的各种品质中，我们最为珍视并要努力实现的是：爱（love），文雅（gentleness），愉悦（joy），宁静（serenity），美（beauty）和希望（hope）。要创造表现我们生活方式，又满足此种生活方式的需要的建筑，就必定要承认这些基本的人性品质。"

为此，雅马萨奇又提出在建筑中要实现的"六条目标"。它们是：

一、通过美和愉悦提高生活乐趣；

二、使人精神振奋，反映出人所追求的高尚品格；

三、秩序感，通过秩序形成现代人复杂活动的宁静环境背景；

四、真实坦诚，具有内在的结构明确性，这是实现建筑目标自然需要的；

五、当今的社会进步是工业化带给我们的，理解并符合我们的技术手段的特点，才能使我们的建筑建立在进步的基础之上；

六、符合人的尺度，这是最重要的一条，如此人才会感到环境安全愉悦，人才能与环境亲密联系。

尽管他对日本传统建筑那般醉心，但作为在美国开业实践的建筑师，他知道不可能照搬前工业时代的具体建筑做法，而要将古、今、东、西的建筑形式或元素结合使用。

美国建筑师，除了个别情形外，几乎没有什么人响应他的这套观念。

雅马萨奇的其他作品

雅马萨奇设计的在印度的农业展览馆带有印度的符号，沙特阿拉伯的机场候机楼带有伊斯兰建筑的标记。我们再介绍几个例子，看他怎样将更多的历史建筑元素用于现代建筑之中。

1962年，美国举办"21世纪世界博览会"，地点在美国西北部的西雅图市。美国政府建的"联邦科学馆"是雅马萨奇的作品。

雅马萨奇说，世界上许多大型博览会中的建筑一个个彼此争奇斗艳，每个国家的展馆和每个建筑师都想压过别人，结果是总体上的混乱。他设计的是一个内向的展览建筑，用了许多东方和西方过去的建筑形式和元素。

西洋古典建筑向来采用集中紧凑的布局，公共建筑尤其如此。雅马萨奇设计的这座科学展览建筑一反这个西方传统，而采用了院落型布局。他将科学馆的展室和休息厅分别置于6个长方形体的房屋内，这

西雅图"21世纪博览会"联邦科学馆

些房子高矮、长短、宽窄略有差别。然后用它们围合出一个院子——
一个三合院。各个展厅的主要立面都面向院子，以背朝外，很像中国
传统的院落房屋。雅马萨奇还将内院的一大部分辟成水池。形成一个
水院，水上还有双层的"曲桥"。雅马萨奇还在院子里加了高耸的标
志物：5个瘦骨嶙峋的哥特式骨架从院内水面上升起，它们落脚在水院
中的曲桥之上，一方面标示出建筑群体视觉空间的高度，一方面又成
了远近可见的标志物。

这样的建筑布局，我们中国人是不陌生的，水院或水景园在中国
南方园林中常常见到，北京颐和园里的谐趣园是脍炙人口的典型水院。
至于曲桥，中国人更熟悉，上海城隍庙、杭州的花港观鱼都是人们喜爱
的例子。现在雅马萨奇将这一类布置方式运用到美国，自是别开生面。
展厅围绕水面，人在院内可见波风云影，走在曲桥上，仿佛凌波而过，
一折一转，引导你左顾右盼，兴味盎然。人、建筑和水结合得巧妙紧密。

西方人于此可以领略到一些东方园林建筑的情趣，即使不明白它

水院

水上廊道

联邦科学馆

联邦科学馆展厅之一

来自东方文化,仍然会感到惊喜和愉悦。

　　然而西方人在这座科学馆建筑上也能辨识出他们的历史:这里有欧洲中世纪哥特式建筑的形象符号。雅马萨奇在这个展览馆采用钢筋混凝土预制的墙板。白色预制板表面有一些凸起的肋,肋有助于增加板的刚性。雅马萨奇又将这些肋做成一种图案,拼装起来就组成连续的尖券图形,一望而知是从欧洲哥特式教堂建筑特有的形象简化而来。展览厅墙面因为有这些凸出肋纹而减少了光盒子的沉闷感,这里有了装饰,有了阴影层次,墙体变得轻巧秀丽起来。那些由肋组成的尖券图形不止是形象很美,而且它们在美国还有特定的涵义,美国的老大学、名学府早年都按哥特式风格建造校舍,风气所及,出现了"学院哥特式"的专门名称。这种做法传统源于欧洲中世纪的教会和修道院曾是最早的学术研究的机构,近世的大学就是从它们嬗变而来的。雅马萨奇选用简化的哥特式建筑图形做装饰纹样有符号学的意义,它表明这个建筑与学术研究的关联。

　　这个把东西方传统建筑的要素融入现代建筑的科学馆,在方案阶段遭到美国建筑师界相当强烈的批评,几乎要夭折,幸而有当地居民

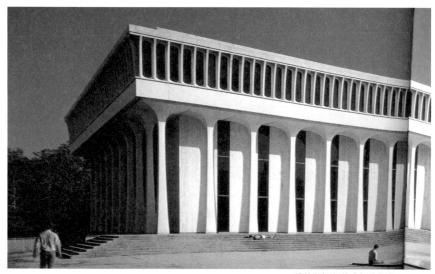

普林斯顿大学威尔逊学院

热烈支持，才得以实现。

欧洲古典主义建筑在美国曾经流行过很长的时间，建造了许多"罗马复兴"和"希腊复兴"的建筑，其中包括联邦和州的议会、政府、各地的海关、银行、邸宅乃至监狱等等。这个风气盛行于19世纪，并持续到20世纪前期。华盛顿的林肯纪念堂是一个明显的例子。第二次世界大战以后，这种风气才逐渐敛退。然而社会对古典建筑的欣赏和爱好没有也不可能完全消失，在适当的场合，适当时机，人们还愿意在建筑中重见那些风格。雅马萨奇既然尊重历史，尊重普通人的爱好，他在一些建筑设计中借鉴和运用美国人曾经长期喜欢的古典建筑风格是很自然的。出于他对人本主义的强调，雅马萨奇在创作中侧重借取古代希腊的建筑遗产。他设计的一座大学教学楼是一个例子。

1961年，普林斯顿大学校长邀请雅马萨奇为该校"威尔逊公共事务和国际事务学院"设计新楼。校长希望新楼的建筑"有利于提高攻读政治学的学生们的精神境界"。雅马萨奇认为这意味着学院建筑要有庄重感，有纪念性。

这一次雅马萨奇采用了集中式布置，建筑物有一个长方形体量，

西北国民人寿保险公司

四周加上柱廊，于是总的体形同古代希腊的围柱式神庙很类似。不过希腊神庙的入口设在短边上，而威尔逊学院的主要出入口设在长边上，与华盛顿的林肯纪念堂一样。

这座围柱式学院楼整体是白色的，周围有58根柱子，柱高8.4米，柱子断面为正方形，由下而上，逐渐变细，到了顶端再稍稍扩大。柱子细长秀美，简洁朴素。柱子以上又有一个楼层，开着又窄又密的窗口，从外面看去，仿佛简化了的檐部。总之，尽管具体形式和细部同古典建筑不同，但大的体形、神态和希腊神庙明显相似。这座洁白的学院建筑屹立在绿荫重重、喷泉飞溅、水雾迷漾的校园广场一侧，确实给人以肃穆、纯洁、宁静、秀雅之感。

位于明尼苏达州明尼阿波里斯市的西北国民人寿保险公司是同威尔逊学院性质完全不同的商业建筑，它高达6层，底层是营业用房。然而雅马萨奇也把它设计成同希腊神庙形制多少有些相似的建筑。

雅马萨奇设计这两座建筑时心目中是有古希腊的神庙建筑作为借鉴对象的。但是他没有照抄照搬，这一点是与19世纪美国流行的希腊复兴主义建筑不同的地方。希腊复兴主义者的做法是从总体到细部都极力套用希腊建筑那一套，以模仿为能事，并且追求惟妙惟肖。而雅马萨奇的威尔逊学院楼应该说是具有古典风格的现代建筑，是有所本的新创作。

虽然如此，拿历史上某一种建筑形制为蓝本进行建筑创作，终究有其局限性，只能用于少数特定的场合。正因为此，雅马萨奇的现代古典主义建筑在他的全部作品中只占很少的比例。在高层和超高层建筑，他也就离开这条道路另辟蹊径了。

大多数建筑师经常设计的是普通的和大量建造的房屋。对于这类建筑，业主自己以实用为重，很注意经济，建筑师设计时也必须把实际功能和造价放在重要地位。他也考虑美观问题，但实际是在可能条件下注意美观，一般很难把那些房屋设计得非常出众，更谈不上表现什么深刻的精神和思想，这是一般性的建筑。

另一类是建筑师中的少数人，他们原来也是一般建筑师，后来，他们脱颖而出，成了建筑师界的名人，进一步还可能成为社会上的名人。随着名声的扩展，请他们做设计的人多起来，他们就可以在委托任务中进行挑选，挑自己爱做的去做。他们多去挑选社会上重视的，有一定表意要求的，从而也是预算宽裕的项目，这些多是有纪念意义的、政府性的、标志性的建筑。设计这一类建筑物也要解决实际问题，但建筑的形式、形象、视觉效果、表现力、含义、明喻和隐喻，以及对文脉环境的考虑，占有突出的位置，换句话说，建筑艺术在这类建筑设计任务中非常之重要。这些建筑物可以称为高级建筑、明星建筑，承担设计的建筑师是明星建筑师或建筑大师。

雅马萨奇后来成了明星级建筑师。1959 年一位记者采访他后写道："他（雅马萨奇）现在赢得了宝贵的挑选任务的自由。"雅马萨奇自己也声称不愿做大量建造的住宅。原因就是大量建造的住宅区中的住宅没有特别的艺术和审美的要求，而他，这时已经有资格挑拣任务，把建筑艺术和美的追求当作自己的主要目标了。他在他的事务所中，和手下人员也有分工。他说："我的工作人员进行空间分析，做基本平面，他们要干几个星期。这期间我想着'我为这座建筑做些什么'。到一定时候，我坐下来，想法一下子就出来了。"这里的"想法"，包含建筑设计的方方面面，但主要是从艺术和审美的角度提出来的。雅马萨奇的建筑作品当然重视解决实际问题，不过他的作品的主要特色和成就还是在美和艺术方面。

雅马萨奇的建筑审美观来源于三个方面：一是现代主义美学，二是欧洲古典美学，三是东方传统美学，是三方面的影响的混合。雅马萨奇从欧洲古典美学的影响中树立统一、和谐、完整的审美观念；从现代主义美学的影响中树立艺术和技术统一，美与效用结合，注重表现时代性和讲求简洁清新的观点；从东方古典美学观念中汲取了美与善的合一，强调艺术的教化作用的理念。而作为日本血统的建筑师，他又特别从日本艺术中培养了对精巧、细致、宁静、含蓄等造型格调的偏爱。所有这些特色，在雅马萨奇的建筑作品中都有所表现，形成了他个人特有的建筑风格。如果用几个词来概括的话，他个人的建筑风格的突出点是：简洁，和谐，有序及日本式的精致细巧。

如果说建筑的美有阳刚和阴柔之别，雅马萨奇的建筑艺术明显归入后一类。他从观念上就反对强有力的建筑形象，这也导致他的建筑形象缺少力度，不具纪念性的品格。他的多数作品的建筑形象失之单薄、纤弱。

在20世纪50—60年代的美国，雅马萨奇得到的赞誉大多来自社会公众，他在建筑师圈子中，遭到不少的怀疑和讥讽，如说他"向群众口味投降"，是"建筑美容师"，作品如同"首饰盒子"等等。

雅马萨奇曾经希望他的建筑观点被广泛接受，而且成为医治美国建筑混乱状态的良策。这个希望不切实际，雅马萨奇没有什么追随者，没有形成流派，没有形成气候。20世纪70年代以后，雅马萨奇渐渐销声匿迹，1986年初他病逝后，建筑报刊只有极简单的新闻报道而已。雅马萨奇是昙花一现的人物。

雅马萨奇的经历折射出当代社会文化心理快速的风云变幻。

世界贸易中心的损毁

"9·11事件"之后，各国专家调查研究的结论指出，纽约世界贸易

纽约世界贸易中心受袭损毁时的情形

中心双楼的损毁主要是由于汽油燃烧的高温使钢结构丧失强度造成的。

第一架波音767飞机的重量超过120吨，以每小时630公里的速度冲向北楼，专家计算其对大楼的冲力为3260牛顿，而大楼结构设计是可以抵抗飓风横扫大楼时高达5840牛顿的冲击力，所以大楼不是整个地被飞机撞倒。但是飞机冲力集中在大楼的一个点上，能把那里的外墙柱撞断。波音767翼展47.6米，在撞上北楼第96层的北墙面时，将北面35根外墙柱撞断，飞机冲进楼层，但这一层楼的另外一百五十多根外柱和中心当时还未破坏，暂时支撑着96层以上的楼体重量。

飞机撞上大楼时，飞机中还剩有近3.1万升汽油，大部分储藏在机翼油箱里。大量汽油带入楼层中，引起爆炸和大火。大楼的钢构件上包有防火的隔热层，但是波音767飞机撞击大楼时的强烈震动，把一些钢构件上的隔热层震掉了。研究表明如果没有那些隔热层，大楼的钢结构会在10—15分钟内就坍塌。实际情况是北楼在遭袭1小时40分钟后坍塌，南楼在撞击后56分钟塌毁，两座大楼所以能在受撞击后支撑一段时间，说明大部分的隔热层发挥了作用。

"9·11事件"使世界贸易中心内三千多人丧生，但有九千多人活了下来。英国《新科学家》杂志说"塔楼的设计拯救了数百人"。

对于摩天楼历来有赞成和反对两种意见。"9·11事件"发生后，反对的意见顿时高涨。我国建筑师界也出现新一轮抨击超高层建筑的声浪，主要是认为超高层建筑不安全。有文章以纽约世界贸易中心为例，说超高层建筑"不堪一击"，不合中国国情等等，要求北京、上海等地拟建的超高层建筑赶紧下马。

太高的楼房发生灾难时，人员逃生确实比低层建筑困难，正因为这样，建筑工程专家一直都在研究和改进超高层建筑的防灾、减灾和灾难发生时疏散逃生的措施。上海金茂大厦高421米，经过认真周密的论证和设计后于1998年建成的。这座大厦设有高度自动化的探测和快速消除灾害苗头的设施，及疏散逃生的多项措施。业界曾在金茂大厦中召开高层建筑防灾的国际会议。

四十多年前建造的纽约世界贸易中心在设计时已经考虑了火灾、飓风、地震等破坏力量，但是实在没有想到恐怖分子劫持飞机带着大量燃油向它正面撞击。世界著名的英国结构设计专家N.福斯特明白指出："建筑师根本无法设计出能应付恐怖事件的大楼。飞机被恶人操纵而成为会飞行的炸弹，而且飞机也越造越大。"

一位外国建筑师指出："伸向蓝天是人类的志向，我们会继续向高处发展。工程师会从错误、灾难和悲剧中认真吸取教训，我们要努力使这个世界变得越来越安全越来越美好。然而无论是摩天楼还是日本茶室，在受到恐怖袭击时都无法躲过灾难。"

第十五讲 | 华裔建筑大师贝聿铭

华盛顿国家美术馆东馆

美国首都华盛顿市区的西南边有一个东西走向的长条绿地，东西长约四公里，宽度有500米。这条又长又宽的绿地东端是国会大厦，最西端为林肯纪念堂，中央偏西的地方矗立着华盛顿纪念碑。白宫在纪念碑的北面。除了几座博物馆和文化机构，这条长长的地块几乎全是绿地。绿草如茵，大树成荫。这一带是美国首都重要政治机构的集中地，与北京的天安门广场一带相似。建筑与环境非常优美，极具泱泱大国的气势。

从国会大厦正门出来，往右边看，最近的是国家美术馆。美术馆有两座建筑，一是老馆，一是后建的新馆，新馆在老馆的东面，所以又称东馆。东馆与国会之间再无别的房子。东馆是美籍华裔建筑大师贝聿铭重要的代表作。

国家美术馆的老馆其实不老，它于1941年3月17日建成揭幕，是已故美国大富豪、银行家安德鲁·梅隆捐赠的。国家美术馆斜对国会大厦，位置当然非常优越。1936年圣诞节快到来的一天，老梅隆在白宫与当时的罗斯福总统讨论捐造美术馆之事。在三任总统手下当过财政部长的老梅隆，精明有远见，他考虑美术馆将来还会扩建，所以在向国家捐赠美术馆的协议中特地写明，美术馆东边，与国会大厦之间

贝聿铭

的那块沼泽地保留给美术馆扩建之用。

20世纪30年代后期，欧洲的现代主义建筑浪潮已经开始传入美国，1939年建成的纽约现代艺术博物馆是一个例子。不过大多数美国公众还不习惯因而也不接受那种新的建筑样式，华盛顿上层社会的人士更看不上那种简单光溜的建筑。老梅隆也是这样，他特聘美国当时最负盛名的古典派建筑师鲍普(J.R.Pope)担任设计工作。鲍普做了一个地道的大理石的古典主义的美术馆。它的正中是一个有8根爱奥尼式柱子的柱廊，馆内有堂皇的圆形大厅、柱廊、大楼梯、拱顶走廊、喷水池等等。建筑面积4.8万平方米，共用8800立方米的大理石。美术馆于1937年8月破土动工。开工后两个月老梅隆去世，次日建筑师鲍普跟着去世了。老梅隆生前把自己的美术收藏品捐给美术馆，布置在5个展厅里面。整个美术馆共有135个房间。

梁实秋曾在他的《秋室杂忆》中对这座古典的美术馆有如下的记述：

> 这建筑物好伟大！据说是世界上最大的用大理石造的建筑物，长七百八十英尺，面积五十万平方英尺以上。外壳是白玫瑰色的田纳西大理石砌的。圆顶大厅的那几根巨大的柱子是从意大利塔斯坎尼采石场运来的，地面铺的是维蒙特的绿色大理石和田纳西的灰色大理石。内部的墙壁是采用阿拉巴马洛克乌的石头，印第安纳的石灰石，和意大利的"石灰华"。富丽堂皇之中仍有肃穆平实之概。几处花园庭院的点缀亦具匠心，喷泉潺潺，花木扶疏，徘徊其间令人心神为之一畅。

老梅隆不让人在他出资造的美术馆上冠以他的名字，这又是他的高明之处。因为美术馆名为国家美术馆，别的收藏家才愿意把藏品捐给它。30年后，这个国家美术馆的藏品从最初的133件增加到3万件，都是私人捐献来的。

此后老梅隆的儿子保罗·梅隆当了美术馆的董事长，馆长是约翰·沃克。

20世纪60年代，美术馆东面那块保留地成了大林荫道周围仅有的一块没有开发的土地。沃克馆长很担心美国国会有一天会把它转给别人。他领着小梅隆去看地，"如果我们再不赶快用这块地，有人就会把它从我们手中拿走"。沃克希望在他自己的任内完成美术馆的扩建。

东馆鸟瞰

东馆正面

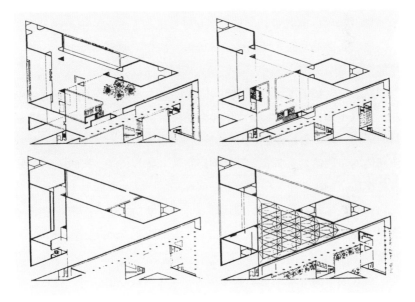

东馆平面图

　　"扩建要多少钱？"沃克估计大约要2000万美元。小梅隆答应出1000万。沃克又去找梅隆的姐姐，她也答应出1000万。

　　下一步的事情由副馆长卡特·布朗去办。他是沃克的门生和继任者，是新一代的人物，有志把美术馆事业群众化，以适应新的形势。第二次世界大战之后，发达国家中受过高等教育又有闲暇的人增加很多，他们大量进入博物馆、美术馆进行文化消遣。国家美术馆建成后的25年中，美国参观博物馆的人数增长到原来数目的4倍。国家美术馆早先对新派艺术作品不屑一顾，拒绝收藏去世不到20年的艺术家的作品。对于吸引普通人来馆参观的事也不在意，保持着曲高和寡的贵族传统。但在小梅隆和布朗馆长的主持下，美术馆的理念渐渐转变，开始收纳著名现代派艺术家的作品，也开始关注扩大参观者的队伍。

要及早建造新馆舍！关键是找到合适的建筑师。

时代不同了，不能再找古典派的建筑师，但也不能请过于激进的建筑师，华盛顿人士不接纳最前卫的"奇形怪状"的建筑。

布朗收集了12位著名建筑师的作品资料，为董事会布置一个介绍那些建筑师的小型展览，请董事们发表看法。这一次从中挑选出4个人，他们是路易·康、菲利普·约翰逊、凯文·罗奇和贝聿铭。进一步的考虑是从路易·康和贝聿铭两人中挑一人。

路易·康1901年出生于爱沙尼亚，后随父母移民美国，他成名较晚，作品不多，到20世纪60年代渐受注目。他具诗人气质，喜讲玄妙的理论，而不善推销自己。他的工作室小而凌乱，可怜兮兮，令去访问他的布朗馆长很失望。贝聿铭比路易·康小16岁，当时已有许多著名作品，在社交和礼仪方面很是得体。小梅隆和布朗等人乘私人飞机到各处实地察看贝聿铭的建筑作品，印象非常之好。小梅隆请贝聿铭到华盛顿与美术馆董事会会面，双方一拍即合，贝聿铭接受聘任。这是1967年的事。

在老馆东面那块地上造一座房子，实在是极难的任务。首先，它与老馆的关系就不容易处理：靠在一起、连成一片？还是相互独立、互不牵扯？其次，老馆是古典主义建筑，作为老馆的扩展部分，新建的"东馆"，该是什么模样？再次，用地一边是对着国会大厦的一条斜路，是个梯形地块。贝聿铭说："大林荫道充满传统气氛，对美国人来说那里是神圣的地方。那里大概是美国最敏感的地皮。"

那儿严格的、约束性的环境条件对任何建筑师都是非常严肃的挑战。

贝聿铭讲他自己做设计常经过苦恼的过程："当我必须找出正确的设计方案时，我全身心投入工作，无法再想其他事情。这过程也许是几个小时，也许整整一个月睡不好觉，容易发脾气。我不断地勾画方案，又不断地放弃。"

贝聿铭认为老馆本身十分完整，不可能加以变动，新老之间不必有实体的连接，只要有某种呼应即可。关键在于梯形地块怎么利用。

在一次回纽约的飞机上，贝聿铭拿一支圆珠笔在一个信封背面画一个梯形，接着随手乱画，忽然涌出一个想法。他说："我在梯形里面画了一条对角线，梯形分成了两个三角形地块，大的一个用作美术展览，小的给美术馆的研究中心。好！一切就这么开始了。"

在梯形中所画的对角线，将梯形一分为二，这条对角线如神来之笔，巧发奇中。贝聿铭自己说："这是最重要的一着，就像下棋，你走了一步好棋，你就可能获胜；如果一着失误，可能全盘皆输。我想我们第一步走对了。"

大的一个是等腰三角形，等腰三角形底边对着老馆的侧面，一个

老馆大厅

斜边正好与斜的宾夕法尼亚大道平行。等腰三角形旁是一个狭长的直角三角形。这样，便在梯形地块上建造两个建筑体量：一个平面为等腰三角形的建筑物，另一个是平面为直角三角形建筑，两者之间有一点间隔，但又连接，有分有合。贝聿铭的一名助手说："他交给我们一份草图，我们只提了些小问题。他的方案有不可辩驳的逻辑性。问题只是定好尺寸把它造出来。"

为了做好东馆的设计，馆长与贝聿铭等人用三个星期的时间专程到欧洲参观了许多新老美术馆。1969年，贝聿铭完成建筑设计，送交美术馆董事会，得到同意。1970年建筑设计图送交华盛顿的美术委员会，结果以4∶2的票数通过。1971年，设计方案公布于众，得到许多建筑评论家的支持。1971年5月破土动工。

贝聿铭说："这一次我们的设计是基于三角形。这提供了令人兴奋的创作机遇，又提出了许多难点。"施工中也遇到各式各样的困难。工期延长了，东馆的揭幕时间原定在1975年，后来推迟到1976年，最后又推到1978年。建筑造价也一涨再涨，小梅隆只得说服他们家族的基金会提供更多的资金。人们开玩笑说："你既然请贝聿铭做建筑设计，你就得一个劲地付钱，付钱，付钱！"英语中"付钱"为"pay"，英语中"贝""Pei"的发音与Pay相近，于是人们说："You Pay and Pay and Pay。"

东馆的设计和造型没有拿古典主义的老馆做样板，没有去仿效它。如果那样做，也会获得不少人的赞许，而且比较省心省事。但那样做，体现的是仿造性，创造性就少了。贝聿铭的方针是让"新馆成为老馆的兄弟"。既是兄弟，又相差37岁，就不必完全相同，只需在某些方面有一些共同的特征，有"家族相似性"就可以了。

老馆有古典的爱奥尼石柱和檐部，有许多线脚和雕饰。贝聿铭说："我们没有那种细部元素，新馆非常平滑简洁，格调完全不同。老馆造型靠线脚、壁柱之类的东西。新馆靠纯净的体量组合，不同体量的组合有丰富的表现力。新馆老馆之间的差别，差不多就如塞尚以前的绘

东馆内景

东馆内景

画同塞尚的绘画之间的差别一样大。"

塞尚以前的绘画与塞尚绘画作品之间的差别，是传统美术与现代美术的差别。老馆与新馆的差别也正是传统建筑与现代建筑的差别。贝聿铭说："当表面变得简洁了，形体本身的重要性便突出了。……建筑师是否创造出在阳光下饶有趣味的体量组合，是现代建筑评论家瞩目的地方。"

从外观看，东馆是一个有高有低、有凸有凹、有钝角又有锐角的体块组合。它的墙面有实有虚，实多于虚。等腰三角形体量的三个角的上部，分别突起三个棱柱体。主体与旁边的直角三角形体量之间有一条缝隙。直角三角形体量的南面，即靠大林荫道的一边又有三角形的凹入部分。所以东馆外部有许多三角形体，有许多凹缝和凹槽，墙面转折有钝角、直角，还有锐角。有一个锐角仅有19度，它出现在东馆的主立面的一边，像锋利的刀锋一样对着你。在阳光之下，宽窄不同、深浅不同的凸起和凹入呈现出丰富的光影变化。最奇特的是正立面上那迎面而来的、挺拔的19度的"刀锋"，先是令人愕然，继而让人叹为观止，因为世界上从来未见这般奇特的建筑造型。因此，东馆虽是简洁的几何形体的组合，却绝不呆板，毫不枯燥，反倒是富有动态，富于生气，富有变化，很有趣味，它给人以新鲜活泼的现代感和视觉上新的审美趣味。

东馆内部的空间形象比外观更加新奇活泼，引人入胜。贝聿铭自己说："当你进入东部，我想你绝不会说那里是古典的空间。首先它不是对称的，古典空间的透视只有一个视线灭点，而在东馆内部你能感觉到有三个灭点。这就出现了比古典空间丰富得多的空间感觉。……我们在建筑空间方面进入了一个前人极少涉足的领域。"贝氏知道有三个灭点的内部空间，虽然使人觉得丰富多变，但处理不好又易产生混乱和迷幻之感，所以小心处置。

东馆内外的细部处理非常考究。设计得细致，施工又精良，处处显露着精致、讲究和完美，什么细小的地方都不马虎。前面说过，东馆正面有一处19度夹角的像刀刃一样的墙角，这是从所未见的体形。

东馆内景

这个墙角表层是大理石，内部有钢架，没有精细的构造设计和施工工艺，就不会有现在那种挺直、高耸、锋利的形象。

东馆和老馆在体形、样式、风格上大不一样，然而有"家族相似性"。表现在哪里呢？除了老馆的横向轴线正是东馆的中轴之外，两者之间还有若干联系和共同点。新馆的大部分檐口高度与老馆相近或一致。老馆有大片实墙面，新馆亦然。建筑物的墙面材料的质地、颜色和花纹在人的视觉印象中极为重要。贝聿铭注意到这一点，所以他决定采用完全相同的大理石。老馆的浅玫瑰色大理石产自田纳西州一个石矿，当年由一位叫莱斯的年轻建筑师监督开采石材。莱斯对石料调配极有研究，而这是四十多年前的事了。建造东馆时莱斯已七十多岁，而且那个石矿早就关闭了。贝聿铭把莱斯请了出来，把沉睡几十年的石矿重新打开，用当年遗弃的矿山设备再次开采石料。莱斯在每块送出的石料上都签上自己的名字。老馆用的石料每块有30厘米厚，新馆用不起那么厚的了，改用7.6厘米的石板。来自同一石矿的大理石保证了两座"兄弟"建筑肤色完全一致。

1978年6月1日，国家美术馆东馆正式揭幕，2500名贵宾入座。海军军乐队奏乐，美国总统吉米·卡特剪彩。贵宾们巡视结束后，在外等候的人群涌进馆内。有人说东馆的揭幕式几乎可与总统就职典礼相比。在最初的7周内，有一百多万人来馆参观。

好评如潮。美国《时代》周刊评论员写道："贝聿铭创造了一件杰作。'杰作'这个词已经用滥，但在此还不得不用。这座建筑产生于有高度分析能力的建筑思想，与其所在地段及周围的建筑配合得体；它尽显庄重之貌，却没有丝毫笨拙感。这座新建筑独具匠心，这是伟大建筑所必需的。"一些原来不看好贝聿铭东馆设计方案的人，在建成以后也改变了态度。

夏天过后，批评和不满的声音出来了。有人说，称赞的人多不等于建筑真的成功，正如一部电影的票房价值高不等于电影质量好。有人说"贝聿铭制造的东馆内部眼花缭乱的气氛"分散了人们对展品的关注。一位有名的建筑评论家写道："在这个建筑给人的激动过后，那幢建筑物已形同虚设,而艺术品只落得被挤入角落的下场。"还有人说东馆像"最时髦的郊区购物城",像飞机场的"奢侈的超级候机室"。英国《建筑评论》有文章说东馆"美其名曰为沉思默想地欣赏艺术品而设计",其实是"艺术展览的终结者"。

好话坏话都有人说。对此,美国著名建筑师菲利普·约翰逊以一个过来人的口吻说:"由于贝聿铭的作品很出名,很受人注意,他成为众矢之的是很自然的。要当一名受尊敬的公民,就得让人当靶子打!"

贝　聿　铭

贝聿铭 (I. M. Pei) 1917年出生于广东,在上海上中学,毕业后于1935年赴美国,在麻省理工学院学建筑设计。贝聿铭原想毕业后回中国,但战争使他继续留在美国。他到哈佛大学读研究生,那时格罗皮乌斯在哈佛任教。格罗皮乌斯对贝聿铭的建筑设计能力非常赞赏,说那是"我所见过的最精致的学生作品"。1946年贝聿铭获哈佛大学建筑学硕士学位。毕业后29岁的贝聿铭当了格罗皮乌斯的最年轻的助教。1954年他加入美国国籍,1955年创立贝聿铭建筑事务所,专心从事建筑创作,数十年来创作了大量优秀作品,享誉世界。1979年获美国建筑师学会金奖及美国文学艺术科学院建筑金奖,1983年获普利兹克建筑金奖。他成为20世纪后期至今世界著名建筑大师之一。

贝氏接受建筑教育的时期正值第二次世界大战,格罗皮乌斯和密斯等人正在美国大学执教。贝聿铭在哈佛大学直接受格罗皮乌斯和布劳耶等的指导。贝氏步入美国建筑界的时候,正是现代主义建筑在美国走红的时期。从贝氏所受的教育和他前期的作品来看,他可以算是现代主义建筑的第二代传人,贝氏承认这一点并为此自豪。

第二代继承和保持第一代的特点是不言而喻的,但既为第二代,也必然会同上一代有所变化,有所区别。还是在哈佛大学的时候,贝氏就提出了与格罗皮乌斯不同的见解。贝氏说,格罗皮乌斯倡导重视

肯尼迪纪念图书馆（1979）

技术和经济的观点固然正确，但忽略了文化和历史对建筑的影响。贝氏修正前辈的偏颇之处，在自己的创作中重视文化因素和历史因素的作用，在观念上比较全面。在创作方法和处理手法上，贝氏同许多第二代建筑师一样，朝着灵活多样、变化丰富的方向进行探索。贝氏在这方面取得了显著的成绩。

贝氏的建筑作品具有以下一些特色。

第一、简洁明快中包含多样变化与细致的处理

贝氏的作品除了一般的方块和长方形体外，常加入平行四边形、菱形、三角形、圆形、半圆形、扇形、方锥形、五边形等。各种几何形体在贝氏的手中，以千变万化的方式结合起来，丰富了几何形体组合的建筑构图。造出种种前所未见的建筑形象，给人以鲜活和惊喜之感。

贝氏设计的康涅狄格州梅隆艺术中心，包括一个剧场和一个艺术教育中心。剧场采用扇形体量，艺术教育中心有一处三角形的玻璃顶

公共空间和一些艺术教室。艺术中心的这些不同体量都包容在一块长方形的地段中，形象既简单又复杂。说它简单是它的各部分都是基本几何形体，墙面素洁，棱角分明；说它复杂是由于那些平板、斜面、曲面、直角、尖角纵横交错，有分有合，若即若离，虚空和实体互相勾绕，互相渗透，造成扑朔迷离的动人景象。贝氏设计的波士顿肯尼迪图书馆也是一个多种不同几何形体的巧妙组合。它有一个三棱形的九层高的主体，内含会议室、办公室、档案室、接待室等；又有一个由玻璃墙围成的高31米的立方体，里面是悬挂着一面大国旗的默思大厅；又有一个较矮的圆形体量，里面包含两个观众厅，每个有300座；此外还有一个平行四边形的过渡体量。如果说梅隆艺术中心是不同体量的疏松空透的组合，那么肯尼迪图书馆则是各种几何形体互相穿插契合的紧凑组合，但两者都具有变化万端、出人意想的戏剧性效果。两座建筑物的内部空间也同样是穿插渗透，千

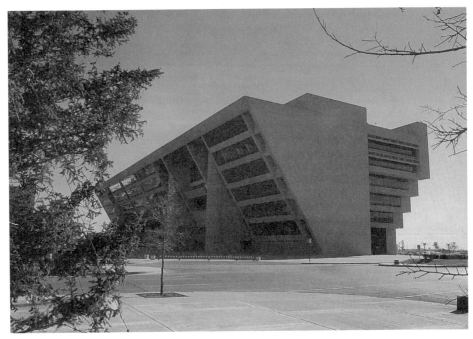

美国达拉斯市政府（1977）

香港中国银行大厦（1985—1989）

变万化，令人惊叹。

因此贝氏的建筑作品，其造型虽然有明显的几何性，却毫不呆板，反之，它们变化万千，每一幢都有引人入胜的新意。

第二、注意环境特点，建筑有明显个性

贝聿铭在回忆他如何设计达拉斯市新市政厅时说："当我们在达拉斯市被当局接见时，他们问我们如何解决市政厅的问题。我们说，我们希望在构思任何方案以前，能对市政厅所在区域的环境以及该区与其他区之间的关系做彻底的调查研究。""那次调查研究的结果表明，达拉斯市不仅需要一个新的市政厅，而且还需要为市民提供一个公共空间，一个步行广场和花园，借此提高附近地区的生活质量，使衰落的街区走向振兴。"结果贝氏设计的市政厅不仅是一座行政建筑物，不仅是该市的一个象征，而且成了那一个地区更新的"起搏器"。

美国国家大气研究中心位于美国西南部科罗拉多州的群山之中，那里的景色荒凉粗粝，山势雄伟磅礴。贝氏先是采用惯用的城市建筑的语汇试做方案，都不满意。为了获得构思灵感，他去当地调查，在荒野地宿营，体验那里特殊的环境气氛。他终于从印第安人早先的岩居遗存中得到启示，将研究中心做成现浇钢筋混凝土承重墙的体块式建筑，造型沉重雄浑，错落有致。这个研究中心的玻璃窗面积只占墙面的十分之一，其体态、颜色、质感、尺度都与城市建筑不同，而与巍巍群山非常匹配。

在原有的建成区内建造新建筑，需要处理好新旧之间的关系。完全不顾旧环境，如在无人之地建房子是不对的；但一味屈就，给新房子披上旧装束也不是上策。对于这个问题，贝聿铭有一段话很有道理："我们希望做出一个属于我们时代的建筑，另一方面，我们也希望做出可以成为另一个时代的建筑的好邻居的建筑。"做好邻居，既瞻前又顾后，显然是处理新旧矛盾的正确的方针。

法国巴黎的卢浮宫博物馆扩建工程也是贝的引人注目的创造，它又一次体现着贝氏处理新旧矛盾的正确方针。

法国文化部为挑选设计人，事先征询了世界各大博物馆负责人的意见，结果15个博物馆中的14个推荐贝聿铭。贝氏的方案是将扩建部分完全置于卢浮宫的地下，总面积达4.6万平方米。这样对卢浮宫及周围环境最少破坏。贝氏的方案在卢浮宫大庭院中设置了一个大玻璃金字塔作为地下部分的入口及采光设施，近旁另有3个小玻璃金字塔。大金字塔高21.6米，边长35米，墙体清明透亮，没有沉重拥塞之感。

1994年，贝聿铭在清华大学谈到卢浮宫扩建工程时说："我生平遇到的最大挑战，但也是最大的骄傲，是卢浮宫新馆的创作，也就是大家都知道的卢浮宫金字塔。法国人起先反对，不停地骂，责问为什

玻璃金字塔

由下向上眺望

么做金字塔，金字塔是埃及的，与法国没关系。其实金字塔是基本几何形体之一，是最经典的形状。卢浮宫在巴黎中间，是巴黎的中心，它代表法国的历史、文化，再加上政治色彩。我是美籍中国人，法国总统为什么请我做，法国人不服。卢浮宫是一座宫殿，要不触动不损害它，既充满生气，有吸引力，又要尊重历史，这是扩建的首要问题。现在总算做了，法国人民接受了。"在另一个地方，贝聿铭又说："玻璃金字塔不模仿传统，也不压倒过去，反之，它预示将来，从而使卢浮宫达到完美。"工程于1988年竣工后立即获得广泛的赞许。一家报纸说："原先以为会是可怕的金字塔原来却相当可爱！"

　　第三、建筑造型的构造性与雕塑性并重

　　建筑形象的创作常可分为两大类：第一类，外形清晰地表露出房屋的结构和构造，关节清楚，肌理分明；第二类，外观上看不出房屋的结构体系，内外联系不清楚。第一类可称为构造型(constructive)，第二类可称为雕塑型(sculptural)。在两类之间有过渡性的或二者兼而有之的种种做法。密斯的柏林新美术馆可归入构造型，柯布的朗香教堂是雕塑型的。前者可比之为钢琴演奏，音节清晰分明；后者可比之为小提琴旋律，连绵带过。贝聿铭的作品有的是构造型的，如纽约展览中心；有的是雕塑型的，如埃佛森艺术博物馆；又有一些作品是兼有两者的特点，两种造型并用。肯尼迪图书馆有轻巧的部分，又有浑厚稳重的部分，两种处理互相映衬，是构造型与雕塑型并用的例子。

第四、精致的细部处理

成功的建筑作品既在于总体的处理又在于细部的处理。在比较简洁的几何形体的现代建筑上，细部的数量少了，质量就更重要。贝聿铭做设计时总是对细节十分注意，反复推敲，直到满意为止，并且要做到"有些与众不同"。他设计的纽约大学高层公寓高30层，主要立面窗框整齐一律，与20世纪50—60年代一般高层建筑相似。然而贝氏在窗下墙上做一横凹槽，增加一条阴影，整个立面因此变得轻巧一些。贝氏的一些建筑作品转角挺直明确，但有时在旁边加一条线角，立刻减少了僵硬之感。华盛顿国家美术馆东馆的玻璃天顶与一般天顶相同，但贝氏在玻璃板片之下又敷设一层细致的铝质网片，射进来的光线因此变得柔和起来，玻璃顶也增加了层次感并给人以精巧的印象。贝氏的细部处理与日裔美国建筑师雅马萨奇有相近之处，两人都表现了东方人特有的细腻精致的审美情趣。

北京香山饭店及对大陆建筑的意见

北京郊区的香山饭店在贝氏的众多作品中比较特别。他考虑香山饭店所在地点的特殊性，没有采用西方现代建筑的形式和风格，而是吸取中国南方民居和传统园林的特色，房子不超过4层，客房围绕院子布置，平面蜿蜒曲折。外墙用灰砖及白色抹灰墙面，窗子较小，不突出玻璃的效果。这些做法使这个现代饭店一望而知是建在中国的土地上，它的形象不很突出，能较好地融入香山风景区的山林景观之中。

北京香山饭店（1979—1982）

　　香山饭店建成后，毁誉参半。论者认为饭店建在离城很远的风景区内，并且造价过高。在风景名胜区内建饭店，独占一块宝地，很不合理。但许多人认为贝没有套用琉璃瓦大屋顶，却创作出一座有传统建筑韵味的中国现代建筑，具有启示作用。

　　作为华人建筑大师，贝氏多次发表有关中国新建筑的意见。早在1978年，在清华大学讲演时曾说："北京的四合院占地太大，卫生设备不好，将来免不了要拆除改建。但是四合院又很有特色，作为历史建筑，应该保留一部分。最好选择一下，保留几片地方。"

　　1994年3月，贝聿铭再次在清华大学演讲。有学生问："先生对国内的新建筑有何看法？"贝说："中国的建筑要有中国的面孔，要贴近生活。如果中国的生活与西方相同，就可抄西方的；但如果不同呢，中国的建筑要符合中国的历史、文化。"有学生问："中国未来建筑怎

香山饭店大堂

香山饭店入口

香山饭店外观

香山饭店月洞门

香山饭店庭院一角

走，是中国古代大屋顶还是现代式的？"贝氏答："中国建筑走哪一条路？我想应走中国的路，与欧美不同。建高层建筑要到美国去看看。而基本的东西要看中国的生活、习惯。不过有的方面，各国都一样，音乐厅的音响牵涉声学，全世界都一样，好的声音就是好的声音。走哪条路还要看什么题目，根据具体需要选择道路。"

第十六讲 | 巴黎蓬皮杜中心与高技派

高技派是现当代一个较小的建筑流派。其特征是在建筑形象方面特别显现建筑结构、构造和机电设备等等元素，它是技术主义思潮在建筑方面的产物。这种思潮认为现代技术对人的生活，包括建筑在内，有极其重要的作用与影响。高技派（High-Tech）的所谓"高技"其实要加引号，因为与核技术、微电子技术、纳米技术、航空航天技术等真正的高科技相比，房屋建筑上用到的科学技术其实都是一般的并非高难的科学技术。在高技派建筑上，建筑师能够显露出的无非是些钢桁架、杠杆、拉杆、螺栓、管道、电缆、电梯、变压器、空调设备之类的东西。虽然如此，高技派的建筑还是显示出设计者、业主和社会上一部分人士头脑中的技术崇拜倾向。所以，这里那里不时冒出的、数目并不多的高技派建筑，映射出当今世界上不少人的技术情结与对技术美的欣赏。

巴黎蓬皮杜中心

巴黎蓬皮杜中心全名为"巴黎蓬皮杜国家艺术与文化中心"（Le Centre Nationnal d'art et de Culture Georges Pompidou），是高技派建筑的一个最突出的样本。

巴黎有很多著名的历史悠久的文化建筑。但是长久以来，人们认

蓬皮杜中心临街面

. 蓬皮杜中心临广场面

为巴黎缺少一个现代化的文化活动中心。1969年，法国总统蓬皮杜决定在巴黎中心地区名为波布高地的地方兴建一座综合性的艺术与文化中心。1971年，法国当局举办国际建筑设计竞赛，征求建筑方案。49个国家送去了681个方案。由法国和外国专家组成的评选团从中选取了意大利建筑师皮阿诺(Renzo Piano)和英国建筑师罗杰斯(Richard Rogers)合作的方案。1972年开始动工，1977年初完工。这时蓬皮杜总统已去世，为纪念这位总统，这座文化建筑被冠以蓬皮杜的名字。

1977年1月，新建的国立蓬皮杜艺术与文化中心落成开幕。这个建筑立即引起各国人士的广泛注意。不只是专门的建筑刊物对它做了大量介绍和评论，连一般报刊也纷纷提出看法，议论颇为热烈，观点则极为分歧，众说纷纭，莫衷一是。

法国《世界报》的一篇文章热烈赞扬蓬皮杜中心，认为它是"一个纪念物，表现了法兰西伟大的纪念堂和象征之一"。蓬皮杜中心建筑方案评选负责人、法国建筑师普霍维认为它像一座"神话中的建筑"，他说人们"从附近的街巷中瞧它一眼都是一种享受的体验"。

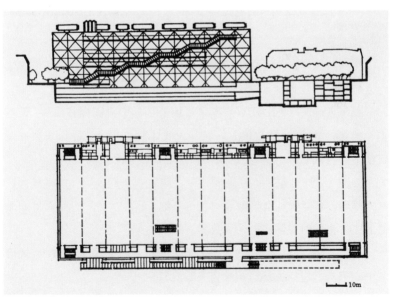

蓬皮杜中心剖面图、平面图

临人行道部分

　　然而法国《分钟报》的一篇文章却大唱反调，讥讽说："我们巴黎人生来聪明，竟选择了这样一个文化猴戏。"

　　英国《建筑评论》编者写道："从附近街巷中只能窥其一角，而当你看到它的全貌时，得到的是一种吓人的体验。"因此这家杂志要在蓬皮杜中心落成之际，"谨向建筑师和法兰西致以恐惧的祝贺"。

　　美国《纽约时报》说："蓬皮杜中心像是一条灯火辉煌的横渡大西洋的邮船，它能驶往任何地点，碰巧来到了巴黎。……它是对保守派的诅咒，也是对爱国者的当面挑战。"

　　《美国建筑师学会会刊》上的一篇评论反映了许多人的看法，说这个中心叫人"想到炼油厂和宇宙飞船发射台"。

　　见到人们对蓬皮杜中心的建筑提出了如此纷乱和对立的看法，不

临街一角

蓬皮杜中心前的广场

蓬皮杜中心主入口

同的人产生了"从地狱到世外桃源"的种种不同的联想。法国《今日建筑》的编者慨叹道："在埃菲尔铁塔之后，从来没有一座法国建筑在世界上引起了如此矛盾的兴趣。"

为什么蓬皮杜中心如此引人注目？它有哪些特殊之处？这座建筑是一个成功还是失败？

蓬皮杜中心所在地距著名的卢浮宫和巴黎圣母院只一公里左右，周围是大片老屋。中心本身包括4个主要部分：公共图书馆，建筑面积1.6万平方米；现代艺术博物馆，面积1.8万平方米；工业美术设计中心，面积4000平方米；音乐与声学研究中心，面积5000平方米。加上附属设施和停车场，总面积为10.33万平方米。除音乐与声学研究中心单独设置外，其他都集中在一个长166米、宽60米的六层楼房之内。这个大楼靠着一条不太宽的街道，另一面朝向一块空场，容700辆汽车的停车场在地下。

大楼采用钢结构，人们从外面可以看见许多暴露出来的钢结构。

蓬皮杜中心滚梯管道

更加与众不同的是在它的沿街立面上，不加遮挡地布置着种种设备管道和缆线，红色的是交通设备，蓝色的是空调管道，绿色的是给排水管，黄色的是电气设备。

在面向空场的立面上，突出地悬挂着一条蜿蜒而上的圆形透明管道，里面装有自动楼梯，它是把来人送上楼层的主要交通工具。

蓬皮杜中心的外观使人眼花缭乱，而它的内部布置却极为简单。每个楼层都是长166米、宽44.8米、高7米的一个空旷的大空间，除了一道后加的防火隔断外，里面没有一个内柱，没有一道承重墙，也没有天花板。中心的所有部分不论是图书馆还是演出厅，也不管是办公室和通道，统统只用家具、屏幕和活动隔断临时性地大略地加以分割，随时可以改动。

蓬皮杜中心方案评选负责人在大楼落成时发表谈话："蓬皮杜中心的建筑理念应该启发我们时代的创造精神。这个建筑所达到的成就，应该引起建筑师和设计者的重视。"

蓬皮杜中心的建筑理念和成就表现在哪些地方呢？

我们从三个方面来看。第一，看一看设计者怎样运用材料和结构；第二，看一看建筑师怎样处理功能需要和布置建筑空间；第三，看一看他们怎样处理建筑造型。三个方面相互联系，我们从材料与结构方面开始。

用钢结构建造六层的楼房，在现在其实是很简单的事情。问题是设计蓬皮杜中心的两位设计者不愿意楼内有任何内柱和墙壁，这样，室内的净跨度就达到了48米。整个蓬皮杜中心的重量便由相距48米的两排柱子支承。柱子是钢铸的圆形管柱，柱径85厘米，每排14根，所以大楼外观有13个开间。相对的两根钢柱支承一根长的钢桁架，桁架上是楼板。

相对的两根柱子的距离是48米，而桁架的长度小于48米，因为桁架并不直接搭在柱子上，而是同安在柱身上的特殊构件连接。这个特殊构件也是钢的，中间有圆孔洞，柱子穿过圆孔，或者说这个构件套在柱身上，两者用销钉卡住。这个构件向内伸出一短臂，长1.85米，

蓬皮杜中心施工中的钢结构

与桁架连接，另一端有向外伸的臂，长6.3米，末端与一些横向、竖向及斜向的钢杆或钢索连接。这个套在柱身上的特殊构件，理论上可以稍稍摆动，起到杠杆的作用。大楼的外墙面安装在柱子后面，所以柱子、悬臂梁以及纵横交错的拉杆在建筑外观上显得非常突出。

为什么这样做呢？其一，48米的跨度太大了，加一段悬臂梁可以减少桁架本身的长度，而杠杆式构件外端受到向下的拉力，里端有向上翘的力，有助于减少桁架的负担；其二，两位建筑师本来要把整个楼板设计成可以上下升降的东西，把悬臂梁套装在柱身上，用梢钉卡着，以便上下移动，但这个意图未能实现；其三，利用向外挑出的悬臂作为外部走道和管道的支架。

普霍维认为蓬皮杜中心能启发出别人的创造精神，那么，这座建筑本身在运用材料和结构方面有多少创造性呢？并不多，因为，祖露金属结构的做法在19世纪就有了，1889年巴黎博览会上的机器陈列馆即是一个例子。

无怪美国《进步建筑》的编者写道："法国报刊认为蓬皮杜中心是

向未来的祝酒，其实，它不过是对昔日的建筑技术成就的致敬；与其说它在技术上预示着21世纪，不如说它表现了19世纪；与其说它是未来博物馆设计的先型，不如说它是19世纪法国展览会建筑盛期的摹本。"话说得挖苦，但实际情况就是如此。

别 出 心 裁

按照建筑物的功能需要恰当地组织建筑空间是建筑设计的一个核心问题。在这方面，蓬皮杜中心是很有特点的。第一，这座大楼的大多数构件和全部门、窗、墙等部件可以灵活拆装；第二，每个楼层都做成一个没有固定分割（除一道防火隔断外）的敞通空间。没有固定的障碍物，使用起来可以随意布置，高度灵活。

建筑的灵活性是现代建筑设计的一个重要课题。现代社会的生产和生活迅速变动，房屋存在的时间很长，因此，房屋设计要考虑日后可能出现的变化，为此，应留有更改变动余地。蓬皮杜中心的活动内容和方式经常改变，采用开敞的布局和活动隔断是很有必要的。

但灵活性不是一个孤立的问题。增加灵活性要与功能使用、构造施工、造价经济等因素结合起来全面考虑，才能恰当。蓬皮杜中心的建筑师在注意增加灵活性的时候，把这一因素绝对化了。罗杰斯的一段话表明了这种倾向，他说："我们把建筑看成像城市一样的灵活的会永远变动的框子。人在其中应该有按自己的方式干自己的事情的自由。我们又把建筑看作是像架子工搭成的架子，而不要传统的那种有局限性的放大了的玩偶房子。在我们周围，不论是闪闪发光的办公大楼，还是大规模建造的住宅区，其实都是那种玩意。我们认为，建筑应该设计得能让人在室内和室外都能自由自在地活动。自由和变动的性能就是房屋的艺术表现。如果采纳这个观点，房屋的功能就会超过一个简单的容器或雕塑品。我们设计时超越业主所提的特定任务的界限，让这个大楼成为真正的城市型建筑，适应人的不断变化的要求，促进活动的多样性。"这意思就是，建筑的灵活性要达到这样的程度：第一，要让人能在其中"自由自在地活动"，能"按自己的方式干自己的事情"；第二，建筑物本身成为能够变动的框架；第三，建筑设计者可以"超越"业主提出的使用要求。

然而，如果真的把罗杰斯的理念当作建筑设计的普遍原则，那就会建出既不经济也不适用的房屋。事实上，蓬皮杜中心内的许多布置并非使用者的要求，在评定方案时，图书馆专家就投了反对票。以后博物馆当局又希望有尺度近人的、有墙面和天花板的陈列室，但建筑师拒绝了。设计者和使用者之间发生过许多龃龉，设计者抱怨："我们遇到了许多我们不喜欢的要求。""我们对业主的要求保持了相当的距离。"这就是罗杰斯说的"超越业主提出的特定任务的界限"的实际运用。

蓬皮杜中心使用后不久，人们发现，把多种不同部门、性质相差很远的活动放进统一的大空间之内，常常造成凌乱和互相干扰的情况。不少人常常在迷宫似的家具、屏幕和临时隔断之间走错路线。统一的

蓬皮杜中心内景

7米的层高对演出来说嫌低，对办公、研究又嫌太高。要对珍贵展品提供特殊的温度、湿度和保卫条件也很麻烦。有人形容说，每天闭馆时，大楼内杂乱狼藉的景象可以同球赛刚结束时的美国体育场比美。一个英国建筑家批评说，这个艺术与文化中心的布置是"把一大堆不加分类的文化行李塞到一个行李储藏间里了"。这座艺术文化中心实际上成了一个"文化超级市场"。

博物馆首先得满足一个博物馆的基本要求，在这个前提下，应考虑博物馆本身使用上可能出现的变化，预先留有余地。如果现在就把博物馆当作仓库来设计，或是把它搞成一个空荡荡的框子或架子是荒谬的。罗杰斯等把灵活性放到压倒一切的不恰当的地位，似乎是从使用功能出发，而实际上对使用有妨碍。法国《今日建筑》说它是一种"以高度主观主义方式表现的功能主义"。

令许多人惊愕的还是蓬皮杜中心的建筑形象。英国《建筑评论》的主编说它"像一个穿戴全副盔甲的武士站立在满是老百姓的房间里。悬挂在外面的圆圆的亮亮的自动楼梯甬道，叫人想到是腿上和臂上的护甲"。杂志编者的结论是："一个蓬皮杜中心造成叫人兴奋的景象，可是一想起如果我们的市中心主要由这等模样的建筑组成，你就感到那将是多么令人厌恶的情景！"

这个大楼并不特别难看，它的各部分终究还是建筑本身所需要的。蓬皮杜中心的问题是形式与内容不协调。大众希望艺术文化中心这种性质的建筑有一定的艺术性和文化品位，不料却在它的立面和内部看到大堆上下水管、空调设备和电缆之类的东西。人们不免惊奇，继而又惶惑不解。肚子里的东西为什么翻到建筑立面上来了？艺术文化中心怎么搞得像炼油厂！

1974年，蓬皮杜总统在国民议会讲到兴建这个中心时说道："我爱艺术，我爱巴黎，我爱法国。"他对于戴高乐总统生前没有留下一座纪念性建筑感到遗憾。他要把这个中心建成"表现我们时代的一个城市建筑艺术群组"。当评选团选中现在这个方案时，他又告诫说："要建一个看起来美观的真正的纪念性建筑。"蓬皮杜去世后，继任的德斯坦总统在视察这项工程时，要求建筑师把那些设备管道从立面上移去，但建筑师以经费为理由不肯照办。事后罗杰斯抱怨，说他们遇到了政治压力，他还为当时已经用去80%的工程款，无钱再改动而感到幸运。

设计人的理念

那么罗杰斯和皮阿诺为什么要设计这样一种奇怪的建筑形象呢？是不是他们太注意技术和经济问题而忽视了形象处理；或许把管道放在立面上是为了检修方便，室内不做吊顶是为了节约吧？

完全不是。蓬皮杜中心的建筑形象是他们不顾一切努力追求的结果。罗杰斯说过，"自由和变动是房屋的建筑艺术表现"，他们就是要表现这一点。皮阿诺和罗杰斯进一步阐述他们的意图说："这座建筑是一个简明的图式，人们能立即了解它。把它的内脏放到外面，就能看见而且明白人在那个特制的自动楼梯里怎样运动。电梯上上下下，自动楼梯来来往往，对于我们这是非常重要的基本的东西。"这也就是他们的建筑艺术观。

两位建筑师把建筑看作是"框子"和"架子"，此外他们还把建筑看作是"容器"和"装置"。1973年，在同法国《今日建筑》编者谈话时，皮阿诺又说他们把蓬皮杜中心看作是"一条船"，罗杰斯特地声明，那是"一条货船"，而不是"一条客轮"。

人们要建造一座公共建筑，他们却把它当作框子、容器、一种装置和一条货船来设计，人们希望看到美观的有文化品位的建筑，他们则醉心于表现自由和变动。

探讨一座较为重要的建筑和建筑师的活动必须联系到它所代表的建筑思潮和产生这种建筑思潮的社会历史背景。蓬皮杜中心的建筑代表的是20世纪中期以英国"阿基格拉姆"建筑集团为代表的建筑理念。

马克思和恩格斯写道："生产的不断变革，一切社会关系不停的动荡，永远的不安定和变动，这就是资产阶级时代不同于过去一切时代的地方。一切固定的古老关系以及与之相适应的素被尊崇的观念和见解都被消除了，一切新形成的关系等不到固定下来就陈旧了。"

这些话也恰是现代西方建筑总的状况的写照。第一次世界大战之后，西欧出现过"新建筑运动"，它对先前的古老的建筑观念进行了相当深刻的荡涤。20世纪中后期，当年第一代现代建筑的代表人物相继凋逝，第三代人物登场，西方建筑界又出现了新的反复。英国"阿基格拉姆"小集团登场。

"阿基格拉姆"（Archigram）是当时伦敦一些建筑学校的学生和年轻建筑师的一个小团体，他们并没有系统的理论，只是用一些电报式的词句来表明成员们对建筑学的修正想法。"阿基格拉姆"原是"建筑学电报"的意思（Archigram=Architecture+Telegram）。这个派别主张现代建筑学应该同"当代生活体验"紧密结合。他们认为当代生活体验一方面包括科学技术的最新成就，如自动化技术、电子计算机、宇宙航行、大规模生产技术、新的交通工具等；另一方面也包括资本主义发达国家生活内容和方式的新特点，诸如大规模旅游、环境公害、高度的消费性等等。他们认为"流通和运动"、"消费性和变动性"等是当代生活体验的特征，便把这些概念引入建筑学，作为建筑设计的指导思想。

"阿基格拉姆"的想法反映了科学技术进展和社会生活变化对建筑业的影响。他们触及了问题，但是停留在认识事物的感性阶段，因而他们的主张和建筑方案大多数都是浮浅的、幼稚的、虚夸的和脱离实际的。例如他们设想把未来城市装在可以行走的庞大机器里，用一些自动的服务机械满足人的生活需要，从而取消住房等等。

在形式方面他们爱出惊人之笔，标奇立异，耸人视听。把设备管道故意暴露在外——所谓"翻肠倒肚式"（Bowelism）就是"阿基格拉姆"喜爱的手法之一。其实他们很少机会从事实际工作，只是忙于拟制未来建筑和城市的方案，热衷于举办展览，这就使他们在空想的道路上愈走愈远，甚至提出了"非城市"和"无建筑"的口号。作为一个团体，"阿基格拉姆"存在的时间并不长，然而它的成员们的激情和建筑狂想却对许多国家建筑界的年轻一辈产生了广泛影响。出生于20世纪30年代的皮阿诺和罗杰斯受到"阿基格拉姆"思潮的影响，并将其原理贯彻于蓬皮杜中心的建筑设计之中。

无论是外观还是内部，蓬皮杜中心大楼都很像一座工业性或技术性建筑。作为一个艺术与文化中心，它缺少艺术性和文化气息，作为一个国家建筑，它缺乏纪念性。

皮阿诺讲述他们的设计思想："起初我们为建造一个国家性的文化建筑所吸引，后来感到，当文化正处于不说是危机也是变乱状态的时候，这项任务本身就是矛盾的。这是时代和社会的矛盾。除去物质的条件外，崇高的建筑艺术和纪念性还要有崇高的社会理想作它的思想

未来的"行走城市"

基础。然而，这样的思想在哪里呢？现代资本主义社会有极发达的物质经济条件，但那个社会现在缺少值得表现的崇高精神和理想。"

同西方社会中一些知识分子一样，"阿基格拉姆"的成员中也怀有对那个社会的不满。他们在建筑思想方面激烈地否定公认的原则和权威，同他们对社会的态度很有关系。在20世纪60年代，西欧各国的青年酝酿着对统治集团的对立情绪，到1968年终于爆发为占领校园和政府机关，公开向统治集团造反的革命风暴。许多年轻的建筑师受到了当时社会政治的影响。美国建筑史家詹克斯认为60年代英国许多建筑派别的出现是"政治力量变动"的表现。

1976年6月，罗杰斯在英国皇家建筑师学会的讲演中说："现代的社会经济制度使人类的三分之二营养不良，没有适当的房屋可住。"他指出："尽管我们有良好的意愿，我们的建筑师却把社会的需要撇在一边，只是去加强现存制度。因为我们的生活来源仰仗于现存制度，这是一个悲剧。"他愤慨地说："大多数建筑师温驯地执行业主交给他们的任务，这些业主惟一的目的是赚钱，成功的建筑师对无报酬的公众事务不闻不问，他惟一的工作是帮助给他报酬的业主赚更多的利润，从而为自己捞得金钱、势力和以后的工作。我们怎能把自己看作是为人民利益工作的自由职业者呢？我认为，不改造我们这种消极的思想体系，就不能根本改变建筑的品质。"

怀有这样的思想的建筑师是值得钦佩的。了解了他的这些思想和态度，人们就可以看到他的建筑观点所具有的政治含义。罗杰斯主张

"超越业主提出的特定任务的界限"，就意味着建筑师不要温驯地屈从于老板们唯利是图的要求；他提出建筑要设计得"让人在室内和室外都能够自由自在地活动"，意味着建筑师要尽量为普通人的利益着想。就连古怪的建筑形式有时也包含着进步的政治倾向。普列汉诺夫在1912年写道："离奇古怪的服装，也像长头发一样，被年轻浪漫主义者用来作为对抗可憎的资产者的一种手段了。苍白的面孔也是这样的一种手段，因为这好像是对资产阶级的脑满肠肥的一种抗议。"把水管子和电缆放到国家建筑的门脸上，当一国的总统要求拆除它们时，还把这要求当作讨厌的政治压力而借故拒绝。这不是单纯的为艺术而艺术，这些举动的后面包含着对正统观念的挑战，对权威的轻视以及对当权者的对抗。

当然，这类挑战和对抗是消极的，它不会产生什么积极效果，对统治者并无危险，相反倒是有趣或有用的点缀，因之，统治者不但不去加以制止，还会给以扶持。

建筑的因素比较复杂，牵连方面很广，现代建筑尤其如此。对于像蓬皮杜中心这样的建筑不能也不应该简单地用好或坏加以肯定或否定。

罗杰斯曾说："我们要把这个建筑做成好玩儿的，容易让人看懂的。"看懂蓬皮杜中心并不容易，好玩的目的显然达到了。蓬皮杜中心于1977年开幕，最初的3年，来此参观的人数超过参观卢浮宫和埃菲尔铁塔两处的人数总和。

在蓬皮杜中心之后，世界上相继出现了一些有工业建筑面貌的民用建筑物。香港汇丰银行总部即是一例，罗杰斯后来设计的伦敦劳埃德大厦又是一个例子。它们都袒露结构，显示技术，带有工业建筑的形象特征。

近些年，我国一些大城市新建的航空港建筑也敞露结构，突显金属构件及连接点的细部，暴露各种机电设备，这种处理给人以强劲、高效、清爽、利落之视觉感受。这样的空港建筑也带有高技派风格。由于它们与喷气式飞机、航空旅行等高速运动相联系，人们容易理解，不

福斯特设计的香港汇丰银行（1985）

觉怪异，反而会感到兴奋。

其实高技派这种倾向，在20世纪初期的关于技术美的著作中，在意大利未来主义建筑师的主张中，以及俄国构成派建筑师的概念性设计图中，以及柯布早年的著作《走向新建筑》中，都有过明显的表述。只是一直难有机会在民用建筑中实现。

罗杰斯设计的伦敦劳埃德大厦 (1986)

　　越来越多的人能够从审美角度看待技术性的东西，感受到其中的审美价值。技术美受到更多的重视，人们的审美范畴扩展了。

第十七讲 | 表演艺术的殿堂

　　世界各地都有很多观演建筑，难计其数。这一种建筑类型在历史上出现得很早，欧洲就留下了不少古代希腊和罗马的剧场遗迹。到19世纪，观演建筑已达到很高水平。1875年建成的巴黎歌剧院举世闻名。在20世纪，随着经济文化的长足发展，新建的剧院、音乐厅、电影院、表演艺术中心等等，数量更多，设备更全，功能更好，形式愈加丰富多样。这里介绍两座富有创意、特点鲜明、非同一般的例子：一是柏林爱乐音乐厅，另一是闻名遐迩的悉尼歌剧院。

迦尼埃设计的巴黎歌剧院（1862—1875）

柏林爱乐音乐厅

喜爱西洋古典音乐的人都知道柏林爱乐交响乐团和20世纪著名音乐指挥家卡拉扬。柏林爱乐音乐厅是这个乐团的表演厅，卡拉扬生前多年在这个音乐厅指挥演出。柏林爱乐音乐厅本身是20世纪中期一个构思精妙的建筑名作。西方哲人说："建筑是凝固的音乐。"这里，乐团，指挥，建筑都属世界一流，美妙的流动音乐与卓越的凝固音乐融合为一，可谓天作之合。

它的设计者是德国建筑师汉斯·夏隆（Hans Scharoun，1893—1972），他是1919年成立的德国艺术工作委员会的成员，参与德国的建筑革新运动。在1927年由密斯主持的斯图加特住宅展览中，展出了夏隆设计的一座住宅，他的作品属于现代主义派。第二次世界大战期间他留在德国，因为建筑风格不合纳粹当局的口味，只能做一些小的建筑任务。

第二次世界大战后，他的作品斯图加特"罗密欧与朱丽叶公寓"曲折多变，公寓平面上几乎不见直角形，共有9个不同的朝向。他设计的联邦德国驻巴西大使馆(在巴西利亚)，造型也是变化多端。夏隆受到人们的重视，他最负盛名的作品是1963年落成的柏林爱乐音乐厅(Philharmonic Hall，Berlin)。

夏隆认为音乐演出建筑中的观众厅是最重要最基本的部分，建筑师要由此出发，由内及外来处理整个建筑物。在具体设计时，他特别注意两个问题：一、尽可能消除传统演出建筑中那种将演奏区与观众席明显分开的做法；二、尽力使观众席的各部分受到同等的重视，努力消除不同区位的差别。

夏隆说："重点是音乐，从一开始设计，音乐就是主角。……乐队和指挥如果不是处在几何中心，也应该处于空间和视觉的中心地位，让听众围绕在他们的周围。这样就避免了音乐'生产者'与音乐'消费者'之间的隔离状态。……要让观众厅里有一种亲近感。……人、音乐和空间在新型关系中相会。"

在设计柏林爱乐音乐厅时，他又特别提出"观众厅布置最好是仿

柏林爱乐音乐厅，右为入口

夜景

效自然景观。我把观众厅看作一处山谷，乐队在中间，四周的坐席如同山坡上的葡萄园畦，大厅屋顶如同天穹，能帮助产生优美的音乐气氛和音响效果。这样，音乐不是从一端送过来，而是从中心低地向四周发散，均衡地到达每一位观众那里"。

按照这个独特的、富有想像力的、追求田园风味的建筑理念，柏林爱乐厅的听众大厅周围高中间低，演奏区在低处。一般剧场听众席是简单的一大片，听众坐满时黑压压的。夏隆的做法是化整为零，分为一

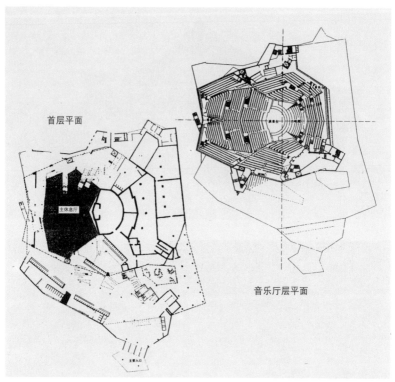

首层平面

主体息厅

音乐厅层平面

主要入口

平面图

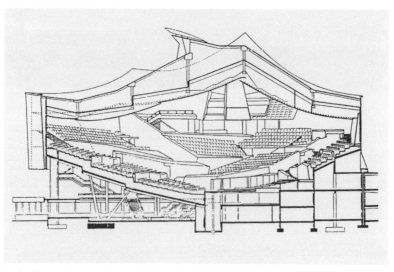

音乐厅剖面图

门厅一角　　　　　　　　　　　　　　门厅一角

听众席　　　　　　　　　　　　　　　听众席

演奏区

小块一小块畦田似的小区，它们用矮墙分开，高低错落，潇洒活泼，方向不一，但都朝向位于大厅中间低处的演奏区。一般观演建筑大观众厅中给人的巨大尺度感被化解了，呈现出亲切、随和、轻松、细致的气氛。

柏林爱乐音乐厅的前厅正好安置在听众大厅的底下，由于观众厅的底面如同一个锅底，其下的前厅空间高矮不一，其中布置着许多柱子、楼梯和进口，路线曲折，形体复杂。第一次来此的人会摸不清门路，但又觉情景丰富诱人，刚一进门就让人产生与众不同的感觉。

爱乐音乐厅的外形基本上由内部的空间形状决定。周围墙体曲折多变，屋顶的形状由内里的天幕似的天花板确定。整个建筑物的内外形体很不规整，难以形容。外墙表面用的是铝板，感觉不甚高贵，带有战后初期财力不丰裕的迹象。

离爱乐音乐厅不远的地方，在广场的另一端，是密斯生前设计的最后一个作品——柏林新国家美术馆。两座建筑物形体风格大不相同。密斯的美术馆方方正正，正儿八经，一丝不苟，像一位正襟危坐、外貌冷峻的绅士；而夏隆设计的音乐厅如同一个马马虎虎、随遇而安、不修边幅的胖子。在广场的另一边，与前两座建筑物鼎足而立的是国家图书馆，它也是夏隆的作品，规模很大，形体也很特别，平面和立面都凸凹自由，极不规整，也是打破常规、随遇而安的模样。

爱乐音乐厅的近旁有一座较小的"室内乐音乐厅"，是按照夏隆的原有方案，由他人在他逝世后完成的。室内乐音乐厅与爱乐音乐厅好似一双姐妹。

夏隆的建筑作品，被认为是有机建筑的例子。它们的形体跟着内部空间布置走，里面什么样，外形就什么样，不按照某种特定的构图模式或规则加以规整和修饰，因此，可以说是随遇而安。这样的建筑可以有新鲜活泼、令人惊喜的效果，但也不是每一次都能成功。柏林爱乐音乐厅的外形也受到一些人的批评，被认为零乱委顿，不及内部吸引人。由于形式过于复杂，太不规则，所以施工难度极大，需要每隔60厘米就出一个剖面图。实际上，这座音乐厅原本要建在另外一个地方，主入口设在东北角，是按那个地点安排的。后来改到在现在的地点，环境条件改变了，但音乐厅的建筑设计未做相应改动，原封不动搬到新的地点，入口位置就显得很奇怪。可见"有机建筑"也有并不有机的地方。

无论如何，夏隆设计的柏林爱乐音乐厅，以其独具匠心的观众厅设计出了一个卓越的与众不同的音乐演出和欣赏的环境，成为20世纪音乐厅建筑中的一个名作。

悉尼歌剧院

澳大利亚朋友说："中国有万里长城，我们呢，没有那么古老的东西，可是有悉尼歌剧院！"欣喜自豪之情溢于言表。

悉尼歌剧院三面临水，造在悉尼港内一个小小的半岛上。这座建筑最大的特征是上部有许多白色壳片，争先恐后地伸向天空。从远处望去，歌剧院像是浮在海上的一丛奇花异葩，称它为"澳洲之花"十分恰当。而它又会引出人们的其他联想，如海上的白帆，洁净的贝壳，如群帆泊港，白鹤惊飞等等，不同的联想却全是美好的形象。它在悉

悉尼歌剧院外景

鸟瞰

近景

餐厅一角

鸟瞰

尼港的蓝天碧海之间，生出一派诗情画意，引人遐思无限。

悉尼早就想建一个歌剧院。许多悉尼人说，欧洲许多小城都能演歌剧，而悉尼却没有一个像样的场子，实在太不相称。于是，在1954年，当时的新南威尔士州政府设立了一个委员会筹办此事。不久，他们选定了一块地，是从岸边伸向海中的一块指状土地，与它隔海相对的是悉尼海港大桥，近旁是植物园，那块地方还是最早的欧洲殖民者登陆澳洲的地点，区位和环境极好。

1956年举办了歌剧院建筑设计的国际竞赛。当局宣布获胜者奖金为5000英镑。数目不大，不过获胜者有望获得委托，接着做施工图设计并监督歌剧院的施工，回报甚丰。这次竞赛收到32个国家送来的233个建筑方案。评选团4人，一位是当年著名的美国建筑师埃诺·沙里宁，一位是设计过伦敦皇家节日音乐厅的牛津大学建筑学教授，还有一名悉尼大学建筑学教授和一名政府建筑师。这个四人评选团面对一大堆方案，找不出一个满意的方案。正在无奈的时候，沙里宁把淘汰了的方案又翻了一下，从中取出一件，再看一次，像发现宝物似地嚷了起来："先生们，看啊！这个行，我看这是第一名！"几位评委对这个方案再次仔细审查，终于决定该方案为第一名。

这个方案只有几张简单的平面和立面草图，设计不深入，而且也没有整个建筑物的透视图。大概就是因为图纸太简略，这个方案先被淘汰了。重新审查以后，评选团给它很高的评价。评议书写道："这个设计方案的图纸过于简单，仅是图解而已。虽然如此，经我们反复研究，我们认为按它表达的歌剧院构想，有可能建造出一座世界级的伟大建筑。"

1957年1月29日，在悉尼美术馆大厅中，澳大利亚总理宣布：第一名是丹麦建筑师伍重的壳体方案，第二名是美国建筑师小组的圆形方案，第三名是英国建筑师的矩形方案。

伍重（Jorn Utzon, 1918— ）在设计悉尼歌剧院方案前，只设计和建造过几十幢小住宅和一个小住宅区。伍重曾到世界各地广泛游历，墨西哥、摩洛哥、印度、尼泊尔、日本以及中国等地都有他的足迹。在美国曾拜访过美国建筑大师赖特。1955年，他在北京访问了梁思成先生。

伍重提出方案时年38岁。那时澳大利亚没有人听说过伍重这个名字。他做悉尼歌剧院方案，但本人并未到过澳大利亚，没见过现场环境，只看了些港口的照片。他的方案中选后展出的彩色透视图也不是他本人画的，而是悉尼大学一位讲师根据他的平面、立面草图画的。

方案中选的消息传到伍重的耳朵时，他自己也吃惊不小。6个月后，伍重才去了悉尼。首先看上伍重方案的美国评委埃诺·沙里宁其时正在设计纽约肯尼迪国际机场中的环球航空公司候机楼，也采用大型壳体结构，那座候机楼因为体形像一只正要起飞的巨鸟而著名。沙里宁在评选方案时看中采用壳体的歌剧院方案，似乎有惺惺相惜的成分。沙里宁51岁便去世了，他未能看到建成的悉尼歌剧院。

歌剧院里包括多个演出厅堂。最大的是2700座的音乐厅，其次为1550座的歌剧厅，550座的小剧场，400座的电影厅，以及排演厅，此

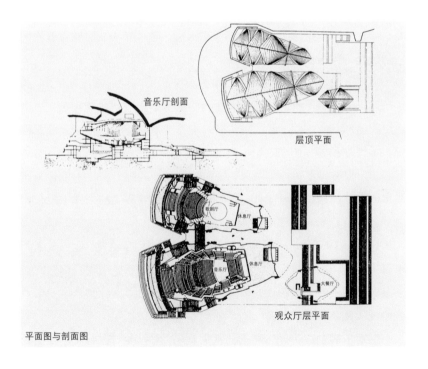

音乐厅剖面

层顶平面

歌剧厅 休息厅

音乐厅 休息厅 大餐厅

观众厅层平面

平面图与剖面图

外还有接待室、展览厅、图书馆、餐馆、印刷所等大小房间900间，内容多样，要求各异。总建筑面积8.8万平方米。悉尼歌剧院其实是一个综合性文化活动中心。

了解建筑设计的人都知道，有一种建筑设计者，他实践经验不多，疏于工程细部处理，但富于想像力，擅长构思与众不同的建筑方案，常能在建筑赛事中夺取奖项。伍重就是这样一位建筑师。伍重在做方案方面，早已是同辈中的佼佼者，以前参加丹麦国内的建筑设计竞赛，6次中选，但没有建造大型建筑全过程的实际经验。

伍重的方案是把伸入港湾中的那块条形地加宽，在其上建造出一个宽阔的高基座，大基座面向市区的一端，有很宽的大台阶，那里是悉尼歌剧院的主要进口。歌剧院的一些较小的厅堂和工作用房间在基座里面。两个最大的厅堂，即音乐厅和歌剧厅，放在基座的上面，两厅分立，中间留一空巷，两个大厅各有自己的屋顶。每一大厅之上耸立着4对合拢并向上翘起的拱壳，3对朝向海面，1对朝后面向市区。另外还有一个分立的餐厅，其上有两对小壳片。

悉尼歌剧院最不寻常的也最吸引人们眼球的地方，就是它那非常特别的壳形屋顶。

从一开始，各方就都明白，伍重的方案真要实现起来难度极大，远远超过一般建筑工程。然而，当时新南威尔士州政府明知艰难，还是决定实施伍重的方案。歌剧院建造的主管者是新南威尔士州公共工程部，工程建设分三步走：第一步，建造大台座；第二步，建造屋顶；第三步，安装设备和内部装修。他们聘请伦敦的阿鲁普工程设计公司从事歌剧院的结构设计工作。阿鲁普公司是世界顶尖的结构工程公司之一，阿鲁普本人是移居英国的丹麦人。

1957—1961年，阿鲁普公司开始研究那个屋顶结构。他们做了两个屋顶模型，加以试验。阿鲁普认为，歌剧院屋顶要用现浇钢筋混凝土做成椭圆形的双层薄壳，中间夹有空气层。采用这种做法需要庞大的模板和复杂的支架体系。

伍重不满意这种壳体结构的视觉效果，工程师们也有技术方面的

内景

担忧。伍重从丹麦打电话到伦敦，建议不要用现场浇注混凝土的方式。他们先前曾想过用预制构件拼装的方法。伍重提出，可以把所有房顶壳片都采用相同的球面曲率，事情就大为简化了。他请父亲的船厂的工匠为他做了一个木头的空球模型，表示构成歌剧院屋顶的大大小小的三角形壳片都从球的表面割取。据说这一想法是有一天在他剥橘子皮时得来的。经过细致研究，他和工程师们确定那个"球"的直径应为76.3米，便可包容两个大厅堂所需的空间，而那些三角形的球面壳片可以划分许多的细肋，就像中国竹子折扇的扇骨一样，再用钢筋将它们连接成一片。那些肋还可分为小段，用钢筋混凝土在地面预制，再吊装拼合，组成歌剧院的屋顶。1962年3月，伍重带着这个屋顶施工方案飞到悉尼，得到批准。

1962年8月，施工公司开始屋顶的施工。前后共吊装了2194块预制肋。单个肋的长度为5米左右。用这种方法施工，造价仍是很高，但由于充分利用了预制装配化的优点，比起用现浇混凝土的方式还是经济得多。从歌剧院屋顶的最高处到海平面的距离为68.5米，相当于22层楼房的高度。屋顶表面积共约1.62万平方米，表面贴一百多万块瑞典制的白色瓦片。

歌剧院朝海的端部张着大口，伍重的设计全用玻璃封口，而玻璃墙全在结构上面挂着，下不着地。建筑师和工程师找到法国一个玻璃厂，为此特制厚18.8毫米的玻璃。将玻璃运到现场，在工地的临时车间里按照电脑给出的形状和尺寸数据精确切割，有700种不同的形状和尺寸。这片玻璃墙的研究、设计和试验历时两年。

1965年，新南威尔士州到了大选的时期。这年2月，自由党上台，政府换班。新的公共工程部长上任后，看到自1959年动工到此时6年过去了，完工无期，工程费大大超出预算，并且还在不断地飙升，颇有烦言。

伍重那边，与政府官员和一些工程师，在施工方式、材料选用、分包商选定等方面也常有争执和不快。并且认为有些业主该付给他的费用迟迟没有落实，因而萌生去意。1966年2月的一天，伍重先向新部长口头辞职，几小时后交上书面辞呈。新任部长马上复信，接受伍重的辞职。

这件事在建筑界引起争议。悉尼大学建筑系的学生上街游行，举着"我们要伍重"的横幅，抗议政府的行为。

新部长在立法会上解释："政府既没有施压也不希望伍重先生离职，完全是他自己决定中止合同。"政府在同年4月两次请伍重回到歌剧院建设工作中来，但不是再当总建筑师，而是建筑设计班子的一名成员。伍重拒绝了。他在复信中写道："不是我，而是悉尼歌剧院一方制造了巨大的麻烦。"这句话广为流传。

辞职两月后，伍重遣散为他工作的人员，同妻子和孩子悄然回到丹麦。

悉尼歌剧院工程至此只是做了基座和屋顶结构，在许多人眼里，

壳顶与观众厅的关系

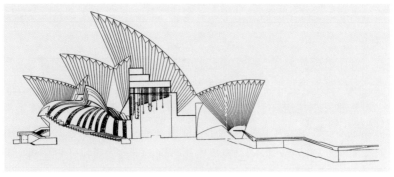

剖面图

这是一个烂摊子,是花钱的无底洞!有人认为,工党之落选与此有关,而自由党获胜同它允诺收拾烂摊子工程有关。

伍重走了,后面的任务全由澳大利亚建筑师班子来完成。他们也都很年轻,负责建筑设计工作的建筑师名霍尔,36岁。

第三阶段的工作也极繁重。悉尼各界提出许多建议,如悉尼交响乐团提出严格的厅堂声学要求。他们认为原设计容积为1.8万立方米,声音"发干",大厅设计必须修改,将音乐厅的容积增加到2.64万立方米,使声音的混响时间达到两秒。新装的大管风琴有一万多根管子,是世界同类乐器中最大的一个。

人们说,悉尼歌剧院的外观形象出自伍重之手,而内部是澳大利亚建筑师的作品。但不管怎样,建设工作终于进入了尾声。

1972年12月的一天,悉尼交响乐团在音乐厅实验演出,以检测声响效果。1973年9月28日,在歌剧大厅中第一次向公众演出歌剧《战争与和平》。1973年10月20日,悉尼歌剧院举行落成仪式,英国女王出席典礼。悉尼歌剧院能够满足各种音乐、戏剧的演出需求。现在这里每年有三千场左右的演出,观众达200万。是全世界最大的表演艺术中心。

悉尼歌剧院最初预设的造价是700万澳元,而最后用了1.02亿澳元,前后相差太大了。不过,据说歌剧院工程并未花政府的钱,资金来源中有一项是为建造歌剧院专门发行的奖券的收益。

19世纪末，美国的芝加哥学派中有人提过"形式跟从功能"及"由内而外"的口号，影响颇大。在建筑设计受传统样式束缚时，这个口号有助于设计者突破旧样式，创造适合新功能的新形象。不过形式与功能的关系及内与外的关系十分复杂，这两个口号过于简单，缺乏辩证精神，因而是片面的，拿它们当作设计工作的普遍准则并不恰当。伍重提出的悉尼歌剧院方案没受上述两个口号的束缚，在20世纪50年代令人耳目一新。这个歌剧院的造型同世界上别的同类型建筑全不一样，独特的、优美的、原创性的建筑形象使它进入了20世纪现代建筑艺术杰作的行列。

有的论者指出伍重构思悉尼歌剧院的体形时受到墨西哥的玛雅高台建筑的启示，这是可能的。但伍重也到过北京，他自称惊异于故宫太和殿的宏伟。太和殿下部有三重白色石台基，上面有曲面重檐琉璃瓦大屋顶，还有向上翘起的翼角。设想中国古典建筑的这种组合形象，在伍重构思悉尼歌剧院的大平台和向上翘的曲面屋顶时有所借鉴，也并非不可能。

建筑中的表现主义注重通过建筑形体表现和传达某种情感体验，有浪漫主义的倾向。1921年建成的德国波茨坦市爱因斯坦天文台是20世纪前期典型的表现主义建筑作品。其后数十年，理性主义的现代建筑盛行，表现主义的现代建筑式微，但不绝如缕。柏林爱乐厅及悉尼歌剧院即是显著的例证。柏林爱乐厅的表现主义主要见之于听众大厅的处理，悉尼歌剧院则突出表现在外形的塑造上，都取得公认的良好效果。建筑中表现主义的做法常会带来建筑造价的提升，但人们出于某种观念和情感的需求，不论什么时代总会造出若干能够满足个人和公众情感与审美需要的表现主义建筑。广义地说，北京的天坛祈年殿、罗马的万神庙、印度的泰姬陵，都可看作是历史上表现主义建筑的例子。

在建筑领域，表现主义与非表现主义并无明确的、绝对的界限。像世间许多事物一样，两者也是有区别无界限，或者说，界限是模糊的。

第十八讲 | **后现代建筑**

反思与质疑

20世纪中期，现代主义建筑扩及全球，主要城市都有它的踪影。现代主义成为建筑学中的主导和显学。然而随着时间的推移，到20世纪后期，愈来愈多的人开始反思，对早期现代主义许多信条的怀疑、指责之声渐渐兴起。现代主义建筑从开始就受到过责难、反对，甚至压迫。如包豪斯早就受到保守人士和德国纳粹党的围攻和迫害。第二次世界大战后，从对立方来的攻击没有了，但出现了来自现代主义阵线内部的怀疑与指责，更多来自现代主义建筑的第二代和第三代人士。

1958年，美国建筑评论家P.布莱克发表系列文章质疑现代主义建筑的许多口号和原则。他问："形式跟从功能，真是那样吗？"接着说，现代主义建筑师自认为要创造出不同于过去的木头和石头建筑，热衷于在建筑上体现机械化。但是群众却说你们应该想着艺术性，要适合普通人的口味，不要只顾理性规律，不要把什么房子都搞得太像工厂了。布莱克提出，现代主义建筑师强调功能主义，实际上只是对机器形体的崇拜，可我们应该让机器适应人，而不是要人适应机器。

建筑评论家哈斯克尔（D. Haskell）指出建筑师的创作与普通人的情感需要存在差距。他说，群众一般都喜欢有些装饰的、带象征意味的、有些浪漫性甚至有些表演性和戏剧性的建筑，并不喜欢高度理性的像工程设备一样的建筑物。他提出"问题已从适应机器生产转向适应群众消费的深层心理学问题"。

也是在1958年，一向崇拜密斯的美国建筑师P.约翰逊改变立场，宣布要同现代主义建筑大师分道扬镳了。他甚至说："我们同那些七十岁出头的老家伙的关系应该结束了。"次年，他又宣称："国际式溃败了，在我们的周围垮掉了。"

越往后去，否定现代主义建筑的声音和调门越高。1974年，英国建筑师J.斯特林在耶鲁大学讲演，他说："百分之九十九的现代建筑是令人厌烦的、平凡的、无趣的，放在老城里通常起破坏作用，一点也不协调。"

布莱克说："事情很清楚，走过了一百年，现代主义的教条已经变得陈腐了。它曾经兴盛过，也有过光辉的时刻。现在也不必吃后悔药。……我们此刻接近一个时代的终点，另一个新时代的开端。……我们是在现代建筑运动的信条下成长的，我们曾经表示要在自己的职业生涯中始终服膺它，但是现代建筑运动已经走到尽头了。"

自此，现代主义建筑死亡说在美国热闹起来。新闻记者沃尔夫撰文说，美国近几十年的现代主义建筑是欧洲包豪斯那一伙人侵入美国的结果。1979年1月美国著名的《时代》周刊出版建筑专号，宣称"70年代是现代建筑死亡的年代。它的墓地就在美国。在这块好客的土地上，现代艺术和现代建筑先驱们的梦想被静静地埋葬了"。

事实上，由于内部分歧和矛盾的扩大，现代建筑国际会议(CIAM)已于1959年在荷兰举行的会议上自行宣告解散。

在此之前，柯布已经意识到新老两代人的分歧相当深刻，他接受长江后浪推前浪的现实。1956年，他在致CIAM第十次会议（在前南斯拉夫召开）的信中写道：

> 那些现年四十岁左右的人，以及1930年前后出生的、现年约二十五岁的人，是能够感知当今时代的问题的关键的人物，他们通晓内情，具有紧迫感，又掌握必要的方法，他们能够达到自己

的目标。他们的上一辈，已经离开舞台的中心，感受不到现今形势的直接冲击，他们做不到这一点了。

这年柯布年届七十，他讲了这些鼓励后进的话，显示了老一辈的睿智和谦和，同时也表明新老两代建筑师观念上的差距已经很大，无法弥合了。

尽管有许多指责与鼓噪，但又有不少人认为不应把现代主义建筑一棍子打死，需要的是修正补充，以适应时代改变带来的新条件和需要。实际上很多建筑师已经这样做了。

现代主义建筑需要转变和发展，这不仅是建筑师界内部的事情，而是历史的必然。根本原因在于现代主义建筑潮流形成以来，西方社会在半个多世纪中发生了广泛的、深刻的、巨大的变化。经济和社会变化、社会意识形态和文化观念也有了变化，与这两方面都有关系的建筑业、建筑思想和建筑创作也就相应发生变化。

从社会文化心理的角度看，以下几方面的变化相当显著：

第一，物质生活水平提高以后社会消费方式出现了新的特点。20世纪20年代的德国是战败国，20年代末美国开始经济大萧条，世界各国都处于物质匮乏的境地；与之相比，80年代的西方发达国家物质极大丰富。1945年，全世界行驶的汽车为5000万辆，1986年达到38600万辆。在物质匮乏的时候，一般人要解决的是有无问题；物质丰富的时候，基本需要已经满足，人们消费时不仅注重使用价值，还更注重精神价值，在物品的功能和效率之外，对于许多产品要求款式、造型的多样性，要求具有较高的艺术质量。为适应消费者对有特色有个性的产品的追求，生产者不再搞大批量少品种的生产，而转向小批量多品种的生产。产品的流行周期越来越短，变化越来越快。

历史上，由于物质匮乏，生活水平提高无门，人们转而注重精神价值；今天，人们则是在物质饱和感的基础上追求精神价值。

第二，工业文明的负面影响引起失望和怀旧情绪。工业发展带来的负面作用日益引起人们的忧虑。严重的工业污染、能源危机、生态危机、人口爆炸、土地沙漠化等等威胁到人类的生存。1981年，罗马俱乐部主席佩奇写道："人在控制了整个地球之后，并未意识到这些行为正在改变着自己周围事物的本质，人污染自己生活所需的空气和水源，建造囚禁自己的鬼蜮般的都市，制造摧毁一切的炸弹。这些'功绩'具有临终前抽搐的力量。……总而言之，物质革命使现代人类失去了平衡。"很自然地，许多人想念起前工业时期旧日的好时光（old good days）。保守和怀旧情绪四处蔓延。

20世纪前期，进步和反传统受到赞美；20世纪后期，保守和"反反传统"成为美德。1987年，英国王储查尔斯王子对英国战后的新建筑和建筑师进行尖锐攻击，他甚至说"英国建筑师对伦敦造成的破坏比第二次世界大战的闪电战中希特勒的轰炸机造成的破坏还要严重"。查尔斯王子说伦敦圣保罗大教堂已经被"拥挤的摩天大楼"所破坏。他呼吁修建"出自英国丰富的建筑传统并与大自然和谐一致的建筑物"。

第三，人文主义和非理性主义思想兴盛。20世纪前期，很多人相信理性，相信科学，科学主义哲学盛行。但是，接连发生了两次世界大战，经济危机、社会危机、政治危机不断出现。一个作家写道，战争使"千百万生灵化为一堆堆尸骨，一簇簇破布和乱发，或者化为一阵阵烟雾。这到底意味着什么？没有人能明白告诉我们。但是至少有一点是清楚的，那就是出了什么事了"。一位法国哲学家批判"只重视有程序控制的人造机器而轻视能够自行决断的人"的倾向，强调要"从生命的复杂性去思考生命"。呼吁"把重点从物理性问题转到人本身的问题上"。

当代的人本主义越来越带有反理性主义的色彩。法国哲学家萨特认为，人凭借感性和理性获得的知识是虚妄的，人越是依靠理性和科学，就越会使自己受其摆布从而使人自己"异化"。他说："存在主义，最后，是反对理性本身。"一些哲学家认为，非理性将战胜理性。宣称现在的时代是非理性时代。

第四，艺术和审美风尚出现新变化。当代社会许多人没有信仰，他们以自我为主，没有崇高感，对英雄行为没有兴趣。对于艺术，基本倾向是寻求更多的刺激、更激烈的变换和变形、更大程度的紧张。于是玩世不恭、嘲讽、揶揄、游戏、悖论、做鬼脸、出怪相、玩艺术、反美学渐渐成为时尚，不和谐、不完整、不统一的艺术形象取代对和谐、完整、统一的追求。美国艺术家罗森堡解释说，现代主义美术已不能表达当代的思想情感。他说，行动绘画等的目的"不是美的创造，而是美的废除"。他主张艺术家从"审美的圈子"中跳出来。

西方的艺术和美学在 20 世纪前期曾经猛烈地突破传统，到 20 世纪后期又出现了新的变化，一方面出现了表面上向传统回归的趋向，另一方面又有进一步反传统、反艺术、反美学的趋向。多种趋向错综复杂、异彩纷呈。了解以上情况和现象，有助于我们理解 20 世纪后期西方建筑思潮的变化。从 20 世纪 20 年代到 70 年代，世界方方面面的变化十分明显，建筑领域出现变化，事有必至，理有固然。

后 现 代

社会生产力和社会关系的变化引起社会上层建筑和意识形态方面的某些变化。哲学、社会科学、文学艺术等文化领域出现许多新的观念、新的理论和新的流派。不少观点同先前的现代主义思潮有明显的区别，甚至相互对立，发生冲撞。这些新观念、新理论被笼统地称作"后现代主义"（post-modernism）。后现代主义一词有广泛的综合性和包容性，人们对后现代主义有不同的解释。我国学者王岳川写道："后现代主义从现代主义的母胎中发生发展起来，它一出现，立即表现出对现代主义的不同寻常的逆转和撕裂，引起哲人们的严重关注。""后现代主义绝非如有人所说的仅仅是一种文艺思潮。这种看法既不准确，又与后现代发展的事实相悖。后现代主义首先是一种文化倾向，是一个文化哲学和精神价值取向的问题。"*

美国美学家伊·哈桑说："后现代主义虽然算不上 20 世纪西方社

---

* 王岳川：《后现代主义文化与美学》，北京大学出版社，1992 年版。

会中的一种原创型意识，但对当代世界却具有重大的修订意义。"有的西方学者认为后现代主义具有一种新的"精神分裂症"的时空模式，如后现代音乐只有一串若明若暗的音流在时间中零碎地闪现。在后现代小说中，只有零散、片断的材料的堆积，无意识的偶然拼凑的大杂烩。后现代艺术也出现历史上的符号，但它切断了各种复杂的符号之间的联系，表现出"非连续"的时空观。

现代主义与后现代主义两者之间的关系问题，也是众说纷纭，没有一致见解。我国学者赖干坚认为："作为思潮、运动来看，后现代主义与现代主义确实存在质的差异，后现代主义具有对抗、超越现代主义的特质，但是这并不排除后现代主义具有对现代主义延续、衍生的因素，而且种种迹象表明，后现代主义对现代主义的对抗、超越正是在前者对后者的延续性、衍生性的基础上进行的。"在建筑方面，情形也是如此，后现代主义建筑对现代主义建筑的对抗并不完全意味着前者对后者的绝对割裂。一方面，后现代主义把现代主义对传统的反叛推向更彻底、更极端；另一方面，后现代主义以现代主义为前提，在世界观、美学倾向和创作原则等方面提出了新的主张、要求，因而赋予自身以新的特质，例如，突出世界的破碎感、混乱感，等等。

《建筑的复杂性与矛盾性》

1966年，纽约现代艺术博物馆出版了一本书，名为《建筑的复杂性与矛盾性》，作者是美国建筑师文丘里。该馆的建筑与设计部主任德莱斯勒在为此书写的前言中说："文丘里这本书，和他的建筑作品一样，与已经被多数人视为经典，或者至少被当做确定无疑的东西相对立。"美国耶鲁大学艺术史教授V.斯卡里在为该书写的引言中说："这本书是自1923年勒·柯布西耶的《走向新建筑》出版以来，有关建筑发展的最重要的一部著作。……全都是新东西——很难写，也很难读，因为是新东西，所以读起来不那么轻松流畅。"

这本书确实重要，考察20世纪后期的世界建筑，尤其是那一时期的美国建筑，我们不能不对文丘里的建筑观点和作品予以注意，因为无论从正统古典主义建筑来看还是从正统的现代主义建筑来看，文丘里的观点都是道出旁门、与众不同。

罗伯特·文丘里（Robert Venturi, 1925— ）出生于美国费城，1950年从普林斯顿大学建筑系毕业后，曾在埃诺·沙里宁和路易·康的建筑事务所中工作。后曾到意大利研修。从1958年起，与人合伙开设建筑事务所，先后在宾州大学、耶鲁大学等校任教。

我们知道，自60年代以来，已经有一些建筑师对现代主义建筑提出质疑，并在实际建筑创作中探索新的路径，但在文丘里之前，还没有人从理论上系统地、直截了当地批判现代主义建筑创始人的基本观点。在这方面，文丘里既坚决又不含糊。在该书第一章"一个温和的宣言"中，文丘里写道：

> 建筑师们再也不能让正统现代主义的清教徒式的道德说教吓住了。

这句话无异是向建筑师们发出的造反号召。接着，他表明他赞成什么，反对什么。文丘里说：

> 我喜欢建筑要素的混杂，而不要"纯粹"的；宁要折中的，不要"干净"的；宁要歪扭变形的，不要"直截了当"的；宁要暧昧性不定，也不要"条理分明"、刚愎没人性、枯燥和"有趣"；宁要世代相传的，不要经过"设计"的；要随和包容，不要排他性；宁可丰盛过度，也不要简单化、发育不全和维新派头；宁要自相矛盾、模棱两可，也不要直率和一目了然；我容许违反前提的推理，甚于明显的统一；我宣布赞同二元论。我赞赏含义丰富，反对用意简明。既要含蓄的功能，也要明确的功能。我喜欢"彼此兼顾"，不赞成"或此或彼"；我喜欢有黑也有白，有时呈现灰色，——不喜欢全黑或全白。

这些看法可以说是文丘里建筑理论的精髓，它们与早期的现代主义建筑原则针锋相对。斯卡里教授赞曰："书里的论点像提起幕布一样，打开了人们的眼界。"这些意见别人也提出过，但不如文丘里这样直接而干脆。

文丘里的一个出发点是认为建筑本身就包含复杂性和矛盾性。他说："建筑要满足维特鲁威所提的实用、坚固、美观三大要求，就必然是复杂和矛盾的。今天，即便是处理简单的文脉环境中的一个建筑物，其设计要求、结构、机电设备以及表现要求，也是多种多样的，相互冲突的，其程度是以往难以想象的。城市和地区的规模和尺度又不断扩大，困难就越来越多。"文丘里批评正统现代主义建筑师对建筑的复杂性认识不足："在他们试图打破传统从头做起时，他们把原始时期的东西和低级的东西理想化了，代价是不顾建筑的多样性和复杂性。作为革命运动的参加者，他们欢呼现代的功能是崭新的，却不顾及其复杂性。作为改革者，他们清教徒式地宣扬建筑要素的分离和排他性，不肯兼顾不同的需求。……勒·柯布西耶，作为纯粹主义的发起者之一，大谈'伟大的原初形式'，说它们是'清晰明确……毫不含混'，除了少数例外，现代主义建筑师总是避免不定性。"文丘里引用一位哲学家的话："理性主义产生于简单和有序之中，但是在激变的时代，理性主义已证明是不适用的。……自相矛盾的观念容许看来不相同的事物并存共处，不协调本身提示一种真理。"这一哲学观点是文丘里建筑学说的理论基石之一。

由此，文丘里激烈否定密斯的"少即是多"的观点，因为这一观点排斥复杂性和矛盾性。文丘里说建筑师跟着密斯走，就会"排斥重要的问题，导致建筑脱离生活经验和社会需要"。又说"简练不成导致简单化，大肆简化带来乏味的建筑"。针对密斯的"少即是多"，文丘里说"多不是少"（more is not less），"多才是多"（more is more），他认为"少是枯燥"（less is bore）。

文丘里说他并不否认有效的简化，但他认为那只能是分析问题过程中使用的方法，不是目标。他说，向月球发射火箭需要极其复杂的

"大街上的东西几乎全不错。"这是文丘里书中的一幅插图

手段，目标却很单纯，没什么矛盾。与此相比较，建筑所需要的手段并不复杂，但目标却很复杂，具有内在的不确定性。文丘里说，建筑形象"表情"的模糊不定反映建筑任务内容的模糊不定。文学中，诗由于不确定而有诗意，建筑也是如此。

文丘里认为建筑师不应抱"或此或彼"（either-or）的态度，不应认定"彼"与"此"不可兼容，相反，应该采取"彼此兼顾"（both-and）即兼收并蓄的立场，要承认矛盾，将彼此对立的东西包容下来。

文丘里引用他人的一句话说"必须接受矛盾"。认为建筑师在设计中要适应矛盾（contradiction adapted），并置矛盾对立的各方，即矛盾共处（contradiction juxtaposed）。各种矛盾的东西可以按等级分层次地加以处理。

文丘里倡导在建筑设计中采取变形等权宜手段，容许偶然的和例外的处理。在建筑中，将不同形状、不同比例、不同尺度及不同风格体系的元素和部件，并置或重叠在一处，由此引起强烈冲突、断裂、失调、不完整和和谐的局面，这属于矛盾共处。文丘里说，适应矛盾相当于"温和疗法"，而矛盾共处相当于"震荡疗法"(shock treatment)。

从这些基本观念出发，文丘里对于建筑中的传统、法式、标准化、内与外的关系等问题提出了一系列与众不同的看法。对于法式(order)，他说人所制定的法式都有其局限性。"当情况与法式抵触时，就应当改变法式或废弃法式。在建筑中，出格和不明确是正当的"。又说，"建筑的含义由于破坏法式而增强"。关于传统，他写道："建筑中有传统，传统是一种更具普遍性而有特别强烈表现力的法则。"他批评现代主义建筑拒绝传统的态度，"人们赞扬先进技术，却排斥虽然俚俗但当下合用的建筑要素，这在我们的建筑和景观中已很普遍，这难道是合适的吗？建筑师应接受现有的建造方式和元素。"建筑师既要创造新东西，也应选用已有的东西。"在建筑中采用传统的东西，有实用的根据，同时也有表现方面的理由"。

文丘里重新肯定建筑传统的价值，但并非倡导复古，并非要简单地回到过去，他只是主张兼收并蓄。"建筑师的工作是当旧的一套不顶用的时候，既采用旧部件又审慎地引入新部件，由此创造一种奇妙的整体。"他还认为"通过非传统的方式组织传统部件，可在整体中表达出新的含义。以不同寻常的方式运用寻常的东西，以陌生的方式组织熟悉的东西，建筑师可以改变环境文脉，从平庸老套中获取新鲜感。熟悉的东西在陌生的环境中给人以既旧又新的感觉"。

对于标准化，文丘里也采取类似的态度，主张"以非标准的方式运用标准化"，用意是在标准化的条件下，努力增加灵活性，以避免标准化带来的机械感和僵硬感。柯布在《走向新建筑》中写道："平面从内到外，室外是室内的结果。"由内到外、内外一致曾是现代主义建筑的一项重要理念。文丘里反对这种观念，他说："建筑物的主要目标是围合，是从外部空间割划出内部空间，内部不应是直敞的空间。""内部与外部是有区别的"，"内部与外部的对立是建筑矛盾的一个主要表现"。文丘里说，柯布的萨伏伊别墅其实是在方框平面中塞进许多复杂的东西，内部与外部并不一致。文丘里认为"设计应该是既由内而外，又由外而内，由此形成必要的紧张关系，有助于建筑艺术创作"。

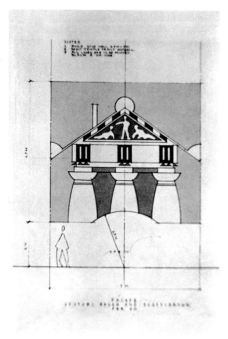

文丘里的概念设计——"用非传统的方式组织传统部件"　另一位美国后现代建筑师的住宅设计

　　由于重视建筑物内外的差别，文丘里把外墙看作是内外之间的转换点。现代主义建筑中常常追求墙体在视觉中的消失，文丘里则强调实墙的重要性。*他说，甚至可以认为，建筑艺术就存在于划分内外的墙体上，"承认内部与外部有差别，建筑艺术就会重新带上城市眼光"。

　　文丘里在书中用实例向人们显示建筑中可以采用片段、断裂、二元并置等处理手法。这样做，是不是会产生杂乱之感？文丘里说，这样一来，建筑师面对的是兼容并蓄的"难于统一的总体"，不再用排他

---

* 现代主义建筑理论，突出强调房屋内部空间的重要性，认为建筑空间是建筑的主角。我国一些学者引《老子》中的话"凿户牖以为室，当其无，有室之用"。说明中国古代哲人也认为"无"，即空间是房屋之为房屋的主角或关键。长沙马王堆三号汉墓出土的帛书中，有迄今发现的最早的《老子》文本。其中，上引句子的末尾有"也"字。因而有学者指出：《老子》中的上述句子的断句实为"凿户牖以为室，当其无有，室之用也"。"无有"的用法与"上下"、"左右"、"前后"等类似。"无有"相当于"虚实"。指明在房屋中空间与实体（墙、屋顶等）同时存在，同等重要，二者共同作用，缺一不可，这样才有可用的房屋。此点可谓与文丘里看法暗合。

的做法搞容易达到统一的整体。文丘里说，建筑师要负起解决"困难的统一"的责任。

文丘里提出可以采用的手法有：不协调的韵律和方向；不同比例和不同尺度的东西的"毗邻"；对立和不能相容的建筑元件的堆砌和重叠；采用片断、断裂和折射的方式；室内和室外脱开；不分主次的"二元并列"。

文丘里还说，建筑作品不必完善，"一座建筑物允许在设计和形式上表现得不够完善"。"建筑师不要排斥异端"，要用"不一般的方式和意外的观点看一般的东西"，等等。

1972年，文丘里出版了他与D.布朗和S.伊仁诺合著的另一部著作《向拉斯维加斯学习》。在这本书中他把他的建筑观点加以深化和扩充。过去，许多建筑师向往创造"英雄性和原创性的建筑"，文丘里等则提出可以创造丑的和平庸的建筑(ugly and ordinary architecture)的观点。他赞扬美国自发生长的城区中的普通房屋，说"大街上的东西几乎全不错"(The mainstreet is almost all right)。他对美国西部内华达州在沙漠上建造起来的赌城拉斯维加斯的城市和建筑形态做了一番考察，认为那里的街道、建筑、标志物大有文章，值得效法。

20世纪70年代后期，文丘里在一篇文章中给建筑下定义。他说，每个时代每位建筑师，自觉或不自觉，清晰或不清晰，在心目中都有一个关于建筑的定义。文丘里自己的定义是"建筑是带象征性的遮蔽体"，或"建筑是带装饰的遮蔽体"。(Architecture is shelter with symbols on it./architecture is shelter with decoration on it.)

文丘里又强调建筑物上的装饰是经过挑选的、附加上去的，只要巧妙就行，而无须是该建筑物有机的组成部分。他说，一座建筑物的门面是古典的，后面可以是哥特式的；外部做成后现代主义的，内部尽可搞成塞尔维亚—克罗地亚风格。他批评现代主义建筑取消装饰和符号。文丘里说，他的建筑定义表明装饰与遮蔽物不必是一个整体，这就使得建筑的含义可以超越建筑本身而扩展，可以让建筑物的功能"自己照顾自己"，并得到解放。

文丘里书中举出的〝对立和不能相容的建筑元件的堆砌和重叠〞的实例

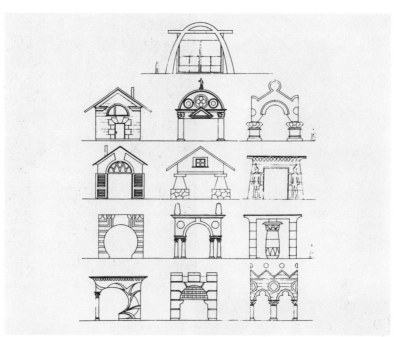

文丘里书中的插图——"建筑的内部和外观不一定要一致。"

文丘里书中的插图——"这个小银行的假门面有象征意义。"

文丘里设计的椅子

　　1980年，文丘里说："你无法把高雅艺术强加给每一个人。……我们应该适应不同的文化口味。既演奏贝多芬，又演奏'甲壳虫'，既有拉斯维加斯的马路，又有新英格兰地区的绿地。美国有多种文化，美学上就必然是杂融的。"

许多人认为是文丘里奠定了后现代主义建筑的思想基础，但他不承认这一点。文丘里说，他本人只因为写了两本书才同后现代主义建筑思潮联系起来。"我愿意走明智的中间道路。我当初批评现代主义建筑时是个局外人，现在风向转到我这边来了，可我仍然是个局外人。"文丘里又谦虚地不愿说自己是理论家，而认为自己是搞实际设计的，他说他是因为那时的实际设计任务少才写书的。他说，现代主义在它产生的那个时期是了不起的，后现代主义建筑是从现代主义建筑发展出来的。他说："责怪那个时期的东西是很容易的，这在今天已经成了一种时髦。不应该为了搞一种运动就把另一个运动说得一钱不值。"文丘里在一次讲演时甚至称自己是一个现代主义建筑师："我是以一个建筑师而不是一个理论家的身份讲话的，而且我是一个现代主义建筑师，并不是后现代主义建筑师或新学院派建筑师。我们的作品是从刚刚过去的时期中发展出来的。我不能因为尊敬祖父那一辈就贬损父亲那一辈。有时我想，我的下一部书的题目是《现代主义建筑几乎都不错》。就某种意义来说，我想我们自己是现代建筑的一部分，是从中发展出来的一部分。"文丘里的态度比较实事求是，客观超脱。

哥伦布市消防站（1968）

文丘里的建筑作品

    文丘里的建筑事务所包括两位合伙人及文丘里的妻子。像通常一样，他们起先多做小的工程如小住宅、小公共建筑，后来名声大了，一些大学、博物馆也来请他设计。他设计的建筑特色明显。

    1963年建成的文丘里的母亲住宅被作为例子收入《建筑的复杂性

侧视

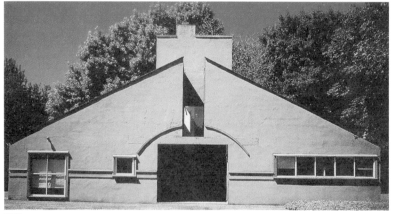

正面
母亲住宅

和矛盾性》之中，用来阐释他的观点。这个小住宅有一个坡屋顶，显示出与现代小住宅平屋顶的差别，表示出向美国民间坡顶住宅的回归。但文丘里并没有完全回到传统做法。这所住宅以山墙为正面，中有个凹口，下面是门洞，大门歪在门洞里面。门洞之上有一横过梁，上面又有一道圆弧形线脚，隐喻有一个拱券。大门左右的墙上开着窗子，但两旁的窗洞位置不对称，大小形状也不同。进入大门之后，有壁炉、烟筒和楼梯，它们的关系也很奇特，可以说是纠缠在一起，楼梯本身宽窄不一。文丘里解释说，这个小住宅"既复杂又简单，既开敞又封闭，既大又小，许多要素在某个层次上说是好的，在另外一个层次上又是坏的，它的格局中既包括一般住宅的普遍性要素，又包括特定的环境要素。在数目适中的不同组成部分之间，它取得困难的统一，而不是数目很多或很少的组成部分之间的容易的统一"。关于该住宅的入口，文丘里写道："入口空间是从大的外部空间到宅门之间的过渡。在那里，一道斜墙满足了重要的非同寻常的指向需要。"关于壁炉和楼梯的布置，文丘里说："两个垂直要素——壁炉烟道与楼梯——在那里争夺中心位置。而这两个中心要素，一个基本上是实的，一个基本上是虚的，它们在形状和位置上互相妥协，互相弯倾，使得由它们组成的房屋达到二元统一。""楼梯放在那个拙笨的剩残空间之内，作为单个的要素来看是不佳的，但就其在使用上和在空间系列的位置上来看，作为一个片断，它适应复杂的矛盾的总体，它又是好的。"1982年，文丘里在一次讲演中提及这个小住宅时说，这个住宅"古典而不纯，又有相反的一面，有手法主义的传统，又有历史的象征"。有人说这个小住宅像是儿童画的房子，文丘里回答说"我愿意它是那个样子"。

文丘里为俄亥俄州奥柏林学院的爱伦美术馆做的扩建部分设计，最吸引人的是他在一个大厅的墙角部位安置了一根爱奥尼柱子，它表面用木片包成，矮矮胖胖，滑稽可笑。这个柱子被人称为"米老鼠爱奥尼"，是建筑上少见的一个逗乐物件。

文丘里设计的普林斯顿大学巴特勒学院的"胡堂"（该校校友香港

普林斯顿大学胡堂

胡堂餐厅内景

宾州州立大学教工俱乐部（1976）

人胡应湘捐资）于1983年落成。这是一座红砖墙面的二层楼房，底层为食堂、娱乐室，上层为办公用房。在这座不大的房屋上，有美国大学传统建筑的形象，又有英国贵族邸宅的样式，还有美国老式乡村房屋的细部，这些特征都是通过一些老式建筑的片断或符号呈现出来的。而在入口的上方墙面上，又用灰色和白色石料组拼成抽象化了的如同中国京剧脸谱似的纹样，古怪而显著。

文丘里的建筑理念反映了什么

如他自己所阐明的，文丘里的观点反映了商业高度发达的美国社会文化的侧重点。它与先前的时代不同，更少英雄主义，对崇高和正统兴趣不大，这个社会更注意消费，更注重广告效果，标奇立异、引人注目是更加重要的事。

20世纪60年代兴起的波普艺术及其他大众艺术流派是文丘里建筑观念的重要基石之一，特别是波普艺术。波普艺术即群众的通俗艺术，它最初的表现是"集合艺术"（art of assemblage），它将各种现成的物品用拼贴（collage）的手法集合在一起，算是艺术作品。1961年纽约"集合艺术展"的导言中说："这种物体并置的手法，在变得散漫无力的抽象艺术的简单的国际语汇失却魅力的情况下，用来反映社会价值的感受，是一个很适当的方式。"正像20世纪初西方现代派绘画与雕塑曾经给现代主义建筑以十分重要的影响和启示一样，50年代以后西方美术界的更新的流派又一次给建筑界以有力的影响和启示。文丘里的建筑观念就是在这样的影响和启示下生成的。

文丘里的建筑观念在一定程度上反映了美国普通老百姓的喜好和性格。美国人向来有自由自在、不拘小节、诙谐乐观的性格，其所以如此，同新大陆的美国人少受封建礼教驯化，厌恶教条陈规的传统有关。这种国民性反映到文丘里的建筑观念中来，或者说，是文丘里在现代主义建筑受到质疑挑战、思想混杂之时，他将美国普通老百姓的情趣提升起来，以理论的形式纳入向来由社会上层精英分子把持的建筑艺术殿堂，并形成一种趋势。应该说这是史无前例的动向。先前也曾有建筑家赏识民间建筑，但那是从高处向下俯视，把它们作为高雅建筑艺术的点缀，并且是从正统建筑艺术的眼光加以挑选的。文丘里与此不同，他把老百姓的建筑，特别是一些带有偶然性、意外性、凑合而成的建筑推到世人面前，极力推许。将"下里巴人"之作提到"阳春白雪"的高度，这是先前没有过的。在这一点上，文丘里是又一个反正统主义的领袖。

文丘里本人不承认是后现代主义建筑的带头人，但实际上他起了这个作用，或者说，他是现代主义与后现代主义建筑之间的一个重要环节。后现代主义建筑以及解构主义建筑等许多流派都与他这个环节紧密关联。

文丘里长于思辨，他的作品似乎主要是用来显示和证明其论点的，作品本身则疏于造型方面的推敲精研，因而至今还没有一座受到建筑界普遍赞誉的作品。而这种情形如果说是有遗憾的话，那也有其必然性，是他的理论自身所决定的。他说过建筑师可以创作丑和平庸的建筑。人们如果对他的作品提出意见，他还会说"我愿意它是那个样子"。

文丘里的理论观点有惊世骇俗的力量，而他的作品很可能像美国波普画家劳申柏（R.Rauschenberg，1925—　）的杂物拼贴画一样，新奇特出，具有轰动效应，然而缺少持久的艺术吸引力。

我们还应补充一点，文丘里提出"建筑的复杂性与矛盾性"的概念，与20世纪中后期自然科学的进展也有关系。例如，1977年诺贝尔奖得主物理学家普利高津的著作《探索复杂性》，即可视为文丘里建筑理念所产生的宏观背景之一端。

其他后现代建筑实例

后现代主义建筑讨论的多，实际建造的并不多。下面我们介绍美国建筑师格雷夫斯与摩尔的后现代主义建筑作品，以及1987年柏林住宅建筑展中的几座后现代建筑作品。

波特兰市市政新楼

美国东北部俄勒冈州波特兰市市政府新楼于1979年开始设计，1982年落成，是美国后现代建筑的一座里程碑式的作品。设计者格雷夫斯1962年成立建筑事务所，长期在普林斯顿大学任教，是一位教授建筑师。

波特兰市政大厦

20世纪70年代初期，格雷夫斯与另外4位纽约建筑师并称"纽约五杰"（New York Five）。当时这五个人的建筑作品明显受勒·柯布西耶早期作品的影响，多用简单几何形体和白颜色，轻快明亮，被称为"白色派"。70年代中期以后，五人的建筑风格渐渐分化，格雷夫斯不久成为后现代主义建筑的重要人物。詹克斯强调后现代主义建筑采

波特兰市政大厦入口

用"双重译码"，格雷夫斯认为建筑艺术既要与有教养的人们联系，也要与大众阶层保持联系。他将从传统建筑取来的片断作为一种符号使用，使建筑形象带上历史的象征或隐喻。在建筑处理上考虑一般人的习惯和爱好。如现代主义建筑常用整块大玻璃做窗墙，而实际生活中人们习惯用手扶着窗棂向外张望，因此格氏少用大玻璃窗而常用带窗棂的传统的格窗，有时就用木窗。建筑物顶部轮廓是人们观看的重要部位。现代主义建筑的顶部过于简单，格氏将顶部加以处理，使一般人容易认同而喜闻乐见。

格氏将建筑物形体与人的头、身、脚相比，使建筑物有明显的顶部、主体和基座的划分。他称这种做法是建筑的"拟人化"。格氏的色彩运用有鲜明的个性，爱用明丽娇柔的颜色如粉红、粉绿、粉蓝之类的"餐巾纸色"，因而他的建筑作品亮丽醒目。他说不同颜色用于不同的建筑部位有不同的隐喻：蓝色天花板象征蓝天，蓝色地面隐喻水面，绿色地面隐喻草地，墙上的绿色象征攀墙植物。他说，他的建筑物的基座常用棕色，既代表大地，又与传统房屋的基座相近。墙上的绿色除代表植物外，又与老建筑物常有的绿色木百叶窗相近，等等。这就是后现代主义建筑所谓的"多义性"和"双重译码"。格雷夫斯惯用彩色粉笔作画，这种"餐巾纸色"的建筑画也成为他的名篇。

波特兰市政新楼是美国后现代主义建筑最有代表性的作品，它的出现改变了公共建筑领域中近半个世纪流行现代主义建筑风貌。它是一个大方墩式建筑，高15层，下部做成基座形式，基座部分外表贴有灰绿色的陶瓷面砖，基座以上的主体表面为奶黄色。在大楼的四个立面上都加有隐喻壁柱的深色竖直线条。正立面的"壁柱"上有突出的楔块，立面上以深色面砖做成巨大的"拱心石"图形。立面上除了部分大玻璃面外，在实墙上则开出方形小窗洞。侧立面的"壁柱"还有飘带似的装饰。主入口饰有3层楼高的"波特兰女神"雕像，它是波特兰市的象征。这样的入口处理历史上很多，但后来很少看到。波特兰市政府新楼色彩鲜亮，有很多装饰，形象丰富。它有些古典意味，但又非复古，新鲜有生气，但又有滑稽嬉闹之意。

波特兰大楼的建筑处理体现了文丘里提倡的手法，如不同尺度的毗邻，形式和颜色的混杂，片断的拼贴以及以非传统的方式利用传统，等等。这些后现代建筑的精神和旨趣首次在比较重要的官方建筑的设计中表现出来，在当时可谓别开生面，因此受到广泛注意，成为后现代主义建筑的著名里程碑之一。

佛罗里达州迪斯尼乐园天鹅饭店和海豚饭店

这两座饭店也是格雷夫斯的作品，于1988年前后建成。从外部到内部，各部分的形状忽大忽小，比例超常，装饰夸张，色彩俗丽。无论从古典建筑的角度还是从现代主义建筑的角度来看，它们都是不入流的，好似儿童搭的积木。不过放置在迪斯尼游乐园的环境中，有玩具式的嬉笑逗乐的效果，这也是后现代建筑的旨趣之一种。

新奥尔良市意大利广场

查尔斯·摩尔设计的美国新奥尔良市意大利广场也是后现代主义

天鹅饭店

海豚饭店

建筑群和广场设计的一个例子。

　　新奥尔良是美国南方城市，有大批源自欧洲的居民。该市原来已有西班牙广场、法兰西广场等。1973年，当局决定在该市意裔居民集中的地区建造意大利广场。由于修建地点有一些老房屋难以拆除，所以广场不直接面向主要街道，而处于临街建筑物后面的空地上。1974

年，广场筹建委员会从46个参选方案中评出6个候选方案。建筑师佩雷斯（August Perez）的方案获第一名，查尔斯·摩尔的方案名列第二。两个方案有相似之处，评委会决定由两人合作设计。

　　意大利广场中心部分开敞，一侧有"祭台"，祭台两侧有数条弧形的由柱子与檐部组成的单片"柱廊"，前后错落，高低不等。这些"柱廊"上的柱子分别采用不同的罗马柱式。祭台带有拱券，下部台阶呈不规则形，前面有一片浅水池，池中是石块组成的意大利地图模型。新奥尔良市的意裔居民多源自西西里岛，整个广场中心有意大利地图模型，广场铺地即以西西里岛为中心组成一圈圈的同心圆图案。广场进口处有拱门、凉亭，都与古代罗马建筑相似。广场上的这些建筑形象明确无误地表明它是意大利建筑文化的延续，但在细部上又有许多变形。柱廊的柱子用不同材料制成，有不锈钢的，有水泥的，有瓷片的，有的带有镜面，有的由氖光灯管组成，有一处柱头上嵌有摩尔本人的头像，面带微笑，口中吐水。总之，整个意大利广场的处理有古有新，有真有假，既传统又前卫，既认真又玩世不恭，似严肃又嬉闹，既俗又雅，有强烈的象征性、叙事性和浪漫性。摩尔本人说："我们就是要它显得高兴好玩。"那里是居民的休憩场所，意裔居民常在那儿举行庆典仪式和聚会。

意大利广场建成时建筑界褒贬不一。有文章说"建筑难得使人快乐、浪漫、高兴，意大利广场是难得的例外"。可是又有人说它"极端令人厌恶"，"喷泉是一连串的玩闹。它不过是后现代主义的一出滑稽戏。凭着它摩尔可以自认为是当今建筑界的滑稽大师或丑角了"。

1987年西柏林国际建筑展

1987年，西柏林市政当局为纪念柏林建城750周年举办国际建筑展（IBA）。1927年、1931年和1957年，德国先后举办过建筑展，多是集中在一个地点展示建筑设计的新进展，产生过广泛影响。1987年这一次建筑展规模大，并与城市建设结合，因而分散在许多地点。这一次主要展出的建筑为住宅，有新建、改建和扩建，共97项，合计三千多户。这次柏林建筑展在建筑设计的指导思想与风格样式方面与1927年德国斯图加特住宅展（密斯为主持者）及1957年柏林建筑展都不相同。斯图加特建筑展是现代主义建筑师的一次集体亮相。1957年柏林建筑展举办于第二次世界大战结束不久的时候，显示的是战后柏林建设的成果，作品也多是现代主义的公寓建筑。这两次的住宅展强调实用与经济，以及建筑技术的进展。到20世纪80年代，时过境迁，情况背景与以前不同。这时候原联邦德国虽然仍有需要新住宅的人口，但总的来说，全国的住房总户数已经超过家庭总数，建筑展强调的是保持城市原有风貌，提升环境质量，要求风格多样，富有情趣。当局说不是建设新区，而是"修补我们的城市"，提出城市的未来要与历史基础相关联，城市的未来不是一般的未来，而是"我们过去的未来"。

为举办1987年柏林建筑展，自1978年起举行了多次国际建筑设计竞赛，欧美及日本多位建筑师入选。20世纪70到80年代正是后现代主义建筑风行时期，IBA的许多建筑体现的是后现代主义建筑风格。

IBA的一个著名项目是劳赫街街坊。在一个长方形庭院的周边布

克里埃设计的住宅

霍莱茵设计的住宅

罗西设计的住宅

置了10幢住宅楼，其中8幢系新建的，分别由不同建筑师设计，形式各不相同。其中的9号住宅小楼立面上采用一些古典建筑的元素，但门洞、窗口、阳台各式各样，构图错杂，建筑设计者不是寻求统一、和谐、完整，而显然是故意追求不统一、不和谐、不完整的效果。与9号住宅相邻的一幢住宅，立面上用了许多断裂、错接、撞合等后现代主义建筑手法。

美国建筑师S.泰格曼在另一地点设计的三层住宅小楼，下有石砌基座与台阶，上有坡顶及老虎窗，还有一对高耸的砖砌烟筒。立面上的零件来自传统建筑，然而形体比例夸张变形，造型有意逗人。

可以说1927年斯图加特住宅展是现代主义建筑的国际展示会，1987年的IBA则是后现代主义建筑的国际盛会。前后相隔60年，都在德国，两次展览都是当代建筑趋向的风标。不过IBA之后，后现代主义建筑的声势日见低落了。

对后现代建筑的评论

各国建筑学界围绕后现代建筑有过广泛的讨论，至今仍存在歧见和争议。美国建筑评论家赫克斯苔布尔（曾任《纽约时报》建筑评论员）于1980年冬在美国科学与艺术院做了《彷徨中的现代建筑》的讲演。她指出："在后现代的旗帜下聚集着一些不同派别的人，他们相互之间并非没有摩擦。有将一切都剥离成抽象的象征与符号的形式主义者，有凌乱地接受所有历史和乡土性的兼容主义者。这些不同的流派之所以能够联合起来，只是由于他们都认为现代主义是过时的东西。……大家争先恐后地同现代主义脱离关系。这已突然成了一边倒之势。……首先，我不同意说现代主义建筑已经死去或正在死去。我认为它活着，并且活得很好，正在显示出巨大创造活力的迹象。其次，我想某些后现代主义并未完全同现代主义决裂，而是在美学或理论方面丰富了现代主义运动，那是一种基于过去的、更为复杂的、更有阐释性的发展。"

关于后现代主义建筑的旨意，美国建筑师泰格曼说，大多数人对待建筑的态度过于严肃，他称"我们要搞好耍的、歪扭的、违反常情的东西"。

K. 福兰普顿在《现代建筑——一部批判的历史》中对后现代主义建筑做了如下的评论："如果用一条原则来概括后现代主义建筑的特征，那就是：它有意地破坏建筑风格，拆取搬用建筑样式中的零件和片断。……这个潮流使每一个公共机构的建筑物都带上某种消费气质，每一种传统品质都在暗中被勾销了。"

意大利建筑理论家 B. 赛维在一次与后现代主义建筑赞同者辩论时说："后现代主义其实是一种大杂烩，我看其中有两个相反的趋向。一个是'新学院派'，它试图抄袭古典主义，而那种古典主义是被摆弄的。这一派人并不去复兴真正的古典精神，不过摆弄些古典样式；与此相反，另一个趋向是逃避一切规律，搞自由化，实际上是提倡'爱怎么搞就怎么搞'，其根子在于美国人想要摆脱欧洲文化的影响，而其产品却是把互相矛盾的东西杂凑在一处的建筑。这种做法也许别有风味，然而难以令人信服，事实上也就难于普及。"

赛维又说："现代建筑没有死。……我不认为从历史上拉来些东西，拼凑成任意的、机械的'蒙太奇'，像后现代主义者提倡的那样，就能消除当代文化中的毛病。依我看来，这一套把戏也是抽象的、图解式的、冒牌的艺术。没有什么人，包括你在内，真正相信今天问题重重的城市会由于这种'蒙太奇'，更确切地说是从历史上拉来的零碎的大拼凑而变得完整起来。……试想，如果作家戈达把希腊语、埃及语、拉丁语以及阿里奥斯多、塔索、薄伽丘等人的语言都混杂在一块，将出现什么样的可怕的混乱呢？谁还能猜出这些杂凑在一处的信息交换有什么意义呢？"

总之，在后现代主义建筑问题上，各方面意见分歧很大，难于统一。依笔者看来，后现代主义建筑作为一种建筑界的趋向，它基本上并不涉及建筑的功能实用、技术经济等物质方面的实际问题，它所关心的只是建筑形式、风格、建筑艺术表现和建筑创作的方式方法等。这些方面是重要的，但不是建筑问题的全部。与此不同，现代主义建筑运动所应对的和解决的却是全面的问题，它带来的是历史上没有过的伟大的建筑进步。

后现代主义建筑在名称上仿佛是接替现代主义建筑，可以同现代主义建筑等量齐观的建筑运动，实际上它的意义和作用要小得多。然而现代主义建筑不是也不可能是永不变化的。经过六七十年的时间，面对变化了的社会条件和需要，从原则到样式手法，现代建筑必然需要调整、修正、补充、更新。在 20 世纪后期，这样的调整、修正、补充、更新实际上已出现了，并且是多方面和多种多样地进行着的。例如，较早的 A．阿尔托，后来的雅马萨奇，都对现代主义建筑的原则和方法做出了明显的修正、补充和变更，后现代主义建筑只是晚些时出现的许多修正者中的一支。不应该把所有在形式风格上与早期现代主义建筑有区别的新建筑物都看成是后现代主义建筑。许多新建筑物，或多或少这样那样地参考或汲取了传统建筑的形式或样式，并不一定能划入后现代主义建筑的范围，重要的是看它的美学倾向，只有那些体现和贯穿着后现代主义文化精神和美学倾向的建筑才应该被视为后现代主义建筑作品。当然，和一切建筑流派一样，正宗和典型的后现代主义建筑是很少的，准后现代和半后现代的建筑数量多一些。建筑流派的边界原本是松散的、不固定的和开放的，因而是模糊的。

后现代主义建筑，从较长的历史的眼光看，它们其实还是应该归入现代主义建筑的范畴之内，其变化主要是在形象方面和美学观念方面。因而后现代主义建筑大体可以视为20世纪现代主义建筑的一个变种。这一变种之所以引人注目，主要是因为它在形式上带上了新的时代特色，即 20 世纪后期西方社会的后现代主义文化的特色。

作为一种建筑艺术流派，后现代主义建筑也不会很快消逝，更不会突然"死去"。但实际情况是，80 年代以后，美国式的后现代主义建筑的势头已经逐渐低落下去，其影响可能会延续一段时间，或者以改变了的形态重新出现。总的趋势是，20 世纪后期那样的后现代建筑正在淡出。

第十九讲 恣肆无忌：解构与狂放

20 世纪后期，西方建筑舞台上除了"后现代建筑"，还出现另外一些建筑艺术潮流或趋势。它们之间既有共同之处，又有不同之点，可谓大同小异。对这些或大或小的流派或小群体，批评家给它们起了各式各样的名号，诸如所谓"非建筑"（non-architecture）、"否建筑"（de-architecture）、"反建筑"（Anti-architecture）、"破碎风格"（Fragmentally）、"颠覆派"（Subverted building）、"离散风格"（Detachment）、"扰乱的完美"（Violated perfection）等等，不一而足。

20 世纪前期的现代主义建筑代表人物关注的是建筑事业改革进步的问题，思考比较全面而偏重理性。20 世纪后期，包括后现代建筑在内的各种各样的新思潮新趋向，它们关注的重点其实只在建筑艺术这一方面，重视建筑的感性方面。这类建筑艺术趋势时隐时现，界线模糊，演变很快，极不稳定。在那些名目繁多、变动不定的流派和群体中，"解构建筑"的名声曾经非常响亮。而当前，在世界建筑界非常走红的一位建筑师是美国人盖里。下面我们对解构建筑及盖里的建筑理念与作品做一些介绍，借此了解西方建筑界中的带普遍性的趋向。

达尔里波设计的美国圣地亚哥自宅（1986）

解构主义哲学

什么是解构建筑?我们先得从解构主义哲学说起。

而要大略知晓解构主义哲学,又须得从结构主义哲学说起。结构主义是本世纪前中期有重大影响的一种哲学思想。它主要是一种认识事物和研究事物的方法论。结构主义哲学所说的结构,指的是"事物系统的诸要素所固有的相对稳定的组织方式或连接方式"。结构主义哲学说"两个以上的要素按一定方式结合组织起来,构成一个统一的整体,其中诸要素之间确定的构成关系就是结构"。结构主义强调结构有相对的稳定性、有序性和确定性,强调我们应把认识对象看作是整体结构。重要的不是事物的现象,而是它的内在结构或深层结构。结构主义认为语言中的能指与所指(词与物)之间有明确的对应关系,是有效的符号系统。结构主义被用于人类学、社会学、历史学和文艺理论等方面的研究,取得了不少的成绩。

但在结构主义的发展过程中与之对立的观点也出现了。人们指出结构是不断变化的,没有不变的固定的静止的结构。以文学作品来说,不同的读者对一部作品就有不同的理解,作品结构在读者的阅读中就成了有变化的东西,作品的静止结构实际上就消失了。

1966年10月,美国约翰·霍普金斯大学组织一次学术会议,会议的原意是在美国迎接结构主义时代的到来。出人意料的是当时36岁的法国哲学家德里达的讲演把矛头指向结构主义的宗师列维·斯特劳斯,全面攻击结构主义的理论基础,他声称结构主义已经过时,要在美国树立结构主义已为时过晚。德里达的理论被称为解构主义哲学。有人认为德里达开启了解构主义的时代。德里达的解构主义攻击的不仅仅是20世纪前期的结构主义思想,他的攻击面大得多,实际上他把矛头指向柏拉图以来整个欧洲理性主义的思想传统。

中国哲学家指出了德里达解构主义的实质。叶秀山认为德里达对西方人几千年来所崇拜的、确信无疑的"真理"、"思想"、"理性"、"意义"等都打上了问号。陆扬认为德里达对西方许多根本的传统观念"提出了截然相反的意见，力持许多人认为是想当然的基本命题，其实都不是本源所在，纯而又纯的呈现，实际上根本就不存在"。包亚明认为德里达"把解构的矛头指向了传统形而上学的一切领域，指向了一切固有的确定性。所有的既定界线、概念、范畴、等级制度，在德里达看来都是应该推翻的"。

德里达怎样施行如此广泛的攻击呢？原来，德里达采用的是釜底抽薪和挖墙脚的战术。他以语言为突破口，一旦证明语言本身不可靠，那么用语言表达的那一套思想体系也就成问题了。1967年，他同时出版了3本著作：《论文字学》、《文字与差异》和《言语与现象》，都是讨论语言问题。先前的哲学家大都认为语言系统的能指与所指有确定的关系，能够有效地用来解释世界，表达思想，而德里达用他的一套理论证明语言系统的能指与所指是脱节的、割裂的，所以语言本身是不确定的，不可靠的，正像中国古代思想家所谓的"书不尽言，言不尽意"。包亚明指出："在德里达看来，语言不是反映内在经验或现实世界的手段，语言也不能呈现人的思想感情或者描写现实，语言只不过是从能指到所指的游戏，没有任何东西充分存在于符号之内……这就意味着任何交流都不是充分的，都不是完全成功的。通过交流而得以保存和发展的知识，也就变得形迹可疑了。"于是，"在德里达的抨击下，确定性、真理、意义、理性、明晰性、理解、现实等等观念已经变得空洞无物。通过对语言结构的颠覆，德里达最终完成了对西方文化传统的大拒绝"。

德里达是西方传统文化的又一位颠覆者和异端分子，解构理论让人们用怀疑的眼光扫视一切，是破坏性的、否定性的思潮。美国一位解构主义者形象地说解构主义者就像拆卸父亲的手表并使之无法修复的坏孩子。有人指出，解构主义只具有否定性的价值，不会上升为理论主流，但是它能促进思想的发展，而其中所包含的某些思想成分则可能被其后的理论主流所吸收。

解 构 建 筑

解构主义哲学出台后，在西方文化界引起解构热。在文学、社会学、伦理学、政治学等以至神学研究领域，都有人在德里达的启示下进行各种各样的拆、解、消、反、否等大翻个式的研究，到处都有坏孩子拆卸父亲的手表。终于，不可避免地，这股风也吹进建筑师界和建筑学子们的头脑中和创作中来了。

1988年3月，在伦敦泰特美术馆举办了一次关于解构主义的学术研讨会，会期只有一天。建筑问题的讨论只占半天。同年6月，纽约大都会现代美术馆举办"解构建筑展"，展出7名建筑师（或集体）的10件作品。7名建筑师是盖里（Frank Gehry）、库哈斯（Rein Koolhaas）、哈迪德（Zaha Hadid）、李白斯金（Daniel Libeskind）、蓝天组（Coop Himmelblau）、屈米（Bernard Tschumi）和埃森曼（Peter Eissenmann）。因为有具体形象，展览会比讨论会引人注目，并容易引起讨论。解构建筑声浪大作。

纽约解构建筑七人展开幕的时候，美国《建筑》杂志的主编在该杂志6月号中写道："本世纪建筑的第三趟意识形态列车就要开动。第一趟是现代主义建筑，它戴着社会运动的假面具；接着是后现代主义建筑，那种作品如果没有设计者本人90分钟的讲解，你就不可能理解它，但即使有讲解，也不一定有帮助。现在开出来的是解构主义建筑，它从文献中诞生出来，在有的建筑学堂里已经时兴了十年……今后几个月，赶在解构建筑消逝之前，我们和别人还有些话要说。"这位编者暗示解构建筑会很快过去，但仍把它与现代主义及后现代主义建筑相提并论，合称本世纪建筑的三大潮流。

展览会以后，公认的解构主义建筑的代表人物仍不太多，数得上来的大概有一二十人。有些被别人封为解构主义的建筑师，自己还加以否认。而美国建筑师埃森曼自认是解构建筑大师。

埃森曼说，解构的基本概念包括取消体系，反体系，不相信先验价值，"能指"与"所指"之间没有"一对一的对应关系"等等。他宣

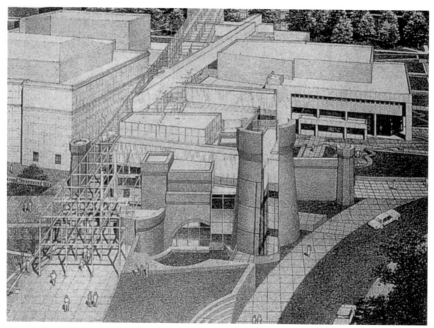

埃森曼的俄亥俄州立大学视觉艺术中心方案

建成后的景象

称他在建筑设计中运用解构哲学，以表现"无"、"不在"、"不在的在"等等；他在建筑创作中采用"编造"、"解图"、"解位"、"虚构基地""编构出比现有基地更多的东西"，"对地的解剖"，还有"解位是在基地上同时又不在基地上"等等。埃森曼的说法听上去玄而又玄，神乎其神。

建筑中什么可以被解构？

哲学属于人文科学，是人的精神产品，在这个领域里，对原有的理论及其体系进行怀疑、批判、拒斥，实行拆解、颠倒，打它个落花流水，溃不成军，后果会怎样呢？从积极方面看，这有助于活泼思想，减少僵化，属于百家争鸣的范围；就消极方面看，无非多出一些空论、谬论，多一些笔墨官司，顶多把一部分人的思想弄糊涂。但天塌不下来，人民生活不至于有实质性的大损害。

消解、颠倒的做法如果引入建筑以外的艺术门类中去，也没有什么了不起。试想电影倒着放映，小说看不懂，跳舞头着地，雕塑支离破碎，无非令人迷惘或捧腹大笑。可是到了物质生产部门和物质生活领域，情况就两样了。肉、蛋、奶的营养价值怎么批判？开汽车的人学了解构哲学以后肯对引擎实行消解吗！谁会把椅子倒过来坐呢？如果医生和药剂师们听了德里达的话，不相信药品的能指（药名）与所指（药）之间的"一对一的对应关系"，胡乱抓药，如何得了！

建筑怎样呢？建筑师能否对房屋建筑真正实行解构呢？

停留在设计阶段，并不真盖的房子的图样，纸上画画，墙上挂挂，做成模型看看，你爱怎样解构就怎样解构。

真正要建造房屋就不行了，像人们常说的，它既有物质属性，又有精神艺术属性，而物质是基础、是载体。建筑的物质方面是不能真去解构的。材料不能颠倒乱用，房屋的结构不能违反物理规律，不能不顾力学规律，决不可任意拆、解、反、消，不能"在又不在"。拉力和压力不能弄反，不能错位，不能解位，不能颠倒，因为人命攸关。房屋设备也不能拆，不能解，不能变形，不能错位，否则水管漏水，暖气不热，电梯不听指挥怎么办！

最热衷于解构的建筑师对于房屋中的这些硬碰硬的东西，都不会也不敢真的去解构，只能绕着走。

建筑的功能可否解构？有些部分，其功能要求有硬指标，如精密实验室、医院手术室，就不能随意拆解，错位。另一些部分，如客厅、休息室，功能要求有弹性，可以灵活处理。有些部分还几乎没有什么硬性要求。总之，一座建筑物的功能要求既有严格要求的部分，又有具有一定弹性的部分。正因为这样，建筑设计就不同于机械设计，它给建筑设计者留下匠心独运、施展本领的余地。正因为如此，同一个建筑设计任务可以做出在满足功能要求方面不相上下、而形态各不相同的许多方案，正因为这样，建筑设计具有了艺术创造的性质。

一座建筑物中，功能要求严格的部分往往是有限的，建筑面积增大常常意味着弹性部分加大，设计起来就更灵活，更易于发挥独创性。拿住宅设计来看吧，小面积的康居工程，做好不容易。但二三百平方米的住宅，功能就不再是一个难题，有更多的面积可以让你灵活处理。在更大的住宅设计中，有更多的余地让你将墙壁"解位"，房间变形，屋顶消解，地面开缝，在房子里做出许多"之间"、"不存在的存在"、"对地的解剖"、"编构出比现有基地更多的东西"等等。总之，钱愈多，建筑的面积、体积愈大，建筑师就愈有"解构"的余地和自由。

物理学、力学的规律不能违反，但在这一前提下，多花钱，多用材料，结构设计也能在一定程度上配合建筑设计者的要求，做出解构的模样和姿态。这不是结构本身的解构，而是形式方面的动作，是结构的伪"解构"。

总而言之，所谓解构建筑，并非把建筑物真正地解掉了。对于一个要正常使用的房屋，建筑设计者不能拆解结构，不能否定设备，不能把最基本最必需的实用功能消解掉。倾心解构的建筑师，无论他的解构言论多么玄妙，不敢也不能这样做。

简略地说，解构建筑师所解的不是房屋结构之"构"，乃是建筑构图之"构"。说穿了，建筑中的解构云云，是形式上的玩弄。

外观

近景

内景

贝希尼莱设计的斯图加特大学太阳能研究所（1987）

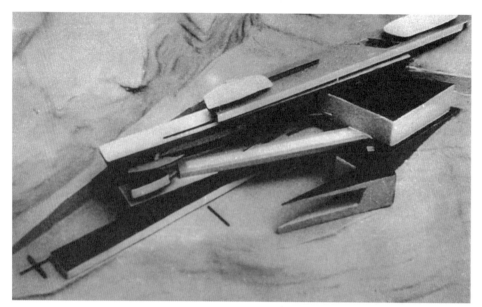

哈迪德的香港山顶俱乐部方案（1985）

入口
哈迪德设计的某消防站（1993）

内景

解构建筑的形式特征

　　建筑物有形体，建筑艺术属于视觉艺术，建筑物的形式构图是建筑设计工作的重要方面，有人说，构图是建筑师的"看家本领"。

　　建筑中的任何意图，都必然而且只能通过建筑中的视觉可见的形体来表达。判别一个建筑师是否在做解构建筑，他的解构作品是否高

哈迪德设计的东京某餐厅

明，不以他的话语和文字为凭，都得以它的建筑作品的形象而定。

有的观众看了1988年6月纽约解构建筑展后留言道："那些模型都像是在搬运途中被损坏的东西。"那些"建筑画画的好像是从空中观看出事火车的残骸"。

1988年，我走过德国斯图加特大学校园里的一座建筑物，被它的奇特形式所吸引。那所房屋的柱子和墙面划分斜斜歪歪，门窗洞口也好像口歪目斜，轮廓如刺猬，松松垮垮，一幅不修边幅的模样，然而它又是簇新的房子，并非年久失修所致，因而特别引人注目。打听之

蓝天组设计的工厂（1989）

蓝天组设计的维也纳某老房屋顶上加建的会议室

蓝天组设计的荷兰某博物馆（1995）

下，说是太阳能研究所。我想那副模样大概是由于特殊的研究需要所致，于是释然，拍几张照片后就走开了。不料后来在解构专著中赫然又见，才知道它是解构名作，那种模样原来是一种风格的追求。

我们把那些公认的解构建筑作品一起考察，可以看出它们有一些共同的形式特征，归纳起来有以下诸端。

一是散乱。解构建筑在总体形象上一般都做得支离破碎，疏松零散，边缘纷纷扬扬，犬牙交错，变化多端。在形状、色彩、比例、尺度、方向的处理上极度自由，超脱建筑学已有的一切程式和秩序，避开古典的建筑轴线和团块状组合，让人找不出头绪。

二是残缺。力避完整，不求齐全，有的地方故作残损状、缺落状、破碎状、不了了之状，令人愕然，又耐人寻味。处理得好，令人有缺陷美之感。

三是突变。解构建筑中的种种元素和各个部分的连接常常很突然，没有预示，没有过渡，生硬、牵强、风马牛不相及。它们好像是偶然地撞到一起了。

四是动势。大量采用倾倒、扭转、弯曲、波浪形等富有动态的体形，造出失稳、失重，好像即将滑动、滚动、错移、翻倾、坠落，以至似乎要坍塌的不安架势。有的也能令人产生轻盈、活泼、灵巧，以至潇洒、飞升的印象，同古典建筑稳重、端庄、肃立的态势完全相反。

五是奇绝。建筑师在创作中总是努力标新立异，使自己的作品与众不同，这是正常的。而倾心解构的建筑师则变本加厉，似乎到了无法无天的地步。不仅不重复别人做过的样式，还极力超越常理、常规、常法以至常情。处理建筑形象如耍杂技，亮绝活，大有形不惊人死不休之气概，务求让人惊诧叫绝，叹为观止。在解构建筑师那里，反常才是正常。

以上五点特征是最主要的。不同的建筑师，厚此薄彼，不一定五面俱到。而埃森曼的俄亥俄州立大学艺术中心是比较全面集中的一个例子，在散乱、残缺、突变、动势、奇绝几方面做得都很明显很精到，不愧为解构建筑的典型。另外一些作品则各有所长。蓝天组在维也纳一座老建筑物上添加的会议室，以动势和奇绝为特色，那一堆后加的新房舍，似乎即刻就要滑落下来。哈迪德做的香港山顶俱乐部方案则以散乱见称。

远景   近景

德国曼海姆新美术馆

  古往今来，无论哪一种建筑风格，老牌、正宗、嫡传者并不多。只要时间一久，扩展开来，就会出现不太标准、不很纯正的，但仍被看作是属于某种风格的建筑物——"准解构建筑"。而能戴稳解构建筑师桂冠者也不会多，多数是准字辈。有的人一会儿是，一会儿不是；一个人同一时期推出的几部作品，有的是解构，有的不是。所以，解构建筑和解构建筑师的范围是宽泛的，界线是模糊的。

  其实，上述形式特征并非解构建筑所独有的，它们也见之于当代其他艺术门类的一些作品中。费城某建筑物前的残缺人脸，一个获奖的钟面设计，柏林街头的雕塑……都反映了同样的审美取向。

恣肆无忌：美国建筑师盖里

  当今，美国人弗兰克·盖里（Frank Gehry 1929— ）是被人谈论最多的一位建筑师。盖里在 20 世纪 70 年代末以前的建筑作品与一般建筑师的没有显著差别，也没有什么名声。稍后他渐渐令人注目，特别是 1978 年，他把自己住的房子加工改造后，引起了广泛的注意。盖里自己说，那座改造扩建的自用住宅是他事业上的一个转折点。

一位漫画家对解构建筑的讽刺

费城某建筑物前的残缺人脸（文丘里）

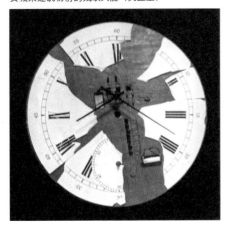

钟面设计获奖作品

作者在柏林街头的雕塑前

盖里的住宅在加利福尼亚州的圣莫尼卡，原本是一幢普通的传统荷兰式两层小住宅，木结构，坡屋顶。盖里改造时大体保留原有房屋，而在东、西、北三面添建单层小屋。里面是餐厅和厨房。三面扩建的面积不过74平方米，用的材料极其普通而便宜，不过是瓦楞铁板、铁丝网、木条、粗糙的木夹板、铁丝网、玻璃等。与众不同之处是他让这些粗糙的原材料全都裸露在外，不加处理，没有掩饰。添建部分形状极不规整，横七竖八，斜伸旁出，没有正形。厨房有个天窗，一般的厨房天窗都凸出屋顶，而盖里的厨房天窗是从屋顶下沉，悬在厨房半空。这下沉的天窗用木条和玻璃做成，像一个木条钉的框子从上空坠下，把屋顶砸出一个洞，木框不上不下，卡在那里，安上玻璃成了厨房的天窗。住宅添建部分都不做天花板，木骨裸露。不但如此，盖里把老房子原有的天花吊顶也拆掉，有些墙面，如卧室的一处墙面打掉抹灰层，故意露出残损的样子。总之，添改的部分同保留的部分，不论在用料上，在体形上，还是风格、趣味上都相差极远，不可同日而语。

　　盖里说他改建住宅，用料、造型、预算、工期一切由自己掌握，全

盖里加州自宅改建后的入口（1978）

盖里改造后的自宅厨房内景

盖里设计的加州一住宅（1982）

按自己的理念和意趣来做，他可以自由地"研究和发展"。他如何"研究和发展"呢？

盖里说："我对施工将完而未完的建筑物产生了兴趣。我喜欢那种未完成的模样。我喜爱那草图式的情调，那种暂时的、凌乱的样子和进行中的情景，不喜欢那种自以为什么都得到最终解决的样子。"又说："我一直在寻找自己个人的语汇。我寻找的范围很广，从儿童的想入非非、不和谐的形式到看来不合逻辑的体系，对这些我都着迷。我对秩序和功能产生怀疑。如果你按赋格曲的秩序感、结构的完善性和正统的美学观来看我的作品，你就会觉得完全混乱。"

事情的确如此。他的住宅完工后，那个街区的居民认为盖里把建筑垃圾放到街面上了。与盖里合作的房地产公司也吓着了。盖里回忆说："罗斯公司的家伙看了我的住宅吓跑了，他们说'如果你喜欢这样的东西，咱们就没法合作'。在某种意义上，他们是有道理的。当时我就得重新干起，五年中，我重启炉灶，重建业务。经济上非常困难，然而我感到满足。"

盖里设计的原巴黎美国中心

盖里设计的德国维特拉家具博物馆 (1987)

　　盖里的困难是暂时的。虽然很多人不欣赏他的杂乱的住宅,但是,很奇怪,也有人欣赏那种又杂又乱的建筑风格,而且这种人越来越多。从自用住宅改造之后,他的建筑作品都具有那种特点,并且变本加厉。正因为这样,盖里的作品被选进1988年6月的纽约解构建筑展。有人说"他那所自用住宅造就了盖里"。

　　我们看看盖里的一些作品。德国魏尔市维特拉家具厂的家具陈列馆是他较小的作品,明尼苏达大学魏斯曼美术馆体量较大。这两个建筑的形体都仿佛是由许多奇形怪状的块体偶然地堆积和拼凑而成的,有的体块的表面是不锈钢的,轮廓凸出凹入,高低不一,歪歪扭扭。盖里设计的瑞士巴塞尔维特拉家具公司总部,从外部看去,像动感很强的巨型抽象雕塑。

　　明尼苏达大学邀请盖里做设计,就是看中他能把房屋做得奇奇怪怪。盖里为加州大学艾尔文分校也设计了一个类似的建筑。有人说那是"校园中最丑的建筑"。校长却说:"我并不一定要人喜欢它,但它

盖里设计的瑞士某家具公司总部（1992—1994）

能够吸引人来校参观。"副校长则说："这座建筑对我们学校有积极作用，我们现在需要与众不同的建筑。要令人醒目。"

盖里设计的建筑形象十分新奇，对观者的眼球有视觉冲击力，有刺激性，因而引起社会大众的关注。

一般人很少听说过西班牙北部海港城市毕尔巴鄂的名字，但自1997年10月那里的一座新建筑落成后，这个城市的名字在世界上广为传播，就像当年悉尼歌剧院使悉尼在世界上出名一样。那座新建筑就是毕尔巴鄂的古根海姆美术馆，它是盖里的又一名作。

这个美术馆建筑面积为2.787万平方米，位于岸边。它的下部比较规整，有石质墙面，可是上面的主体则异常复杂、歪扭，到了没法用语言描述的地步，而且它那复杂歪扭的外表面全是用钛金属做的，钛表面总面积2.8万平方米。这个博物馆像是从天外来的披着银光闪闪的铠甲的怪物。

它的造型很不规则，它里面的结构自然非常复杂，工程师说它内

外观

入口

内景

西班牙毕尔巴鄂古根海姆美术馆（1991—1997）

部用的钢构件没有两件长度是相同的。建造这样的房子要用建造巨型轮船的技术，而其造型的复杂则超过轮船。这样的建筑物的设计图没法用手绘制，全靠电脑，应该说没有电脑的时代出现不了这样的建筑形象。有一次盖里在施工现场发出感叹："我看到在30米高的空中，建筑的曲线同我的设计准确地吻合，我惊住了。……用电脑设计建筑是有生命力的作品，干净利落，表达出我的构思的力度。"

用电脑作图，可以生成变化无穷的图像，有助于建筑师推出手工绘图时代难以产生的非常复杂、变化多端、随机偶然的建筑形象。

盖里不断推出新作品，重要的有西雅图某音乐中心、麻省理工学院某中心、纽约新古根海姆美术馆等等，它们都具有类似的造型特征。关于纽约新古根海姆美术馆，《纽约时报》评论说它像由玻璃和钛组成的一片云朵漂浮在东河的平台上，"具有突破性，打破了沉闷的街景和呆板的思想"。

盖里的建筑造型特征包括我们前面讲过的解构建筑的特征，即散乱、残缺、突变、动势、奇绝。他把这类特征推到极致，又带上他的个人特点：他惯于将大小不一的、扭曲的块体，成堆地、杂乱地聚集在一起，整个形体具有强劲的、飞扬飘动的、波浪式的超常动势。

盖里是怎么想的

盖里为什么把建筑物设计成那种模样呢？他是怎么想的？我们听听他自己的说法：

> 我把每一幢房子都当作雕塑品，当作一个空的容器，当作有空气和光线的空间来对待，对周围的环境、感觉与精神做出适宜的反应。做好以后，业主把他的行李家什和各种需求带进这个容器和雕塑品中来，他与这个容器相互调适，以满足他的需要。如果业主做不到这点，我便算失败。

1986年，盖里在一次谈话中说："事物在变化，变化带来差别。不论好坏，世界是一个发展过程，我们同世界不可分，也处在发展过程之中。有人不喜欢发展，而我喜欢。我走在前面。""有人说我的作品

库哈斯的北京中央电视台方案

是紊乱的嬉戏,太不严肃。……时间将表明是不是这样。""我从大街上获得灵感。我不是罗马学者,我是街头战士。"

盖里提倡对现有的东西采取怀疑的态度,"应该质疑你所知道的东西,我就是这样做的。质疑自己,质疑现在的时代,这种观念多多少少体现在我的作品中"。

盖里又说:"我们正处在这样的文化之中,它由快餐、广告、用过就扔、赶飞机、叫出租车等等组成,一片狂乱。所以我认为我的关于建筑的想法可能比创造完满整齐的建筑更能表达我们的文化。另一方面,正因为到处混乱,人们可能更需能令他们放松的东西——少一些压力,多一些潇洒有趣。""我不寻求软绵绵的漂亮的东西,我不搞那一套,因为它们似乎是不真实的。一间色彩华丽、漂亮美妙的客厅对于我好似一盘巧克力水果冰激凌,它太美了,它不代表现实。我看见的现实是粗鄙的,人们互相啮噬。我对事情的看法源自这样的观点。"

盖里的设计方法也与先前不同。他说他能画漂亮的渲染图和透视图，但后来不画了。他用单线条画草图，做纸上研究，随即做出大致的模型，然后又在纸上画，再做模型研究，如此反复进行。到最后，因为业主非要不可，"我们才强迫自己做个精致的模型，画张好看的表现图"。盖里说他的工作方法和步骤与雕塑家类似，主要是在立体的形象上推敲。

毕尔巴鄂古根海姆博物馆落成时，人们对那覆盖着闪亮的钛金属的扭曲的庞大建筑深感诧异。当地人反应不一。喜爱的人说它是"一朵金属花"，不欣赏的人说它像"一艘怪船"。博物馆当局估计第一年会有40万人来馆参观，实际来了130万人。后来请盖里做设计的客户们希望的就是盖里使他们的建筑物产生毕尔巴鄂的神奇效应。

盖里先被归入解构派，他后来变本加厉。盖里的建筑作品多呈现为大尺度歪扭体块的奇特集合。

盖里有句名言："不存在规律，无所谓对，也无所谓错。什么是丑，什么是美，我闹不清楚。"他主张建筑师从"文化的包袱下解脱出来"，倡导"无规律的建筑"。这番表白十分重要，"不存在规律"是盖里建筑创作的思想基础，"无规律的建筑"是他狂放构思的目标。他蔑视并不顾一切规则、规范，在设计创作时恣肆无忌。所以再把盖里归为"解构派"已经不够了，这个名号不足以涵盖他的理念和作品，应该另给他一个称号。我们认为，按他的理念、创作方法和作品浪漫狂放的形象特征，不妨称他为当代建筑师中新的"狂放派"，他的作品可谓当代最激进的 "狂放风格"。

"解构"是从哲学转借来的名称，"狂放"一词则点明这一建筑艺术趋向的实质。盖里的建筑不是单个人的孤立现象，他是一个群体的代表。当今在西方建筑艺术舞台上走红的库哈斯、哈迪德、李白斯金、蓝天组等人或小组是他的同道。盖里和他的同道表现的建筑艺术观和审美观在今天世界上带有普遍性，影响还在扩散。但是，人们应该注意，一种倾向掩盖另一种倾向，盖里等人的"狂放风格"，包含着形式主义的倾向，即便功能上无问题，也要以财力物力的浪费为代价。

中国迄今还没有出现盖里设计的建筑物。2004年4月8日至5月7日，北京中华世纪坛艺术馆举办名为"沸腾的天际线——弗兰克·盖里和美国加州当代建筑师的视界"的展览。展览会说明书说展出的内容是"20世纪最后30年最富色彩、最富动感、最有影响力的建筑奇人弗兰克·盖里和他的同道们的建筑作品"。这次展览表明，盖里的影响已经超越中国高校的建筑学子们，向中国公众蔓延了。

库哈斯提交的中国中央电视台新厦方案也是一个"狂放"的建筑设计，这个方案获得中国业主的采纳是"狂放风格"的建筑来到中国的又一证明。

混 沌 理 论

三百年前，牛顿发表《自然哲学的数学原理》，他发现万有引力和力学三大定律，把天体运动和地球上的物体运动统一起来。在此后的很长时期中，人们认为牛顿弄清楚了自然界的规律。

20世纪初，爱因斯坦提出相对论，普朗克、玻尔等人发展出量子力学，牛顿力学被突破了。接着一段时间，人们认为牛顿力学、相对论力学和量子力学分别解释不同层次的运动，三种力学合起来可以圆满地说明问题。宇宙似乎还是清楚明确、井然有序的。

但是，以后的科学进展又一次改变了人的认识，发现古典力学给出的确定的可逆的世界图景是极其罕见的例外。世界是由多种要素、种种联系和复杂的相互作用构成的网络，具有不确定性和不可逆性。

1963年，美国科学家洛伦兹提出，人对天气从原则上讲不可能做出精确的预报。因为三个以上的参数相互作用，就可能出现传统力学无法解决的、错综复杂、杂乱无章的混沌状态。天空中的云、液体在管子里的流动、河流的污染、袅袅的烟气、飞泻的瀑布、翻滚的波涛，都呈现出极不规则、极不稳定、瞬息万变的景象。一位科学家说他从这类事物中观察到的是"犬牙交错、缠结纷乱、劈裂破碎、扭曲断裂的图像"。

混沌学（Chaos）出现了。有人说"混沌无处不在"，"条条道路通混沌"。许多科学家转向混沌学的研究。20世纪70年代到80年代，研究者发表了不下五千篇研究论文、近百部专著和文集。越来越多的人认为混沌学是"相对论和量子力学问世以来，对人类整个知识体系的又一次巨大冲击"。*

混沌学表明："我们的世界是一个有序与无序伴生、确定性和随机性统一、简单与复杂一致的世界。因此，以往那种单纯追求有序、精确、简单的观点是不全面的。牛顿给我们描述的世界是一个简单的机械的量的世界，而我们真正面临的却是一个复杂纷纭的质的世界。"

在这一方面，20世纪的建筑家中，柯布又是一个先行者。他于20世纪50年代创作的朗香教堂就是充分体现混沌观念的一个建筑作品。

越来越多的人转变了审美观念，他们认同并欣赏混沌—狂乱的形象。公众中有人渐渐地爱上了不规则、不完整、不明确，带有某种程度的纷乱无序的艺术和建筑形象。文丘里聪明，他在20世纪60年代就已察觉到社会思想意识的这种演变，他引用一位哲学家的话："理性主义产生于简单和有序之中，但是在激变的时代，理性主义已证明是不适用的。自相矛盾的情绪许可看来不相同的事物并存共处，不协调本身提示一种真理。"意思是说简单和有序的建筑形象已不吸引人，现今，不协调的东西正适合需求。

艺术消费引导艺术生产，愈来愈多的建筑师发觉简单、明确、纯净的建筑形象失去了吸引力。他们努力探索，寻求复杂的、看来无序的、狂放的建筑造型。

审美范畴是人类认识世界的产物。对世界和宇宙的认识不断深化，审美范畴也因之扩展。20世纪后期以来，公众在宇宙观、世界观、人生观和审美观方面的新变化是"狂放风格"的建筑登场并迅速传布的社会思想意识基础，而充裕的经济财力是其物质基础，宽松的政治环境则是必要的条件。

---

*詹姆斯·格莱克：《混沌，开创新科学》，张淑誉译，郝柏林校，上海译文出版社1990年版。

建筑构图原理需要重写了

在20世纪，离经叛道早已不是什么新鲜事。从传统的角度看，现代主义建筑就是超越旧规的、离经叛道的建筑。20世纪后期，出来了后现代建筑，向传统建筑做了少许的、调侃式回归（全盘回归无可能），减少了当初那种与传统决绝的锐气。解构建筑和盖里等人，又再创离经叛道的新局面。它不是简单地回到早期现代主义的轨道上去，而是具有新的特征：它既脱离历史上的老传统，也超越正统现代主义的规矩。

哈姆林著《20世纪建筑的功能与形式》有4卷，是全面研究建筑学的学术著作，第二卷为《建筑构图原理》，我们拿这本书的观点当作一个标杆，可以看出当今的"狂放风格"的建筑走得有多远。这本书出版于1952年，讲的是20世纪前期的建筑理念。作者对密斯、柯布、赖特等人有赞赏性的分析评论。作者是研究者，不是建筑师，没有与某派某家有特殊关联而影响看法的公正性。当我们把"狂放"建筑的形式特征、处理手法同哈姆林著作中的观点和原则相比较，就可看出两者的差距有多大：

哈姆林写道：

假若一件艺术作品，整体上杂乱无章，局部支离破碎，互相冲突，那就根本算不上是什么艺术作品。

在已经建成的建筑物中，最常犯的通病就是缺乏统一。这有两个主要的原因：一是次要部位对于主要部位缺少适当的从属关系；再是建筑物的个别部分缺乏形状上的协调。

建筑师们总想完成比较复杂的构图，但差不多老是事倍功半……很明显，要是涉及超过五段的构图，人们的想像力是穷于应付的。

建筑师的职责是始终让他的创作保持尽量的简洁与宁静……人为地把外观搞得错综复杂，结果适得其反，所产生的效果恰恰是平淡的混乱。

在建筑中，虚假的尺度不但是乖张的广告性标记，而且对良好的风度总是一种亵渎。这样的做法……俗不可耐……令人作呕。

巴洛克设计师有时喜欢卖弄噱头，有意使人们惊讶和刺激的，可是对我们来说，这些卖弄噱头的做法，压根儿就格格不入，而且其总效果是压抑、不舒服。

不规则布局的作者追求出其不意的戏剧式的效果，然而他常常忘掉的是，使人意外的惊讶会使人受到冲击、干扰和不愉快，并不会使人振奋而欣喜。在某些出其不意的处理中，所谓的愉快压根就令人泄气，一旦观者怀疑某一建筑要素的地位及其合理性，就不可能形成惊喜的快感。

一个完全没有任何准备的出其不意的场面，对观者来说也许是一种料想不到的冲击。况且，如果这个高潮的视觉特性与建筑物其余的部位风马牛不相及，结果就不仅是一种冲击了，那简直是一种讨厌，只能产生支离和紊乱的感觉。*

哈姆林书中的这些文字是历史经验的总结，是谆谆的忠告。但是，从当今那批建筑师的角度看，书中说这不行，那不行，处处都是戒条和禁忌，叫人怎么活！

其实，文丘里在他的《建筑的复杂性与矛盾性》中就已经提出了与哈姆林相左的许多建筑构图观点。而今天的解构主义者和盖里的建筑作品，与上引哈姆林书中的每一条都针锋相对，与哈姆林的观点对着干，干脆反其道而行之。

结果呢？宏观地看，建筑艺术构图中的反就是变法。一位美国老辈建筑家来我国讲学，讲到基因的作用是维持旧性状，而变法则是推陈出新。建筑艺术和别的艺术门类一样，需要推陈出新。总是"法先王"，老是坚持"祖宗之制不可更改"，既没有意思，也没有可能。

---

* [美] 托伯特·哈姆林：《建筑形式美的原则》，邹德侬译，沈玉麟校，中国建筑工业出版社，1982年版。

现在的建筑学堂里，除了研究生写论文，阅读哈姆林的书的人已经不多了。比它更早出版的构图原理书几乎无人问津。有什么办法呢，学生们认为，读哈姆林的书对他们今天的建筑设计启发不大，而且读了以后，还可能束缚他们的畅想。学生们现在急于想知道如何运用交叉、折叠、扭转、错位、撞接等手法，想学会如何设计出复杂性、不定性、矛盾性、变幻层生、活泼恣肆的建筑艺术效果。早先出版的构图原理教科书，不讲这些，反而将之划入禁区，定为禁忌，后生们怎能信服呢！

　　看来，建筑构图原理需要改写了，至少也得补充和修订了。

第二十讲 | 缤纷世界，缤纷建筑

从进入20世纪开始，建筑界就呈现出多元化和多样化的局面。到了20世纪后期，建筑流派愈来愈五花八门，建筑形态愈来愈千姿百态。有人认为已到了混乱的地步。在这混杂的场景中，从形象风格来看，下面几种趋向较为显著：一、新现代主义；二、显示历史传统；三、显示地域性；四、解构——狂放风格；五、后现代风格；六、高技术风格。

新现代主义

20世纪70年代，"现代主义建筑死亡"说在美国一度盛行。除了詹克斯散布现代主义建筑死亡论之外，连美国的社会新闻刊物《时代》周刊也发表专文说"70年代是现代建筑死亡的年代"，还说"它的墓地就在美国。在这块好客的土地上，现代艺术和现代建筑先驱们的梦想被静静地埋葬了"。不过，这种论调具有新闻炒作的性质。事实上，现代主义建筑的原则、方法以至造型风格始终没有断档。在世界广大地区大量建造的以实用为主的建筑类型中，现代主义风格始终占据主流。即使在非常注重艺术性和表意性的建筑类型中，也不断有卓越的现代主义风格的建筑作品出现。

为纪念法国大革命二百周年，1989年落成的巴黎德方斯大拱门也是一例。这座奇特的建筑好似一个两面开敞的大方匣子，宽100米，深

巴黎德方斯大拱门

100米，高110米，两旁是36层的政府办公楼，上部顶板里面也是办公室。这座建筑物高大、简洁、鲜明、新颖，它与巴黎原有的卢浮宫和凯旋门在一条城市轴线上，三者遥相呼应，是非常成功的巴黎的新地标建筑物。大拱门的设计者是丹麦建筑师斯普瑞克森和安德罗。

值得提出的还有华裔美国建筑师林璎设计的华盛顿越战军人纪念碑。这座纪念碑位于华盛顿政治中心区的绿地中。与一般的纪念碑大不相同，它不高大，不雄伟，不惹人注目，反而坐落在一块洼陷的坡地中。纪念碑本身是一道长长的沉在地面下的挡土墙，表面为磨光的黑色花岗岩，上面镌刻着五万七千多名在越南战争中死亡或失踪的美国军人的姓名，按死亡日期先后排列。挡土墙中部有一转折，两头渐渐高起，末端与地面齐平。挡土墙的两头一端指向不远处的华盛顿纪念碑，另一端指向林肯纪念堂。越南战争是非正义的战争，遭到美国人民的反对，对人民群众来说，这场战争是一场噩梦，是一个心病。对死去的军人应该有所纪念，但又不宜堂堂皇皇地建造英雄崇拜式的高

门洞内景

远眺

近景

华盛顿越战军人纪念碑

为亡人献花

大的纪念物。从这个角度看，沉入地平线下的一道黑色挡土墙实在是很恰当的。林璎曾说："这个纪念碑似乎可以看作是在大地上留下的一处伤痕。"林璎1960年出生于美国，她的纪念碑设计方案胜过1420个竞争者而中选，其时她是耶鲁大学建筑系四年级学生。

美国建筑师迈耶的一些作品也是新现代风格的例子。20世纪60年代迈耶与埃森曼、格雷夫斯等5位建筑师合称"纽约五杰"。后来，这5个人在创作风格上分道扬镳，或后现代，或解构，而迈耶基本上在原来轨道上行进。他的作品采取抽象构图，多用敞空的框架，实墙、玻璃墙、空格互相衬托，有厚实与细巧、围合与开敞的对比，有同一楼层的空间穿插，又有上下方向的空间流通，低矮空间与高大空间的连接，上下层之间常用徐缓的坡道连通。在一些大的方正形体中常常插入流畅的曲线和曲面，细部处理精致。他的白色建筑在阳光之下明暗浓淡层次很多，丰富而雅致，如同摄影艺术家的黑白照片作品。

迈耶的著名作品有美国印第安纳州新哈莫尼旅游中心、亚特兰大海氏美术馆等。1979年，德国法兰克福市工艺美术博物馆扩建时举行设计邀请赛，参赛者多为世界建筑名家，而迈耶的方案中选。这座博

外观

内景

德国法兰克福工艺美术馆

物馆于1985年建成，形体丰富，内部空间穿插复杂，人在一个地点总是可以同时看到许多相连的其他空间，富有层次感和动感。他设计的新哈莫尼旅游中心也很著名。迈耶曾获1984年普利兹克建筑奖。他的作品体现着现代主义建筑风格的继续与发展。

　　20世纪90年代，现代主义建筑的声誉重又高涨起来。其时纽约现代艺术博物馆曾举办一个名为"轻型建筑"（Light Construction）的展览，美国《建筑》杂志认为这个展览对现代主义建筑做出了再阐释，并指出奥地利、法国、德国、西班牙和瑞士等欧洲国家的许多建筑师以新的劲头和敏锐性丰富了现代主义建筑传统，又在推进轻、光、透、

迈耶设计的美国亚特兰大海氏美术馆 (1983)

贝霍特设计的巴黎国家图书馆新馆 (1995)

薄的建筑形象。

1988年，美国建筑评论家P．戈德伯格写道："许多年轻的建筑师挑战后现代主义，也许我们可以称之为里根时代的后现代主义。他们认为，依靠古典传统、旧形式的使用，以及要求新建筑服从城市固有文脉等等，都是没有前途的工作。他们渴望打破它，从而建造一个新世界。"年轻建筑师的想法不只是他们自己的意愿，后面也有社会文化心理的需要。

世纪末的现代主义建筑风格比起早期有了显著的变化和发展，建筑形象丰富了，精致了，也柔和了。因而被称为"新现代派"。

显示历史传统的建筑

20世纪前期，现代主义建筑运动的倡导者们在同保守势力进行激烈论战以争取生存权时，对历史留下的传统建筑采取过完全决裂的态度。柯布在《走向新建筑》中写道："对建筑艺术来说，老的典范已被推翻……历史上的样式对我们来说已不复存在。"密斯说："在我们的建筑中试用以往时代的形式是没有出路的。"格罗皮乌斯说："我们不能再无尽无休地复古了。建筑不前进就会死亡。"还说，新建筑不是老树上的新枝，而是从土中新长出来的另外的一棵树。

在现代建筑中借鉴古典建筑在程度上与做法上有很多的差别。后现代主义建筑师自称尊重历史其实是嬉皮士式的、随心所欲地对待传统。时至今日在造型上一板一眼地模仿古典建筑的情形还时有出现，虽然数量越来越少。如20世纪70年代美国加利福尼亚州马里布市建造的盖地博物馆，完全模仿古罗马时期庞贝城的贵族府邸。多数情况

斯东设计的美国驻印度大使馆（1959）

莱尔布里设计的加州盖地博物馆 (1975)   波菲尔设计的巴黎郊区公寓 (1983)

是在现代建筑中融入某些古典建筑的形式元素和构图手法，其效果是现代与古典结合，或偏古，或偏新。西班牙建筑师波菲尔设计的公寓楼，有古典式的基座和檐部，有壁柱，墙面厚实，线脚不少，是偏古的例子。日本著名建筑师丹下健三设计的东京都新市政厅大厦的主楼，及美国建筑师设计的澳大利亚新议会大厦，在大构图上采用古典建筑的对称稳重、层层递进的空间序列，而细部却很新颖，可以说是偏新的例子。意大利建筑师罗西提倡类型学，实际做法是将古典建筑极度简化，简到只剩下大致的轮廓，如三角形、圆柱体、长方体、楔块等，然后套用之，作品只具有抽象的古典意味。但罗西设计的热那亚市卡洛·菲利斯新剧院则是从大构图到细部都仿古，为的是与邻近的旧房屋协调。

今人借鉴古代，目的都是为了当代的需要，都是古为今用，其中常常是出于政治目的，有时候政治家直接指引建筑师的创作。当年的纳粹德国和苏联曾经是这样的，而在当今的英美等国，政治因素仍然在起作用，不过是经过"折光"而间接引导。美国建筑历史学者柯蒂斯指出，20世纪70—80年代西方一些国家重提古典建筑的价值，与当时那些国家的政治气候有关。他认为，20世纪80年代前期美国城市建筑上大量出现拱券、柱式、尖顶，历史饰物成为时

拉斯顿设计的英国国家剧院（1976）

史密斯设计的波士顿码头建筑群（1987）

丹下健三设计的东京都新市政厅 (1991)

意大利文艺复兴时期的教堂

髦，与里根政权的暴发户心理有关，而这种时髦款式背后是政治上的保守主义。

柯蒂斯还认为，20世纪80年代英国建筑界出现"古典复兴"的思潮，同当时英国政界的新保守主义浪潮有关。英国保守主义者认为，当年是现代主义建筑"侵入"英国，扰乱了英国平静的乡村生活。新保守主义反对"福利国家"政策，他们又认为现代主义建筑与"福利国家"联系在一起。他们想像只有传统价值才能够恢复英国的光荣，所以在建筑方面提倡传统建筑，以与现代主义建筑相抗衡。因而坚持仿古建筑的建筑师特里大受英国皇室的青睐。

新 地 域 性

让现代建筑带有地域性的问题，越来越受到关注。事实上，当现代主义建筑潮流向北欧、拉丁美洲扩散后不久，就出现了具有地域特征的现代建筑。如在芬兰、瑞典、巴西、墨西哥，有一部分当地的现代建筑便或多或少带有当地的地理、气候和生活习俗的印痕。在东方国家如日本、中国，出现的"摩登建筑"中，也往往同西方的有所差别。其实，就美国的现代建筑来说，不同的地区也存在差异。加利福尼亚州、亚利桑那州和新墨西哥州的新型住宅有其地方特色，同东北部的新英格兰地区的新型住宅有明显的不同。

初期的现代主义建筑代表人物曾经对现代建筑的共同性加以强调，而对差别性注意不够，不过他们在后来的实际工作中就有了转变。柯布于20世纪30年代在阿尔及利亚和巴西的工作中就注意到了地域性，20世纪50年代在印度的建筑作品更是带有鲜明的印度地域特征。

20世纪后期，经过对早期现代建筑思想的反思和检讨，更由于世界政治经济格局的改变，发达国家和发展中国家的建筑界都越来越注重有地域特点的多样化的现代建筑的创造。这一点在许多取得政治独立、经济有了发展的发展中国家尤为强烈，这些地区的建筑师自觉地为创造适应本国本地区条件，既有现代性又有地区识别性的新建筑而

波士顿码头建筑群穿堂

努力。

　　印度建筑师柯里亚在美国接受建筑学教育后回到自己的国家。1963年，他设计了著名的甘地纪念博物馆。柯里亚说："在印度建造房屋就得适合那里的气候。我们绝不应浪费财力和能源在热带建造玻璃大楼。这也是一个挑战，要使建筑本身就起到空气调节的作用，满足居住者的需求。要做到这一点，不仅要考虑日照角度和百叶窗，而且

萨帕设计的印度新德里大同教礼拜堂

牵涉平面、剖面、造型和建筑的本质问题。在印度，一个建筑师面对的是一系列特定的社会和经济条件、气候条件、建筑材料等等问题。这里存在着机遇，迟早会发展出新的形式、新的类型、新的技术，一句话，出现新的景观。"

　　1986年建成的新德里大同教礼拜堂是这样的新景观之一。大同教又称巴布教，它强调人类精神一体，提倡和平，普及教育，主张男女平等。在有四十多名国际知名建筑师参加的设计竞赛中，伊朗出生的建筑师萨帕（F. Sahba，1948— ）的设计方案中选。礼拜堂由3层共27片莲花瓣形的壳片组成，堂内直径70米，有1200个座位，有9个入口，周围有9片水池。建筑物像是浮在水上的一朵莲花。建筑物的功能、结构与精神含义达到了完美的统一。建筑师萨帕本人是一位大同教信徒。

　　在中东地区，近年来也出现了许多带有阿拉伯文化特色的新建筑。

　　适应发展中国家社会文化心理的要求，西方国家的建筑师在那些地方设计的建筑，也常常带有当地的地域特色。丹麦建筑师拉尔森设

正面入口

排风口

斯特林设计的德国斯图加特美术馆新馆 (1983)

计的沙特阿拉伯外交部大厦是一个例子。沙特阿拉伯当局要求大厦成为外宾到达该国的"大门"，除了办公用房还要包括仪式用的大空间，要显示沙特阿拉伯在伊斯兰世界的中心地位。建筑师拉尔森把办公室部分分为3组，每组包含3个小庭院。大厦正中是一个高大的等腰三角形的大厅，大厅的天花板很高，天花板与高墙之间有空隙，光线从隙缝中泻下，天花板好像悬浮在空中。三面侧墙上有成对的小窗孔，对比之下，大厅空间显得十分高大，很有气势。大厦采用框架结构，但外墙封闭，开着小而窄的窗孔。大厦主要入口两旁有圆弧形的实墙面，拱卫着外交部大门。办公室部分的窗子都面向内部庭院，大厦的外墙面用棕色石板，外观厚重敦实。大厦的功能、结构、设备都很现代化，而建筑格局和造型使人联想起那一地区历史上的土筑城堡，显示着浓郁的伊斯兰特色。

无论什么地区，只要有了一定程度的现代经济和技术，生活发生了变化，盖房子要完全回到过去便不大可能。只能在新的条件下，有选择地借鉴和吸收过去建筑中有益的经验和成分，这是所谓的"批判的地域主义"。

当今世界文化总的趋势一方面是全球化，另一方面是多元化和本土化。建筑也是这样，既有共同性，又有差异性。如果说20世纪前期，西欧工业先进地区曾是建筑改革发展的源头，那么到20世纪后期，许多原来的边缘地带也发展繁荣起来，世界不再只有一两个中心，而是有更多的活跃的有影响的地区。建筑文化真正走向百家争鸣、百花齐放的局面。建筑思想和建筑艺术的流派繁多、变化迅速已成定局。前面举的6种趋向只是更多的趋向之中比较显著的几种而已，远非全部。再有，区分为几种趋向或流派是理论上的简化的办法，实际情况极其多样复杂。建筑师实际创作起来并非如过独木桥那样的单一笔直，并不是非此即彼，往往是兼收并蓄。英国建筑师斯特林（1926—1992）设计的德国斯图加特州立美术馆新馆即是一个将多种不同建筑样式的成分与元素混杂于一身的突出例子。在这个新展馆中，现代主义的、古典主义的、高技术派的，以至古罗马的和古埃及的建筑样式都用上了。

斯特林自己说:"我认为我们的作品不是简单的东西。在一个建筑设计中,对每一个动作都给一个反动作。"有纪念性,又有反纪念性;有表现性,又有抽象性;有新东西,同时有老东西。选用老的建筑语汇的时候,也采用"与现代建筑运动有关系、源自立体主义、构成主义、风格派和所有新建筑流派的语言"。不同的东西经过排列组合,引发出特异的、丰富的视觉效果。

20世纪90年代,贝聿铭在清华大学建筑学院讲演时说,20世纪初,现代主义建筑运动如同发源于山区的一条小河,水量不丰,河道明确。后来流入平原,河水散开,分成许多支流,还接纳了别的水源,有的径直向前,有的迂回曲折,形成一个庞大的水系,这就是现代建筑之水系。如果拿树木做比喻,原来的现代主义建筑则是一株幼树,枝条单一,形单影只。后来长成大树,枝繁叶茂,枝条多向伸展,千姿百态。贝氏生动简明地说明了当代世界建筑的脉络与格局。

可持续发展之路

可持续发展是当今世界关注的大问题。建筑的可持续发展也是全球建筑界面对的重要课题,这一课题的重要性及人们重视的程度渐渐超过建筑的其他方面。

工业化带来污染,生态环境被严重破坏,能源危机频频出现。到20世纪后期,世人认识到以往的工业化路线具有很大的破坏性,从而提出了"可持续发展"的理念,认识到节约能源、保护生态环境的重要性和迫切性。这是人类认知史上的一大进步。人们很快意识到建筑业也必须贯彻可持续发展的方针,因为城市发展和建筑消耗巨大的资源和能源,建筑业必须转变观念走上可持续发展的道路。

近数十年来,建筑界许多人致力研究节能建筑、环保建筑、生态建筑和健康建筑,取得了很多成绩。西欧一些国家的建筑师、环保团体和科学研究机构合作,在太阳能利用、降低房屋能耗、水资源循环利用、环保性建筑材料、环境绿化等方面有许多成功的技术和实施的经验。欧洲一些地方的普通住宅，过去每平方米耗能100—150单位，现在普通节能住宅降至60—65单位，低能耗住宅可降至30单位。节能效益十分可观。

实现可持续发展不仅仅是技术问题，还有政策和制度问题，又有建筑使用者和设计者的观念问题。德国有些房屋为了减少人造化学物质的使用，钢阳台、钢楼梯等不刷油漆。有的城市控制铝板的使用，因为铝材的生产过程耗能多、污染大。这些措施与人们原来的习惯与观念有距离，因而有人指出为了在建筑领域实现可持续发展战略，需要进行广泛的转变建筑观念的"新启蒙运动"。

在建筑中实施可持续发展方针将会对建筑的方方面面，包括建筑形象在内，产生不同程度的影响。

20世纪已经过去，在过去的一百年中，建筑经历了史无前例的大发展、大改变、大进步，20世纪的建筑，以其伟大的创造性和前所未有的跃进步伐载入世界建筑史册。